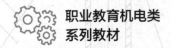

职业教育机电类
系列教材

U0161392

电气控制与 PLC 应用

微课版

贾磊 曾令琴／主编

沈艳河 王瑨／副主编

ELECTROMECHANICAL

人民邮电出版社

北京

图书在版编目（CIP）数据

电气控制与PLC应用 : 微课版 / 贾磊，曾令琴主编
. -- 北京 : 人民邮电出版社，2021.8
职业教育机电类系列教材
ISBN 978-7-115-56261-6

Ⅰ．①电… Ⅱ．①贾… ②曾… Ⅲ．①电气控制－职
业教育－教材②PLC技术－职业教育－教材 Ⅳ．
①TM571.2②TM571.61

中国版本图书馆CIP数据核字(2021)第055771号

内 容 提 要

本书共分 5 个教学模块，模块一包括 4 个项目：电动机的手动开关控制，继电器-接触器控制的基本环节，电动机的降压启动控制和电动机的制动控制电路分析；模块二包括 3 个项目：CA6140 型车床控制电路分析与故障排除，X62W 型万能铣床控制电路分析与故障排除和 Z3040 型摇臂钻床控制电路分析与故障排除；模块三包括 2 个项目：PLC 及其硬件认知和 PLC 的软件认知；模块四包括 3 个项目：基本环节的 PLC 控制技术，顺序控制的 PLC 应用技术和应用指令的 PLC 控制技术；模块五包括 2 个项目：继电器-接触器控制系统的 PLC 改造和 PLC 的程序设计。本书配套教学资源丰富，选用本书的教师，均可获得实用的教学大纲、翔实的教学计划、建议性的教案、高质量的教学课件及练习题解析和试题库。

本书可作为职业院校机类、电类，以及应用型本科相关专业教材，也可供从事现场工作的电气工程技术人员参考。

◆ 主　　编　贾　磊　曾令琴
　　副主编　沈艳河　王　瑁
　　责任编辑　王丽美
　　责任印制　王　郁　彭志环

◆ 人民邮电出版社出版发行　　北京市丰台区成寿寺路 11 号
　　邮编　100164　电子邮件　315@ptpress.com.cn
　　网址　https://www.ptpress.com.cn
　　北京天宇星印刷厂印刷

◆ 开本：787×1092　1/16
　　印张：15　　　　　　　　　　2021 年 8 月第 1 版
　　字数：389 千字　　　　　　　2024 年 12 月北京第 3 次印刷

定价：49.80 元

读者服务热线：(010)81055256　印装质量热线：(010)81055316
反盗版热线：(010)81055315
广告经营许可证：京东市监广登字 20170147 号

电气控制技术在实际工程技术中应用十分普遍，其中继电器-接触器控制系统曾经是最广泛的控制方式，PLC 则是在继电器-接触器控制技术的基础上，综合自动控制技术、计算机技术和通信技术形成的一种专门应用于工业控制领域的、被誉为"蓝领计算机"的新型控制装置。因此，"电气控制与 PLC 应用"是一门实践性很强的专业技术课程。

本书从电气控制技术中最初的手动开关控制入手，向读者介绍常用的开关电器、熔断器及电气控制对象——电动机；再以继电器-接触器控制系统的电动机点动、连动、正反转、多地及顺序控制等电气控制基本环节实例，一一阐述这些控制环节中常用的低压电器及它们的控制功能、保护功能；接下来通过对典型设备控制系统的介绍，向读者进一步阐述继电器-接触器控制系统的电气控制原理及控制技术；在此基础上，以三菱可编程控制器中功能全面且技术先进的 FX$_{3U}$ 系列 PLC 为蓝本，引入 PLC 及其应用技术，并对这一工业自动化领域中应用最为广泛的控制设备进行详细的讲述。

本书编者均为本专业领域中的一线教师，编写本书之前，首先就本书编写大纲进行了较为严谨的多次探讨和交流。根据相关专业的教学需求及考虑到学生通过学习本课程应达到的知识目标和能力目标，确定了编写大纲：以电气控制技术的发展为引，设置了 5 个教学模块，共包含 14 个项目，每个项目均设置了以下 4 个环节：

➢ 项目导入：以与项目名称相对应的工程实例向读者介绍本项目在工程上的具体应用。

➢ 相关知识：对工程实例中包含的电器及相关的知识点进行详细的阐述，使读者加深对本项目工程应用的理解。

➢ 技能训练：考虑到高职教育的目标是为国家培养更多的"工匠"人才，课程教学中设置了"理实一体化"的环节，即技能训练，每个项目的技能训练都是紧贴项目内容做出的切实可行的训练题目，通过技能训练环节可使学生真正体会和感受到本项目所要达到的教学目标。

➢ 练习题：为了检测学生对各项目理解和掌握的程度，设置了练习题环节。

在对本书的编写过程中，编者力求做到深入浅出、层次分明、详略得当、通俗易懂，理论教学上降低深度、增加广度，实践教学上加大力度、突出动手操作，以彰显应用型课程的特色。为此，我们提出了指导性的教学学时安排建议：完成本教材全部内容，理论教学 47 学时，实践教学 49 学时，具体见下表。

模块	项目	项目内容	理论学时	实践学时
模块一　基本电气控制电路	项目一	电动机的手动开关控制	2	2
	项目二	继电器-接触器控制的基本环节	6	4
	项目三	电动机的降压启动控制	2	2
	项目四	电动机的制动控制电路分析	2	2

续表

模块	项目	项目内容	理论学时	实践学时
模块二 典型设备电气控制电路	项目五	CA6140 型车床控制电路分析与故障排除	2	4
	项目六	X62W 型万能铣床控制电路分析与故障排除	2	4
	项目七	Z3040 型摇臂钻床控制电路分析与故障排除	2	4
模块三 PLC 的认知	项目八	PLC 及其硬件认知	3	3
	项目九	PLC 的软件认知	6	4
模块四 PLC 控制技术的应用	项目十	基本环节的 PLC 控制技术	6	4
	项目十一	顺序控制的 PLC 应用技术	4	4
	项目十二	应用指令的 PLC 控制技术	4	4
模块五 PLC 的工程应用及程序设计	项目十三	继电器–接触器控制系统的 PLC 改造	2	4
	项目十四	PLC 的程序设计	4	4
合计			47	49

为了更好地服务教学，编者为本书配套了丰富的教学资源，说明如下表。

序号	资源名称	数量与内容说明
1	教学 PPT	14 个，与本书 14 个教学项目对应
2	微课视频	125 个，对应各项目重点难点知识，便于学生复习与自学
3	教学大纲	5 页，含课程定位、设计思路、内容、基本要求、学时分配等
4	教学计划	10 页，含教学任务、内容、要求、学时安排等
5	教案	40 页，与本书 14 个教学项目对应
6	习题答案	27 页，本书 14 个项目的练习题参考答案
7	试题库及答案	5 套，与教学内容相对应的试卷及参考答案

本书由黄河水利职业技术学院贾磊、曾令琴担任主编，沈艳河、王瑨担任副主编，陇南师范高等专科学校张凌燕、广州市技师学院陈贤通、河南化工技师学院刘雨朦参编。全书由曾令琴负责统稿，黄河水利职业技术学院的闫曾负责图文处理工作。

由于编者水平有限，书中若有疏漏和不当之处，敬请读者提出宝贵意见并指正，以利本书在下一步修订中改进。

编者

2021 年 2 月

目录

模块一 基本电气控制电路

模块二　典型设备电气控制电路

模块三　PLC的认知

模块四　PLC控制技术的应用

模块一

基本电气控制电路

电气控制技术是运用于电气工程中的一种科学技术，它几乎涵盖了与电气相关的所有领域，如电子电力、电子通信、电子电气、数字电子、模拟电子、船舶电站等，特别是在电气控制系统中得到了很好的体现和应用，是实现电气自动化的必要手段。

电气控制技术经历了手动开关控制、继电器-接触器控制、可编程逻辑控制（PLC）等发展阶段。进入 21 世纪后，我国的科技水平不断跃升，实现了弱电控制强电的突破。

项目一 电动机的手动开关控制

知识 目标

1. 了解工程实际中的手动开关控制。
2. 理解工程实际中用到的各种开关电器的结构特点和动作特点及它们的适用场合。
3. 理解熔断器的短路保护作用并掌握其选用原则。
4. 了解控制对象电动机的主要结构组成及三相定子绕组的两种连接方法。

能力 目标

1. 正确识别和选用开关电器和熔断器。
2. 正确识别电动机三相定子绕组的首、尾端。
3. 掌握电动机三相定子绕组的星形连接和三角形连接方法与技能。
4. 掌握手动开关控制电路的安装和操作技能。

1.1 项目导入：手动开关控制电路的认知

早期的电动机手动开关控制电路如图 1.1 所示。

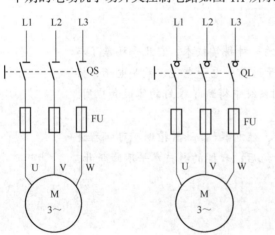

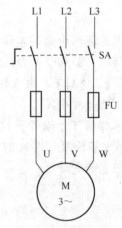

1.1 手动开关
控制的概念

（a）刀开关控制　　　　　（b）负荷开关控制　　　　　（c）组合开关控制

图 1.1　早期的电动机手动开关控制电路

早期的电动机控制电路比较简单，主要是用手动的隔离开关（刀开关）来控制电动机与电源之间的通断，如图 1.1（a）所示；图 1.1（b）是负荷开关控制的电动机通断电路；图 1.1（c）是组合开关控制的电动机通断电路。图 1.1 中 3 种电路均为电动机直接启动控制电路，这种控制形式原则上只适用于小容量电动机。

图 1.1 中的 L1、L2、L3 为三相电源的火线引入线；QS、QL 和 SA 分别为控制电动机直接启动电路通断的刀开关、负荷开关和组合开关（注意各种图形符号的区别）；FU 是熔断器，在电路中起短路保护作用；M 是三相交流异步电动机，也是控制对象，U、V、W 是电动机的三相定子绕组。

以图 1.1（a）控制电路为例，说明手动控制过程：合上开关 QS，电源与电动机接通，电动机启动运转；打开开关 QS，电源与电动机断开，电动机停转；若电动机运行中发生短路故障，则熔断器 FU 熔断，电路断开，电动机停转，实现了短路保护。

1.2 相关知识

1.2.1 控制对象（负载）

三相交流异步电动机是工业生产设备拖动的主要原动机，因此也是电气控制的主要对象。三相交流异步电动机的外形及结构组成如图 1.2 所示。

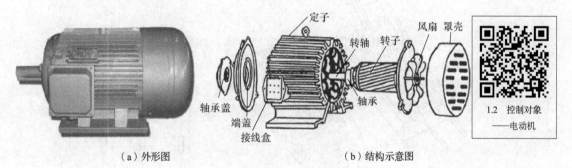

（a）外形图　　　　　　　　　　（b）结构示意图

图 1.2　三相交流异步电动机

图 1.2（b）中的定子是异步电动机的固定部分，定子绕组有三相，与电源相连接，是获取电能的部分；异步电动机的旋转部分称为转子，转子转轴通过齿轮和皮带等传动机构与生产机械相连，是输出机械能的部分。异步电动机的定子和转子之间由气隙隔开，在电路上没有联系，但是它们通过电磁感应和磁耦合，可以实现电能与机械能的转换，因此，异步电动机又称为感应电动机。

图 1.1 中的 U、V、W 表示三相交流异步电动机的三相定子绕组，其 6 个引出线端均由电动机的接线盒引出，其中 U1、V1、W1 是三相定子绕组的首端，U2、V2、W2 是三相定子绕组的尾端。图 1.3（a）表示了三相定子绕组在接线盒中首、尾端的相应引出位置。当电动机做星形连接（Y 接）时，将三相定子绕组尾端连在一起，由三相定子绕组首端引出 3 根导线与电路相连，如图 1.3（b）所示。当电动机做三角形连接（△接）时，将三相定子绕组首尾相接构成一个闭环，由 3 个连接点处向外引出 3 根导线与电路相连，如图 1.3（c）所示。

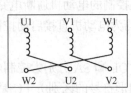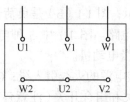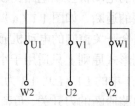

（a）三相定子绕组引出端子　　（b）三相定子绕组的Y接　　（c）三相定子绕组的△接

图 1.3　三相交流异步电动机定子绕组的两种接法

1.2.2　开关电器

1. 刀开关

1.3　刀开关

刀开关又称闸刀开关，因起电源与负载之间的隔离作用而又称为隔离开关。早期的刀开关一般由人直接操作，开关的通断速度不是很快，图 1.4 所示为 HK 系列瓷底胶盖刀开关，是最简单的手柄操作式单极开关，是手动控制中最简单而使用较为广泛的一种低压电器。

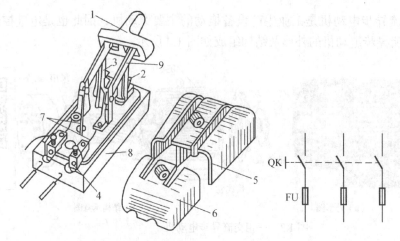

（a）HK 系列瓷底胶盖刀开关外形图　　　（b）刀开关符号

1—瓷质手柄　2—进线座　3—静夹座　4—出线座　5—上胶盖　6—下胶盖　7—熔丝　8—瓷底座　9—闸刀

图 1.4　HK 系列瓷底胶盖刀开关

刀开关的主要作用是隔离电源，或作不频繁接通和断开电路用。刀开关的基本结构主要由静夹座、闸刀、操作手柄（瓷质手柄）和绝缘底座（瓷底座）组成。

刀开关的种类很多，图 1.5（a）～（c）所示为部分刀开关产品实物图。

安装刀开关时，应使合上开关时手柄在上方，不得倒装或平装，因为倒装时手柄可能由于自身重力下滑而引起误操作造成人身安全事故。装设有熔丝的刀开关具有短路保护功能，接线时，应注意将电源连接在熔丝上端，负载连接在熔丝下端，拉闸后刀开关与电源隔离，便于更换熔丝。

（a）双掷单相刀开关　（b）双掷三相刀开关　（c）低压隔离刀开关　（d）开启式负荷开关　（e）铁壳负荷开关

图 1.5　部分刀开关产品实物图

2. 负荷开关

图 1.5（d）为开启式负荷开关，图 1.5（e）所示的铁壳负荷开关是在图 1.5（d）开启式负荷开关的基础上改进设计的一种封闭式负荷开关，其灭弧性能、操作性能、通断能力和安全防护等方面都优于开启式负荷开关。因其外壳多为铸铁或用薄钢板冲压而成，所以俗称铁壳负荷开关。

1.4　负荷开关

铁壳负荷开关可用于不频繁的手动接通和分断带负载的电路，还可作为线路末端的短路保护，也可控制 10kW 以下的交流电动机不频繁的直接启动和停止。HH4 系列铁壳负荷开关为全国统一设计产品，结构如图 1.6 所示。

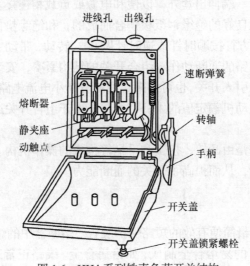

图 1.6　HH4 系列铁壳负荷开关结构

HH4 系列产品主要由刀开关（包括静夹座、动触点等）、熔断器、操作机构（包括速断弹簧、转轴、手柄等）和开关盖等组成。其主要特点有两个：一是采用储能分合闸机构，提高了通断能力，延长了使用寿命；二是设置联锁装置，当打开防护开关盖时，不能将开关合闸，确保了操作的安全性。

3. 组合开关

组合开关又称为转换开关，是由多个触点组合而成的刀开关。在电气控制线路中常被用作机床电源的引入开关。与普通刀开关的区别是组合开关用动触片代替闸刀，操作手柄在平行于安装面的平面内可左右转动。常用的组合开关有 HZ10 系列，其结构、电路图形符号和产品实物如图 1.7 所示。

1.5　组合开关

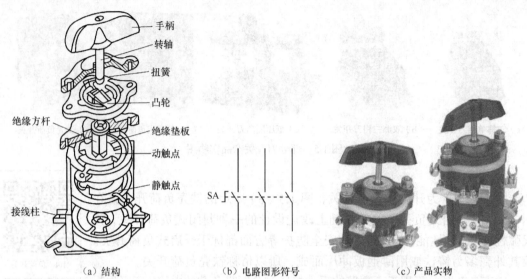

（a）结构　　　　　　（b）电路图形符号　　　　　（c）产品实物

图 1.7　HZ10 系列组合开关结构、电路图形符号和产品实物

图 1.7 中三极组合开关有 3 对静触点和 3 个动触点，分别装在 3 层绝缘垫板上。静触点一端固定在胶木盒内，另一端伸出盒外，以便和电源或负载相连接。3 个动触点是两个磷铜片或硬紫铜片和消弧性能良好的绝缘钢纸板铆合而成的，和绝缘垫板一起套在附有手柄的绝缘方杆上，每次可使绝缘方杆按顺时针或逆时针做 90° 转动，带动 3 个动触点分别与 3 对静触点接通或断开，完成电路的通断动作。组合开关的结构紧凑，安装面积小，操作方便，广泛应用于机床设备的电源引入开关，也可用来接通或分断小电流电路，控制 5kW 以下电动机。其额定电流一般选择为电动机额定值的 1.5～2.5 倍。由于组合开关通断能力较低，因此不适合用于分断故障电流。

组合开关的顶盖部分是由凸轮、扭簧和手柄等构成的操作机构。由于采用了扭簧储能，可使触点快速闭合或分断，从而提高了开关的通断能力。

1.2.3　熔断器

1.6　熔断器

熔断器俗称保险，是最简便有效的短路保护装置。熔断器中的熔体（熔丝或熔片）用电阻率较高的易熔合金制成，如铅锡合金。线路正常工作时，流过熔体的电流小于或等于它的额定电流，熔断器的熔体不应熔断。若电路中一旦发生短路或严重过载时熔体应立即熔断，切断电源。熔断器有管式、插入式、螺旋式等几种结构形式。几种常见熔断器的产品外形如图 1.8 所示。

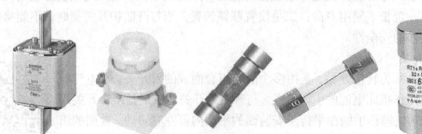

3NA 系列熔断器　　　R11 型熔断器　　　RM10 系列熔断器　　　电子元器件熔断器　　　RO17 型熔断器

图 1.8　几种常见熔断器的产品外形

熔断器熔体的额定电流，选用原则如下。

① 一般照明线路：熔体额定电流≥负载工作电流。

② 单台电动机：熔体额定电流≥1.5～2.5 倍电动机额定电流；但对不经常启动而且启动时间不长的电动机系数可选得小一些，主要以启动时熔体不熔断为准。

③ 多台电动机：熔体额定电流≥1.5～2.5 倍最大电动机额定电流+其余电动机额定电流。

注意： 安装、更换熔丝时，一定要切断电源，将闸刀拉开，不要带电作业，以免触电。熔丝烧坏后，应换上和原来同样材料、同样规格的熔丝，千万不要随便加粗熔丝，或用不易熔断的其他金属去替换。

 ## 1.3　技能训练：三相异步电动机的手动开关控制电路安装与操作

1.3.1　训练要求

1. 正确识别、选用开关电器和熔断器。

2. 正确识别电动机的三相定子绕组首尾引出端，连接和安装图 1.1 所示手动开关控制电路中的任一种。

3. 操作开关电器，控制电动机的启动和停止。

1.3.2　设备与器材

实训设备与器材如表 1-1 所示。

表 1–1　　　　　　　　　　　　实训设备与器材

序号	名称	型号与规格	单位	数量
1	工具、仪表	验电笔、钢丝钳、螺钉旋具、电工刀、尖嘴钳、活扳手、万用表等	套	1
2	网孔板		面	1
3	刀开关	HK2-30/3	只	1
4	熔断器	RL7-63/35	个	3
5	导线	BVR-1.5	m	若干
6	电动机	3kW 以下小功率三相异步电动机	台	1

1.3.3　实训步骤

理解图 1.1 所示电气控制电路→准备实训设备及器材→连接线路并进行绝缘检查→通电试车。

注意： 不可带电安装设备或连线，断开电源后才能进行故障处理，通电检查和试车时必须通知指导教师及附近人员，在有指导教师现场监护情况下才能通电试车。

1.3.4　实训评分

按照项目任务的步骤分步评分（占 50%），考查项目任务完成的进度和质量（占 50%）。

1.4　练习题

一、填空题

1. 电动机的定子绕组可以连接成_____形和_____形两种方式。

2. 手动的电动机控制电路中，控制电路通断的设备是_____，在电路中起短路保护作用的低压电器是_____。

二、简答题

1. 三相电源线电压为 380V，当电动机额定电压为 220V 时，其三相定子绕组应做何种连接方式？如果电动机额定电压为 380V，电动机的三相定子绕组应做何种连接方式？

2. 手动开关电器在电动机的手动开关控制电路中主要起哪些作用？

3. 熔断器在电动机的电气控制电路中起什么作用？在单台电动机控制电路中，如何正确选择熔断器？

4. 试述组合开关的特点及适用场合。

项目二 继电器-接触器控制的基本环节

🔆 知识 目标

1. 了解工程实际中的基本控制环节。
2. 理解工程实际中常用的各种低压电器的结构特点和动作特点及它们的适用场合。
3. 理解工程实际中各种控制方法和控制原理。
4. 了解继电器-接触器控制系统的安装接线图、电气原理图及电气布置图的用途及读图、识图方法。

📚 能力 目标

1. 正确识别和合理选用各种基本控制环节中适用的低压电器。
2. 具备安装继电器-接触器控制系统基本环节的技能。
3. 掌握安装电动机正、反转控制电路的能力及其操作技能。

2.1 项目导入：继电器-接触器控制系统的基本环节控制实例

继电器-接触器控制系统对控制对象进行启动、停车、调速、制动、自动循环及保护等控制的方式出现于 20 世纪 30 年代。其优点是：控制器件结构简单、价格低廉，控制方式简单直接，工作可靠，易维护，因此在机床控制上得到了长期、广泛的应用。

2.1.1 应用实例 1：点动控制电路

生产实际中的机具、设备的对位、对刀、定位或机器设备的调试往往需要点动控制。所谓点动，就是按下按钮电动机转动，松开按钮电动机停转。图 2.1 所示为继电器-接触器控制的电动机点动控制电路。

2.1 点动控制电路

1. 电路结构

图 2.1 中从电源引线 L1、L2、L3 通过自动空气开关 QF（三相）与交流接触器 KM 的 3 个主触点相连接，再经热继电器的 3 个发热元件 FR 后与三相异步电动机串联，构成点动控制电路的主回路，主回路中通过的电流为电动机的工作电流。

点动控制电路的控制回路接于电源两相之间，经熔断器 FU、点动按钮 SB、接触器 KM 线圈，最后再与热继电器的常闭触点相串联，构成小电流的控制回路。

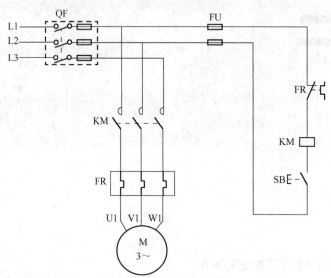

图 2.1　继电器-接触器控制的电动机点动控制电路

2. 控制原理及控制过程

（1）先闭合主回路中的自动空气开关（断路器）QF，为电动机的点动做好准备。

（2）按下点动按钮 SB，接触器 KM 线圈得电，串接在主回路中的接触器 KM 的 3 对主触点闭合，电动机主电路接通，电动机点动运转。

（3）若要电动机点动结束，松开点动按钮 SB 即可，控制回路电流由 SB 处断开，造成接触器 KM 线圈失电，其主触点打开，电动机停转。

（4）如果电路发生过载，则串接在主电路中的热继电器发热元件会连续受热直至弯曲变形，推动串接在控制电路中的热继电器常闭触点 FR 断开，使控制回路断电，接触器 KM 线圈失电，KM 主触点打开，电动机停转。

2.1.2　应用实例 2：单向连续运转控制电路

实际应用中，大多数生产机械都需要拖动电动机才能够实现连续运转，因此熟悉由继电器-接触器控制的电动机单向连续运转电路很有必要。

电动机单向连续运转控制电路如图 2.2 所示。

1. 电路结构

与点动控制电路相比，单向连续运转控制电路中多了一个停止按钮 SB2 和接触器 KM 的一个辅助常开触点。

2. 控制原理及控制过程

（1）先闭合主回路中的自动空气开关（断路器）QF，为电动机的启动做好准备。

（2）按下启动按钮 SB1，接触器 KM 线圈得电，串接在主回路中的接触器 KM 的 3 对主触点闭合，电动机主回路接通→电动机启动运转，同时串接在控制回路中的接触器 KM 的辅助常开触点也闭合，起自锁作用。

自锁：松开启动按钮 SB1，电动机控制回路中电流由从 SB1 通过改为从 KM 辅助常开触点通过，即控制回路仍然闭合，因此 KM 线圈保持得电状态，电动机主电路中的 KM 主触点不会断开，仍保持连续运行。

2.2　单向连续运转控制电路

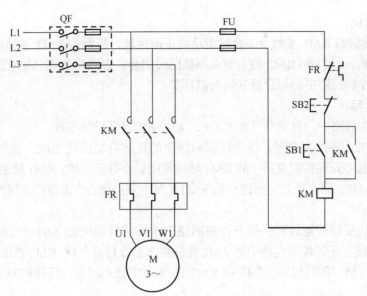

图 2.2　电动机单向连续运转控制电路

（3）需要电动机停下来时，按下停止按钮 SB2 即可，控制回路电流由 SB2 处断开，造成接触器 KM 线圈失电，主触点打开，电动机停转。

（4）如果电路发生过载，则串接在主回路中的热继电器发热元件会连续受热直至弯曲变形，推动串接在控制电路中的热继电器常闭触点 FR 断开，使控制回路断电，接触器 KM 线圈失电，主触点打开，电动机停转。

注意：在控制过程的分析中，要深刻理解自锁的作用。

2.1.3　应用实例 3：正、反转控制电路

在机械生产加工过程中，机床工作台的移动、横梁的升降，日常生活中电梯的上升与下降等，其本质都是电动机的正、反转。实现电动机的正、反转，只需把电动机与三相电源连接的 3 根火线调换其中任两根的连接位置即可。图 2.3 所示为继电器–接触器控制的电动机正、反转控制电路。

2.3　正、反转控制电路

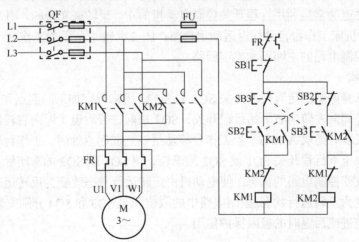

图 2.3　继电器–接触器控制的电动机正、反转控制电路

1. 电路结构

图 2.3 中接触器 KM1 主触点闭合时电动机正向运转，接触器 KM2 主触点闭合时电动机反向运转。显然，KM1 和 KM2 的主触点不能同时闭合，否则将造成三相电源的短路事故。为此，电动机控制回路中必须设置互锁控制环节。

2. 控制过程

（1）闭合主回路中的自动空气开关 QF，为电动机启动做好准备。

（2）电动机正转控制过程：按下控制回路中的正转启动按钮 SB2→正转控制回路线圈 KM1 得电→串接在反转控制电路中的 KM1 辅助常闭触点打开互锁，KM1 辅助常开触点闭合，正转控制电路自锁，同时正转主回路中的 KM1 3 对主触点闭合，正转控制回路接通→电动机正转启动运行。

（3）电动机反转控制过程：按下控制回路中的反转启动按钮 SB3→反转控制回路线圈 KM2 得电→串接在正转控制电路中的 KM2 辅助常闭触点打开互锁，KM2 辅助常开触点闭合，反转控制电路自锁，同时反转主回路中 KM2 的 3 对主触点闭合，反转控制回路接通→电动机反转启动运行。

若让电动机正、反转运行结束，按下停止按钮 SB1 即可。

3. 电气联锁和机械联锁

（1）控制回路中利用两个接触器的辅助常闭触点形成的正、反转控制回路互相制约的控制机制称为互锁，利用接触器自身的辅助常开触点、辅助常闭触点形成的自锁和互锁均属于电气联锁。

（2）在这个典型的电动机正、反转控制回路中，正向启动按钮 SB2 和反向启动按钮 SB3 的常闭触点分别串接在对方的常开触点回路中，利用按钮上常开触点、常闭触点之间的机械连接，在电路中形成相互制约的机制，这种利用按钮的机械连接在正、反转控制回路中实现互锁的方法称为机械互锁。

2.1.4 应用实例 4：往返运动控制电路

2.4 往返运动控制电路

有些生产机械，如万能铣床，要求工作台在一定距离内能自动往返，而工作台的自动往返通常是利用行程开关控制电动机的正、反转来实现的。图 2.4（a）所示为机床工作台自动往返运动示意图；图 2.4（b）所示为工作台自动往返循环控制电路的主回路和控制回路。

1. 电路结构

在机床的床身两端固定有行程开关 SQ1 和 SQ2，用来限定加工的起点和终点。其中 SQ1 是后退转前进（即向左转向右）的行程开关，SQ2 是前进转后退（即向右转向左）的行程开关。工作台上安装有撞块 A 和 B。当工作台移动至终点或起点处时，工作台带动生产机械碰撞撞块，使撞块压下行程开关 SQ1 或 SQ2 的滚轮，使 SQ1 或 SQ2 的常闭触点打开、常开触点闭合，从而改变控制电路的状态，使电动机由正转运行状态改变为反转运行状态，或由反转运行状态改变为正转运行状态。控制电路中的限位开关 SQ3 和 SQ4 分别安装在 SQ1 和 SQ2 的外侧，起到前进或后退时的极限保护作用。

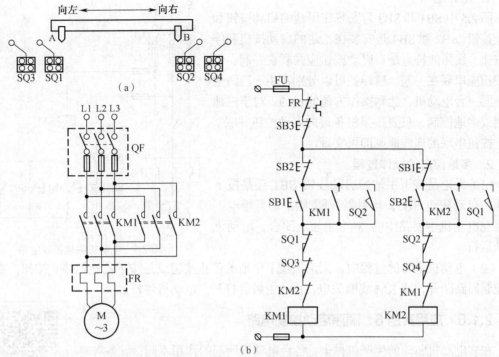

图 2.4 机床工作台自动往返运动示意图及控制电路

2．控制过程

（1）闭合自动空气开关 QF，为电动机往返控制电路启动做好准备。

（2）按下启动按钮 SB2，接触器 KM1 线圈得电并自锁，串联在电动机主回路中的 KM1 的 3 对主触点闭合，电动机正转，拖动工作台前进向右移动。

（3）到达右移预定位置后，撞块 B 压下 SQ2，SQ2 的常闭触点打开使 KM1 断电，SQ2 常开触点闭合使 KM2 得电，电动机由正转变为反转，拖动工作台后退向左移动。

（4）到达左移预定位置后，撞块 A 压下 SQ1，使 KM2 断电，同时并在左移控制回路按钮两端的 SQ1 辅助常开触点闭合使 KM1 得电，电动机由反转又变为正转，拖动工作台又向右移动。

如此周而复始地自动往返工作。

按下停止按钮 SB1 时，电动机停转，工作台停止移动。当行程开关 SQ1 或 SQ2 失灵时，电动机往返运动无法实现，工作台会继续沿原方向移动，移动到 SQ4 或 SQ3 位置时，工作台上的撞块会压下限位开关 SQ4 或 SQ3 的滚轮，它们串联在控制回路中的常闭触点就会打开而使电动机停转，起到了极限保护的作用，避免了运动部件因超出极限位置而发生事故。

2.1.5 应用实例 5：多地控制电路

多地控制是指能在两地或多地同时控制一台电动机的控制方式。图 2.5 所示为电动机两地控制电路。

2.5 多地控制电路

1. 电路结构

图 2.5 中 SB1 和 SB3 为安装在甲地的启动按钮和停止按钮，SB2 和 SB4 是安装在乙地的启动按钮和停止按钮。线路的特点是：启动按钮应并联在一起，停止按钮应串联在一起。这样就可以分别在甲、乙两地控制同一台电动机，达到操作方便的目的。对于三地控制或多地控制，只要按照将各地的启动按钮并联、停止按钮串联的连线原则即可实现。

2. 多地控制的操作过程

（1）无论是按下甲地的启动按钮 SB1 还是按下乙地的启动按钮 SB2，接触器线圈 KM 均可得电，串接在电动机主回路中的 3 个主触点闭合，电动机启动运行。

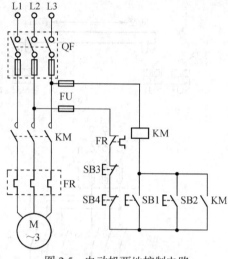

图 2.5　电动机两地控制电路

（2）电动机运转的过程中，无论是按下甲地的停止按钮或是按下乙地的停止按钮，都可使控制回路断开，使 KM 线圈失电，KM 主触点打开，电动机停转。

2.1.6　应用实例 6：顺序启动控制电路

在多电动机驱动的生产机械上，各台电动机所起的作用不同，设备有时要求某些电动机按一定顺序启动工作，以保护设备的安全运行。例如，铣床工作台的进给电动机必须在主轴电动机启动的条件下才允许启动工作。

2.6　顺序启动控制电路

常用的顺序控制电路有两种，一种是主回路的顺序控制，另一种是控制电路的顺序控制。

1. 主回路的顺序启动控制

电动机主回路顺序启动控制电路如图 2.6 所示。

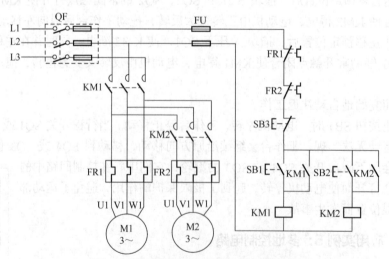

图 2.6　电动机主回路顺序启动控制电路

主电路中接触器 KM2 的 3 个主触点串接在接触器 KM1 的下方。故只有当 KM1 闭合、电动机 M1 启动后，KM2 才能使 M2 通电启动，从而满足了电动机 M1、M2 顺序启动的要求。图 2.6 中启动按钮 SB1 和 SB2 分别用于两台电动机的启动控制，SB3 是控制两台电动机同时停转的停止按钮。

2. 控制电路的顺序启动控制

如果不在电动机主回路采用顺序启动控制，可以利用控制回路实现顺序启动控制的功能，如图 2.7 所示。

图 2.7（a）中接触器 KM2 的线圈串接在接触器 KM1 自锁触点的下方，故只有当 KM1 线圈通电自锁、M1 启动后，KM2 线圈才可能通电自锁，使电动机 M2 启动运行，因此，接触器 KM1 的辅助常开触点具有自锁和顺序启动控制双重功能。

图 2.7（b）将图 2.7（a）中 KM1 的常开触点自锁和顺序启动控制功能分开，专用一个 KM1 辅助常开触点作为顺序启动控制触点，串联在接触器 KM2 的线圈回路中；当接触器 KM1 线圈通电自锁、其常开触点闭合后，接触器 KM2 才具有通电的先决条件，同样可以实现顺序启动控制的要求。

图 2.7（c）电路除具有顺序启动控制功能外，还能实现逆序停止的功能。接触器 KM2 的常开触点并联在停止按钮 SB1 的常闭触点两端，只有接触器 KM2 线圈断电、电动机 M2 停车后，操作 SB1 才能使接触器 KM1 线圈断电，电动机 M1 停转，实现逆序停止的控制要求。

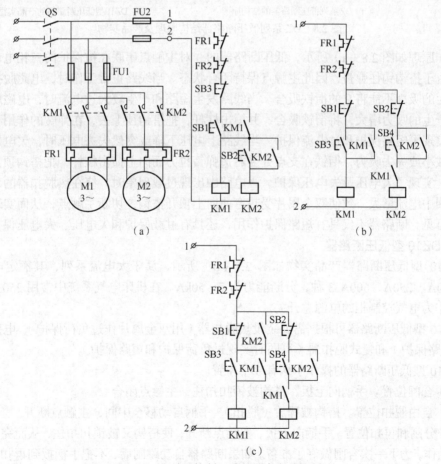

图 2.7 电动机控制回路的顺序启动控制

2.2 相关知识

2.2.1 自动空气开关

图 2.1 和图 2.2 中虚框内的部分是自动空气开关，又称作断路器，其文字符号与刀开关有区别，用 QF 表示。

1. 结构与工作原理

图 2.8 所示为 DZ 系列低压断路器的结构原理及产品实物。

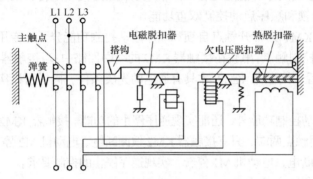

（a）DZ系列低压断路器的结构原理　　（b）DZ10型低压断路器的产品实物

图 2.8　DZ 系列低压断路器结构原理及产品实物

工作原理如图 2.8（a）所示，低压断路器的 3 对主触点串联在被保护的三相电动机主电路中，由于搭钩钩住弹簧，因此主触点保持闭合状态。当线路正常工作时，电磁脱扣器中线圈所产生的吸力不能将它的衔铁吸合。当线路发生短路和产生较大过电流时，电磁脱扣器中线圈所产生的吸力增大，将衔铁吸合，并撞击杠杆，把搭钩顶上去，在弹簧的作用下切断主触点，实现了短路保护和过电流保护。当线路上电压下降或突然失去电压时，欠电压脱扣器的吸力减小或失去吸力，衔铁在支点处受右边弹簧拉力而向上撞击杠杆，把搭钩顶开，切断主触点，实现了欠电压及失电压保护。当电路中出现过载现象时，绕在热脱扣器的双金属片上的线圈中电流增大，致使双金属片受热弯曲向上顶开搭钩，切断主触点，从而实现了过载保护。可见，断路器不仅具有短路保护作用，还具有过载保护和欠电压、失电压保护功能。

2. DZ10 型低压断路器

DZ10 型低压断路器产品实物如图 2.8（b）所示，属于大电流系列，其额定电流的等级有 100A、250A、600A 3 种，分断能力为 7～50kA。在机床电气系统中常用 250A 以下的等级，作为电气控制柜的电源总开关。

DZ10 型低压断路器可根据需要装设热脱扣器（用双金属片作过负荷保护）、电磁脱扣器（只作短路保护）和复式脱扣器（可同时实现过负荷保护和短路保护）。

DZ10 型低压断路器的操作手柄有 3 个位置。

（1）合闸位置。手柄向上扳，搭钩被锁扣扣住，主触点闭合。

（2）自由脱扣位置。搭钩被释放（脱扣），手柄自动移至中间，主触点断开。

（3）分闸和再扣位置。手柄向下扳，主触点断开，使搭钩又被锁扣扣住，从而完成了"再扣"的动作，为下一次合闸做好了准备。如果断路器自动跳闸后，不把手柄扳到再扣位置（即分闸位置），不能直接合闸。

DZ10 型低压断路器采用钢片灭弧栅，因为脱扣机构的脱扣速度快，灭弧时间短，一般断路时间不超过一个周期（0.02s），断流能力比较强。

3. DZ47 型低压断路器

DZ47 型低压断路器的产品外形如图 2.9 所示，其主要技术参数有以下几方面。

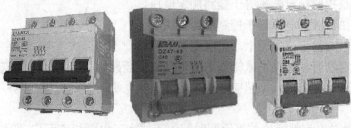

图 2.9　DZ47 型低压断路器产品外形

（1）额定电压：与通断能力及使用类别相关的电压值。对多相电路而言，额定电压指相间的电压值。

（2）额定电流：在规定条件下断路器可长期通过的电流，又称为脱扣器额定电流。

（3）额定短路分断能力：断路器在额定频率和功率因数等规定条件下，能够分断的最大短路电流。

4. 带有漏电保护作用的低压断路器

所谓漏电保护，是指当电网中的漏电流超过某一设定值时，能自动切断电源或发出报警信号的一种安全保护措施。低压电网中的漏电保护可以防止人身触电伤亡事故。漏电保护的设定值一般以防止人身触电伤亡为宗旨。

漏电保护开关是一种常用的漏电保护装置，它既能控制电路的通断，又能在控制电路或设备发生漏电或接地故障时迅速自动跳闸，保证事故发生时对电路的保护。漏电保护开关与断路器两部分合并就构成一个完整的漏电断路器，这种断路器在日常生活和生产中得到了广泛的应用，其外形如图 2.10 所示。

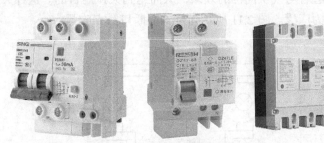

图 2.10　常用漏电断路器的产品外形

漏电断路器按动作方式可分为电压动作型和电流动作型；按动作机构可分为开关式和继电器式；按极数和线数可分为单极二线、二极、三极、三极三线、三极四线等。

漏电断路器在选用时应遵循的原则：在保护单相线路或单相设备时，应选择单极二线或二极漏电断路器；在保护三相线路或三相设备时，应选用三极漏电断路器；如果电路中既有单相设备又有三相设备，则应选用三极四线或四极漏电断路器。

5．塑壳式低压断路器的选择

塑壳式低压断路器的选择原则如下。

（1）断路器额定电压等于或大于线路额定电压。

（2）断路器额定电流等于或大于线路或设备额定电流。

（3）断路器通断能力等于或大于线路中可能出现的最大短路电流。

（4）欠电压脱扣器额定电压等于线路额定电压。

（5）分励脱扣器额定电压等于控制电源电压。

（6）长延时电流整定值等于电动机额定电流。

（7）瞬时整定电流：对保护鼠笼型感应电动机的断路器，瞬时整定电流为 8～15 倍的电动机额定电流；对于保护绕线型感应电动机的断路器，瞬时整定电流为 3～6 倍的电动机额定电流。

（8）6 倍长延时电流整定值的可返回时间等于或大于电动机实际启动时间。

2.2.2　电弧的产生和灭弧方法

2.8　电弧的产生和灭弧方法

1．电弧的产生

当用开关电器断开电流时，如果电路电压不低于 12～20V，电流不小于 80mA～1A，电器的触点间便会产生电弧。由于电弧弧柱的电位梯度小，如大气中几百安以上电弧电位梯度只有 15V/cm 左右。在大气中开关分断 100kV/5A 电路时，电弧长度超过 7m。电流再大，电弧长度可达 30m。因此要求高压开关能够迅速地在很小的封闭容器内使电弧熄灭，为此，专门设计出各种各样的灭弧室。高压开关电器灭弧室根据介质不同（采用六氟化硫、真空和油等）可分为不同类型；低压开关电器采用电动力吹弧、栅片灭弧等方式快速从电弧中导出能量和迅速拉长电弧等。

2．灭弧方法

灭弧的基本方法主要有以下几种形式。

（1）电动力吹弧：电弧在电动力作用下产生运动的现象，称为电动力吹弧。由于电弧在周围介质中运动，它起着与气吹同样的效果，从而达到灭弧的目的。这种灭弧的方法在低压开关电器中应用得较为广泛。图 2.11 所示为桥式双断口触点吹弧。

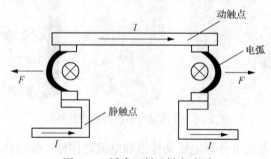

图 2.11　桥式双断口触点吹弧

当触点断开电路时，在断口处产生电弧，电弧电流在两电弧之间产生图 2.11 所示的磁场，根据左手定则判断，电弧电流受到指向外侧的电磁力 F 的作用，使电弧向外运动并拉长，保证电弧迅速冷却并熄灭。此外，这种装置还可以通过将电弧一分为二的方法来削弱电弧的作用。

（2）栅片灭弧：如图2.12所示，用铁磁物质制成金属灭弧栅。当电弧发生后，立刻把电弧吸引到栅片内，将长弧分割成一串短弧，当电弧过零时，每个短弧的附近会出现150～250V的介质强度，如果作用于触点间的电压小于各个介质强度的总和，电弧就立即熄灭。这种灭弧方法在低压开关电器中应用得较多。

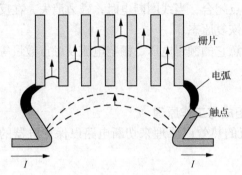

图2.12　栅片灭弧

除以上两种灭弧方法，还有窄缝灭弧、介质灭弧、多断口灭弧等多种灭弧方法，在此不一一赘述。

2.2.3　交流接触器

交流接触器的主要控制对象是电动机，是一种适用于远距离频繁接通和分断电动机主电路和控制电路的自动控制电器。

交流接触器具有欠电压保护、零电压保护、控制容量大、工作可靠、寿命长等优点，是自动控制系统中应用较多的一种电器，我国常用的 CJ10-20型交流接触器如图2.13所示。

2.9　交流接触器

（a）CJ10-20型交流接触器产品实物

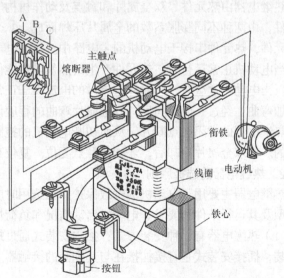

（b）CJ10-20型交流接触器的结构

图2.13　CJ10-20型交流接触器

交流接触器的主要结构由两大部分组成：电磁系统和触点系统。电磁系统包括铁心、衔铁和线圈；触点系统包括 3 对常开主触点、2 对辅助常开触点和 2 对辅助常闭触点。容量在 20A 以上的交流接触器通常带有灭弧装置。

交流接触器的工作原理：当线圈通电时，铁心被磁化，吸引衔铁向下运动，使得常闭触点打开，主触点和常开触点闭合；当线圈断电时，磁力消失，在反力弹簧的作用下，衔铁回到原来的位置，所有触点恢复原态。

选用接触器时，应注意它的额定电压、额定电流及触点数量等。

2.10 热继电器

2.2.4 热继电器

1. 热继电器的结构组成与工作原理

热继电器是利用电流的热效应原理来切断电路以保护电器的设备，如图 2.14 所示。

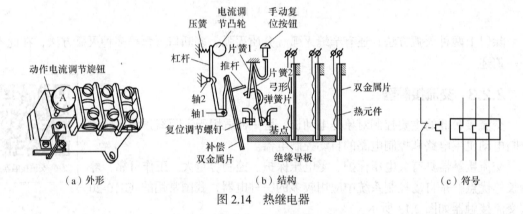

（a）外形　　　　　（b）结构　　　　　（c）符号

图 2.14 热继电器

热继电器由热元件、双金属片和触点及动作机构等部分组成。双金属片是热继电器的感测元件，由两种不同膨胀系数的金属片压焊而成。3 个双金属片上绕有阻值不大的电阻丝作为热元件，热元件串接于电动机的主电路中。热继电器的常闭触点串接于电动机的控制电路中。当电动机正常运行时，热元件产生的热量虽然能使双金属片弯曲，但不足以使热继电器动作。当电动机过载时，热元件上流过的电流大于正常工作电流，于是温度升高，使双金属片更加弯曲。经过一段时间后，双金属片弯曲的程度使它推动绝缘导板，引起连动机构动作而使热继电器的常闭触点断开，从而切断电动机的控制电路，使电动机停转，达到过载保护的目的。待双金属片冷却后，才能使触点复位。复位有手动复位和自动复位两种方式。

2. 热继电器的选择原则

热继电器主要用于电动机的过载保护，在选用时应根据具体使用条件、工作环境、电动机类型及其运行条件和要求、电动机启动情况和负荷情况综合考虑。

（1）热继电器有 3 种安装方式：独立安装式通过螺钉固定，导轨安装式是在标准安装轨上安装，插接安装式是直接挂接在与其配套的接触器上，具体应根据实际安装情况选择安装方式。

（2）长期流过而不引起热继电器动作的最大电流称为热继电器的整定电流，通常选择与电动机的额定电流（I_N）相等或是在 1.05～1.10I_N 的范围。如果电动机拖动的是冲击性负载或电动机启动时间较长，选择的热继电器整定电流应比 I_N 稍大一些；对于过载能力较差的电动机，所选择的热继电器的整定电流值应适当小些。

（3）在不频繁启动场合，热继电器在电动机启动过程中不应产生误码动作。当电动机启动电流为额定电流的 6 倍以下，启动时间不超过 5s 时，若很少连续启动，可按电动机额定电流选用热继电器，而采用过电流继电器作保护装置。

（4）对定子绕组为三角形接法的异步电动机，应选用带断相保护装置的热继电器。

（5）当电动机工作于重复短时工作制时，要根据热继电器的允许操作频率选择相应的产品。因为热继电器操作频率较高时，其动作特性会变差，甚至不能正常工作。因此，对于频繁通断的电动机，不宜采用热继电器作保护装置，可选用埋入电动机绕组的温度继电器或热敏电阻。

2.11 控制按钮

2.2.5 控制按钮

控制按钮是一种结构简单、应用广泛的主令电器。其结构原理如图 2.15 所示。

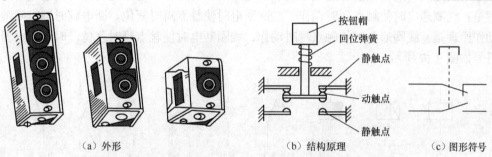

（a）外形　　　　　　（b）结构原理　　　　（c）图形符号

图 2.15　控制按钮的部分产品外形、结构原理与电路图形符号

控制按钮不能直接控制大电流的电动机主回路，而是在电动机的小电流控制回路中发出手动"指令"控制接触器、继电器等，再用这些电器去控制主电路。控制按钮也可用来转换各种信号线路与电气联锁线路等。

图 2.15 所示控制按钮是工程实际中应用最多的复合按钮，复合按钮由按钮帽、回位弹簧桥式触点和外壳构成，如图 2.15（b）所示。动触点和上面的静触点组成常闭触点，和下面的静触点组成常开触点。按下控制按钮的按钮帽时，其常闭触点断开，常开触点闭合；松开控制按钮的按钮帽时，在回位弹簧的作用下，各触点恢复原来状态，即常开触点打开，常闭触点闭合。

控制按钮的主要技术参数有额定电压、额定电流、结构形式、触点数及按钮颜色等，常用的控制按钮交流电压为 380V，额定工作电流为 5A。

2.2.6 时间继电器

时间继电器是电路中控制动作时间的设备，它利用电磁原理或机械动作原理来实现触点的延时接通和断开。按其动作原理与构造的不同可分为电磁式、空气阻尼式和电子式等类型。

2.12 时间继电器

1. 空气阻尼式时间继电器

图 2.16 所示为 JS7-A 系列空气阻尼式时间继电器。

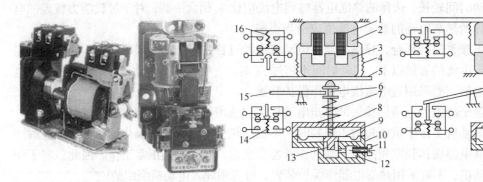

（a）时间继电器产品外形　　　　（b）通电延时型时间继电器　　　（c）断电延时型时间继电器

1—线圈　2—铁心　3—衔铁　4—反力弹簧　5—推板　6—活塞杆　7—塔形弹簧　8—弱弹簧　9—橡皮膜
10—空气室壁　11—调节螺钉　12—进气孔　13—活塞　14、16—微动开关　15—杠杆

图 2.16　JS7-A 系列空气阻尼式时间继电器

空气阻尼式时间继电器有通电延时和断电延时两种类型。通电延时型时间继电器的动作原理是：线圈通电时使触点延时动作，线圈断电时使触点瞬时复位。断电延时型时间继电器的动作原理是：线圈通电时使触点瞬时动作，线圈断电时使触点延时复位。时间继电器的图形符号如图 2.17 所示。

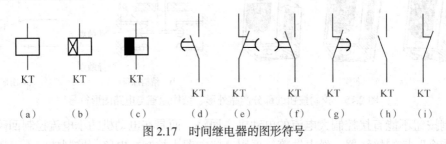

（a）　　（b）　　（c）　　（d）　　（e）　　（f）　　（g）　　（h）　　（i）

图 2.17　时间继电器的图形符号

空气阻尼式时间继电器是利用空气的阻尼作用获得延时的。此类时间继电器结构简单、价格低廉，但准确度低，延时误差大[±（10～20）%]，一般只用于要求延时精度不高的场合。目前在交流电路中应用较多的是晶体管式时间继电器。利用 RC 电路中电容器充电时电容器上的电压逐渐上升的原理作为延时基础，其特点是延时范围广、体积小、精度高、调节方便和寿命长。

2. 电子式时间继电器

电子式时间继电器也称为半导体时间继电器，具有机械结构简单、延时范围广、精度高、消耗功率小、调整方便及寿命长等优点，其应用越来越广泛。电子式时间继电器按结构分为阻容式和数字式两类；按延时方式分为通电延时型、断电延时型及带瞬动触点的通电延时型。

常用的 JS20 系列电子式时间继电器是全国推广的统一设计产品，适用于交流 50Hz、电压 380V 及以下或直流 110V 及以下的控制电路，作为时间控制元件，按预定的时间延时，周期性地接通或分断电路，其产品实物外形和接线示意图如图 2.18 所示。

JS20 系列通电延时型时间继电器由电源、电容充放电电路、电压鉴别电路、输出电路和指示电路 5 部分组成，其内部电路如图 2.19 所示。

（a）产品实物

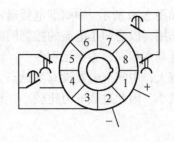
（b）接线示意图

图 2.18　电子式时间继电器

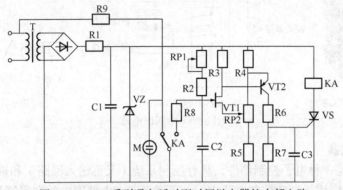

图 2.19　JS20 系列通电延时型时间继电器的内部电路

当电源接通后，经桥式整流和电容 C1 滤波及稳压管 VZ 稳压后的直流电经过 RP1 和 R2 向电容 C2 充电。当场效应管 VT1 的栅源电压 U_{gs} 低于夹断电压 U_p 时，VT1 截止，因而 PNP 管 VT2、晶闸管 VS 均处于截止状态。当 C2 电位随着充电过程按指数规律上升，满足 U_{gs} 高于 U_p 时，场效应管 VT1 导通，VT2、VS 相继导通，中间继电器 KA 线圈通电吸合，输出延时信号。同时电容 C2 通过 R8 和 KA 的常开触点放电，为下次动作做好准备。当切断电源时，继电器 KA 线圈失电，触点打开，电路恢复原始状态，等待下次动作。显然，电子式时间继电器是利用 RC 电路电容充电原理实现延时的，调节 RP1 和 RP2 即可调整延时时间。

2.2.7　电磁式继电器

电磁式继电器结构简单、价格低廉、使用维护方便，广泛地用在控制系统中。

电磁式继电器的结构和工作原理与接触器类似，也是由电磁机构和触点系统等组成的，其结构原理如图 2.20（b）所示。

2.13　电磁式
继电器

由图 2.20（b）可看出，为满足控制要求，需调节动作参数，故有调节装置。

电磁式继电器和接触器的主要区别在于：接触器只有在一定的电压信号下才动作，而电磁式继电器可对多种输入量的变化做出反应；接触器的主触点用来控制大电流电路，辅助触点控制小电流电路，而电磁式继电器没有主触点，因此只能用来切换小电路的控制电路和保护电路；接触器通常带有灭弧装置，继电器因没有大电流的主触点，所以没有灭弧装置。

电磁式继电器种类很多，本节只介绍以下几种。

1. 中间继电器

中间继电器如图 2.20 所示。中间继电器通常在继电保护与自动控制系统的控制回路中起传递中间信号的作用，以增加小电流的控制回路中的触点数量及容量。中间继电器的结构和原理与交流接触器基本相同，主要区别在于：接触器的主触点串接在电动机主回路中，通过电动机的工作电流大；中间继电器没有主触点，它用的全部都是辅助触点，数量比较多，其触点容量通常都很小，因此过载能力比较小，只能通过小电流。所以，中间继电器只能用于控制电路中。

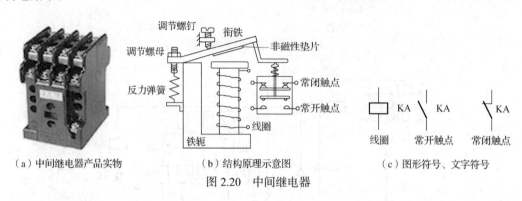

（a）中间继电器产品实物　　　（b）结构原理示意图　　　（c）图形符号、文字符号

图 2.20　中间继电器

2. 电压继电器

电压继电器是一种电子控制器件，具有控制系统（又称输入回路）和被控制系统（又称输出回路），通常应用于自动控制电路中，电压继电器在电路图中的文字符号是 KV。电压继电器实际上是用较小的电流去控制较大电流的一种"自动开关"，故在电路中起着自动调节、安全保护、转换电路等作用。电压继电器主要用于发电机、变压器和输电线的继电保护装置中，作为过电压保护或低电压闭锁的启动原件。

电压继电器分为凸出式固定结构、凸出式插拔式结构、嵌入式插拔结构等，并有透明的塑料外罩，可以观察继电器的整定值和规格等。其产品外形如图 2.21 所示。

电压继电器分为过电压继电器和欠电压继电器两种类型，都是瞬时动作型。电压继电器的磁系统有两个线圈，线圈出线端接在底座端子上，用户可以根据需要串联或并联，不同连接方式可使继电器整定范围变化一倍。

电压继电器铭牌的刻度值及额定值是线圈并联时的电压（以伏特为单位）。通过转动刻度盘上的指针来改变游丝的反作用力矩，从而改变电压继电器的动作值。

图 2.21　电压继电器的产品外形

电压继电器的动作：对于过电压继电器，电压升至整定值或大于整定值时，继电器就动作，常开触点闭合，常闭触点断开。当电压降低到整定值的 80% 时，继电器就返回，常开触点断开，常闭触点闭合。对于低电压继电器，当电压降低到整定电压时，继电器就动作，常开触点断开，常闭触点闭合。

3. 电流继电器

电流继电器也是瞬时动作型，广泛应用于电力系统二次回路继电保护装置线路中，作为过电流启动元件。电流继电器产品外形如图 2.22 所示，它在电路图中的文字符号是 KA（或 KI）。

图 2.22　电流继电器

与电压继电器一样，电流继电器的磁系统也有两个线圈，线圈出线端接在底座端子上，用户可以根据需要串联或并联，因而可使继电器整定值变化一倍。

电流继电器的铭牌刻度值及额定值是线圈串联时的电流值（以安培为单位），转动刻度盘上的指针可改变游丝的反作用力矩，从而可以改变继电器的动作值。

以过电流继电器为例，说明电流继电器的动作原理：当通过电流继电器的电流升至整定值或大于整定值时，电流继电器动作，常开触点闭合，常闭触点断开。当电流降低到整定值的 80% 时，继电器就返回，常开触点断开，常闭触点闭合。

欠电流继电器正常工作时，继电器线圈流过负载额定电流，衔铁吸合动作；当负载电流降低至继电器释放电流时，衔铁释放，带动触点动作。欠电流继电器在电路中起欠电流保护作用。

2.2.8　位置开关

位置开关包括行程开关（限位开关）、微动开关、接近开关等。

1. 行程开关

2.14　位置开关

行程开关的作用是将机械位移转换成电信号，使电动机运行状态发生改变，即按一定行程自动停转、反转、变速或循环，用来控制机械运动或实现安全保护。

直动式行程开关的产品外形如图 2.23（a）所示。单轮旋转式行程开关的产品外形如图 2.23（b）所示。图 2.23（d）所示是两种行程开关的结构原理。当运动机构的挡铁压到行程开关的滚轮上时，转动杠杆并连同转轴一起转动，凸轮推动撞块使得常闭触点断开，常开触点闭合。挡铁移开后，回位弹簧使其复位。行程开关的图形符号如图 2.23（e）所示。

行程开关动作后，复位方式有自动复位和非自动复位两种，图 2.23（a）、（b）所示的直动式和单轮旋转式均为自动复位式。但有的行程开关动作后不能自动复位，如图 2.23（c）所示的双轮旋转式行程开关，它只有运动机械反向移动，挡铁从相反方向碰压另一滚轮时，触点才能复位。

常用的行程开关有 JLXK1、X2、LX3、LX5、LX12、LX19A、LX21、LX22、LX29、LX32 等系列，微动开关有 LX31 系列和 JW 型。

2. 接近开关

接近开关是一种无须与运动部件进行机械接触而可以操作的位置开关，又称无触点行程开关，它既有行程开关、微动开关的特性，同时具有传感器的性能，且动作可靠，性能稳定，频率响应快，应用寿命长，抗干扰能力强，还具有防水、耐腐蚀的特点。

接近开关产品实物外形与行程开关有很大差别，如图 2.24 所示。

接近开关是理想的电子开关量传感器。当金属检测体接近开关的感应区域时，接近开关在无接触、无压力、无火花的情况下可发出电气指令，准确反映出运动机构的位置和行程。

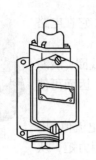 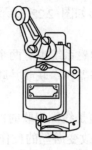 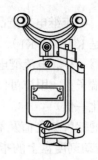

（a）直动式行程开关　（b）单轮旋转式行程开关　（c）双轮旋转式行程开关

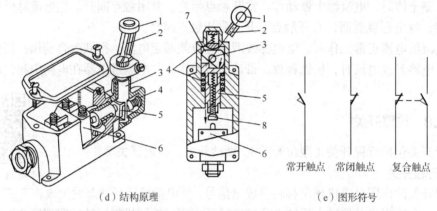

（d）结构原理　　　　　　　（e）图形符号

常开触点　常闭触点　复合触点

1—滚轮　2—杠杆　3—转轴　4—回位弹簧　5—撞块　6—微动开关　7—凸轮　8—调节螺钉

图 2.23　行程开关产品外形、结构原理及图形符号

（a）接近开关产品实物图　　　　　　（b）接近开关结构原理框图

感应头→振荡器→检测电路→输出电路　电源

图 2.24　接近开关产品实物图和结构原理框图

接近开关之所以对接近它的物件有"感知"能力，是因为它内部安装有位移传感器（感应头），利用位移传感器对接近物体的敏感特性达到控制开关通或断的目的。当有物体移向接近开关并接近到一定位置时，位移传感器才有"感知"，接近开关才会动作。通常把这个距离叫"检出距离"。不同的接近开关，其检出距离也各不相同。

接近开关即便用于一般的行程控制，其定位精度、操作频率、使用寿命、安装调速的方便性和应对恶劣环境的适应能力，都是一般机械式行程开关所不能比拟的。因此，接近开关广泛应用于机床、冶金、化工、轻纺和印刷行业。在自动控制系统中，接近开关可作为限位、计数、定位控制和自动保护环节等。

接近开关较行程开关具有定位精度高、工作可靠、寿命长、功耗低、操作频率高及能适应恶劣工作环境等优点。但使用接近开关时，仍要用有触点继电器作为输出器。

接近开关的种类很多，在此只介绍高频振荡型接近开关。高频振荡型接近开关电路结构可以归纳为图 2.24（b）所示的几个组成部分。

高频振荡型接近开关的工作原理：当有金属物体靠近一个以一定频率稳定振荡的高频振荡器感应头附近时，由于感应作用，该物体内部会产生涡流及磁滞损耗，以致振荡回路因电阻增大、能耗增加而使振荡减弱，直至停止振荡。检测电路根据振荡器的工作状态控制输出电路的工作，输出信号控制继电器或其他电器，以达到控制目的。

接近开关在航空、航天技术及工业生产中都有广泛的应用。接近开关在日常生活中，如宾馆、饭店、车库的自动门，自动热风机上都有应用。在安全防盗方面，如资料档案馆、博物馆、金库等重地，通常都装有由各种接近开关组成的防盗装置。在测量技术中，如长度、位置的测量；在控制技术中，如位移、速度、加速度的测量和控制，也都使用着大量的接近开关。

2.2.9　速度继电器

速度继电器是反映转速和转向的继电器，其主要作用是以旋转速度的快慢为指令信号，与接触器配合实现对电动机的反接制动控制，故又称为反接制动继电器。机床控制线路中常用的速度继电器有 JY1 型和 JFZ0 型，JY1 型速度继电器如图 2.25 所示。

2.15　速度继电器

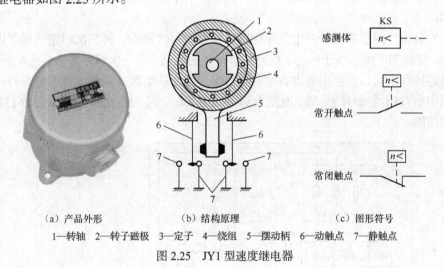

（a）产品外形　　　（b）结构原理　　　（c）图形符号

1—转轴　2—转子磁极　3—定子　4—绕组　5—摆动柄　6—动触点　7—静触点

图 2.25　JY1 型速度继电器

速度继电器是根据电磁感应原理制成的。速度继电器的转子是一个永久磁铁，与电动机或机械轴相连接，随着电动机旋转而旋转。速度继电器的转子与鼠笼型异步电动机的转子相似，内有短路条，也能围绕着转轴转动。当速度继电器的转子随电动机转动时，其磁场与定子短路条相切割，产生感应电势及感应电流，与电动机的工作原理类同，故速度继电器的定子随着转子转动而转动起来。速度继电器的定子转动时带动摆动柄，摆动柄推动触点，使之闭合或分断。当电动机旋转方向改变时，继电器的转子与定子的转向也改变，这时定子就可以触动另外一组触点，使之分断或闭合。当电动机停止时，继电器的触点即恢复原来的静止状态。

由于速度继电器工作时是与电动机同轴的，因此不论电动机正转或反转，速度继电器的两个常开触点总有一个闭合，准备进行电动机的制动。一旦开始制动，由控制系统的联锁触点和速度继电器的备用闭合触点形成一个电动机相序反接（俗称倒相）电路，使电动机在反接制动下停转。当电动机的转速接近零时，速度继电器的制动常开触点分断，从而切断电源，使电动机制动状态结束。

常用的速度继电器有 JY1 型和 JFZ0-1 型、JFZ0-2 型等。JY1 型速度继电器可在 700～3600r/min 范围内可靠地工作，JFZ0-1 型适用于 300～1000r/min，JFZ0-2 型适用于 1000～3600r/min。速度继电器均具有两个常开触点、两个常闭触点，触点额定电压为 380V，额定电流为 2A。一般速度继电器的转轴在 130r/min 左右即能动作，在 100r/min 时触点即能恢复到正常位置，可以通过螺钉的调节来改变速度继电器的转速，以适应控制电路的要求。

速度继电器应用广泛，可以用来监测船舶、火车的内燃机引擎，以及气体、水和风力涡轮机，还可以用于造纸业、箔的生产和纺织业生产。在船用柴油机及很多柴油发电机组的应用中，速度继电器作为一个二次安全回路，当紧急情况发生时，可迅速关闭引擎。速度继电器主要根据电动机的额定转速和控制要求来选择。

2.2.10 安装接线图

安装接线图是以电路原理为依据绘制而成的，是现场维修中不可缺少的重要资料。安装接线图中各元件图形、位置及相互间连接关系应与元件的实际形状、实际安装位置及实际连接关系相一致。图中连接关系采用相对标号法来表示。

2.16 安装接线图

识读安装接线图通常应对照电气原理图，按照先一次回路、再二次回路的顺序识读。识读过程中，要详细了解各端子标志、电路图形符号的意义。对一次回路要从电源端顺次识读，了解线路连接和走向，直至用电设备端。对二次回路要从电源一端识读直至电源另一端。安装接线图中所有相同线号的导线，原则上都可以连接在一起。图 2.26 所示为 CW6132 型车床的安装接线图。

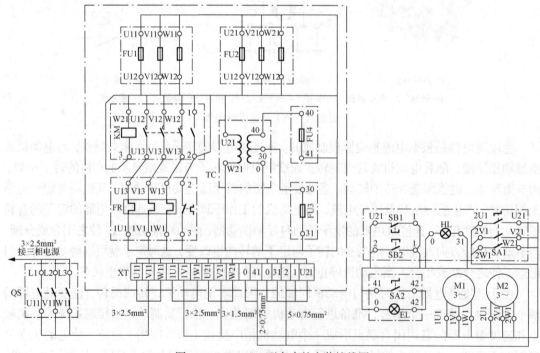

图 2.26　CW6132 型车床的安装接线图

观察图 2.26，图中表示出了该车床中与端子排相连接的项目的相对位置、项目代号、端子号、导线号、导线截面（还可标出导线型号）等内容。各个项目外形旁应标注项目代号，如图 2.26 中的指示灯 EL 和 HL 等，都应与电气原理图中的标注一致。

安装接线图的绘制原则如下。

（1）各电气元件的组成部分画在一起，布置尽量符合电器的实际情况，而且要按实际安装位置绘出，元件所占图面按实际尺寸以统一比例绘制。

（2）一个元件中所有带电部件均画在一起，并用点画线框起来，即采用集中表示法。

（3）各电气元件的图形符号和文字符号必须与电气原理图一致，并符合最新国家标准。

（4）各电气元件上凡是需要接线的部件端子都应画出，并予以编号，各接线端子的编号必须与电气原理图上的导线编号相一致。

（5）走向相同的相邻导线可以绘成一股线。

（6）同一控制柜上的电气元件可直接相连，控制柜与外部器件相连时，必须经过接线端子板，且互连线应注明规格，一般不表示实际走线。

2.2.11　电气原理图

电气原理图是用来表明电气设备的工作原理、各电气元件的作用及相互之间关系的一种图形。运用电气原理图识读的方法和技巧，对于分析电气线路、排除机床电路故障十分有益。电气原理图依据电气动作原理按展开法绘制。展开法就是将某个电气设备的一条或多条电路按水平和垂直位置来画，并按电路的先后顺序排列。

2.17　电气原理图

电气原理图中各电气设备的元件不按它们的实际位置画在一起，而是按各部分在电路中的作用画在不同的地方，但同一元件应用同一文字符号表示。电气原理图中不仅不按照电气元件的实际位置绘制，而且也不反映电气元件的实际大小、安装位置，只用其导电部件及接线端子按国家标准规定的图形符号来表示电气元件，再用导线将这些导电部件连接起来以反映其连接关系。所以电气原理图结构简单、层次分明、关系明确，适用于分析研究电路的工作原理，且可作为分析其他电气图的依据，在设计部门和生产现场得到了广泛的应用。

下面以图 2.27 所示的 CW6132 型普通车床电气原理图为例说明绘制电气原理图的原则和注意事项。

1. 绘制电气原理图应遵循的原则

（1）电气控制电路一般分为主电路和辅助电路。辅助电路又可分为控制电路、信号电路、照明电路和保护电路等。

主电路是指从电源到电动机的大电流通过的电路，其中电源电路用水平线绘制，受电动力设备及其保护电器支路应垂直于电源电路画出。

控制电路、照明电路、信号电路及保护电路等应垂直地绘于两条水平电源线之间。耗能元件的一端应直接连接在电位低的一端，控制触点连接在上方水线和耗能元件之间。

无论主电路还是辅助电路，各元件一般应按动作顺序从上到下、从左到右依次排列，电路可以水平布置也可以垂直布置，一般采用垂直布置。

（2）在电气原理图中，所有电气元件的图形符号、文字符号、接线端子标记必须采用国家规定的统一标准。

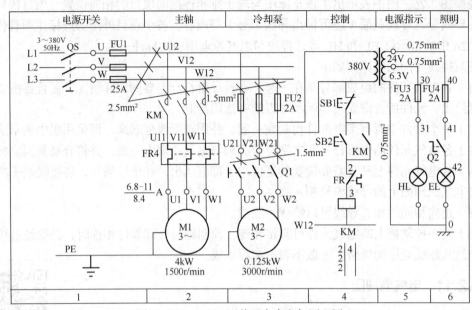

图 2.27　CW6132 型普通车床电气原理图

（3）采用电气元件展开图的画法。同一电气元件的各部分可以不画在一起，但需用同一文字符号标出。若有多个同一种类的电气元件，可在文字符号后加上数字序号，例如 FU1、FU2。

（4）电气原理图中，所有电器按自然状态画出。所有按钮、触点均按电器没有通电或没有外力操作、触点没有动作的原始状态画出。

（5）电气原理图中，有直接联系（导通）的交叉导线连接点要用黑圆点表示。无直接联系的交叉导线连接点不画黑圆点。

（6）电气原理图上将图分成若干个图区，并标明该区电路的用途。在继电器、接触器线圈下方列出触点表，说明线圈和触点的从属关系。

2．绘制电气原理图的注意事项

首先，图中所有元器件均应严格采用国家统一规定的标准绘制其图形符号并注明文字符号。图 2.27 中，主电路是通过电动机工作大电流的通路，包括 1 区的电源开关、2 区的主轴电动机和 3 区的冷却泵，其中含有熔断器、接触器主触点、热继电器发热元件及电动机等，主电路用粗线绘制在图面的左侧（或上方）。

电气原理图中的辅助电路包括 4 区的控制电路、5 区的电源指示灯和 6 区的照明灯等，由继电器和接触器的电磁线圈、辅助触点、控制按钮，以及其他元器件的触点、控制变压器、熔断器、照明灯、信号指示灯及控制开关等组成。辅助电路通常用细实线绘制在图面的右侧（或下方）。

电气原理图中电气触点均表示为原始状态。当电气触点的图形符号垂直放置时，以"左开右闭"的原则绘制；当符号为水平放置时，以"上闭下开"原则绘制。电气原理图的布局要合理，尽量不出现无联系的连接线相交叉。

为了便于确定原理图的内容和组成部分在图中的位置，常在电气原理图纸上分区。垂直边通常用大写拉丁字母编号，水平边则如图 2.27 所示用阿拉伯数字编号。

请读者自行分析图 2.27 所示 CW6132 型普通车床电气原理图中电动机的工作过程。

2.2.12　电气布置图

2.18　电气布置图

电气布置图是表示电气设备上所有电气元件的实际位置，为电气控制设备的安装、维修提供必要参考的技术资料。电气元件均用粗实线绘制出简单的外形轮廓，机床的轮廓线则用细实线或点画线。

图 2.28 所示为 CW6132 型普通车床的电气布置图。

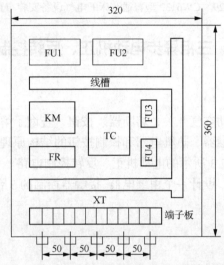

图 2.28　CW6132 型普通车床的电气布置图

电气布置图可根据电气控制系统的复杂程度采取集中绘制或单独绘制，常见的有电气控制图中的电气元件布置图、控制面板图等。电气布置图绘制原则大致体现以下几个方面。

（1）体积大和较重的电气元件应安装在电器安装板的下方，而发热元件应安装在电器安装板的上面。

（2）强电、弱电应分开，弱电应屏蔽，防止外界干扰。

（3）需要经常维护、检修、调整的电气元件安装位置不宜过高或过低。

（4）电气元件的布置应考虑整齐、美观、对称。外形尺寸、结构类似的电气元件应安装在一起，以便于安装和配线。

（5）电气元件布置不宜过密，应留有一定的间距。如用走线槽，应加大各排电气元件的间距，以便于布线和维修。

电气布置图根据电气元件的外形尺寸绘出，并标明各元件的间距尺寸。控制盘内电气元件与盘外电气元件的连接应经接线端子进行，在电气布置图中应画出接线端子板并按一定顺序标出接线号。

图 2.29 所示为 CW6132 型普通车床的电气设备安装布置图。

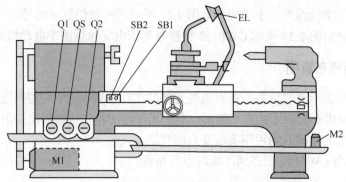

图 2.29　CW6132 型普通车床的电气设备安装布置图

 2.3　技能训练：三相异步电动机正、反转控制电路的安装与操作

2.3.1　训练要求

1. 正确识别、选用自动空气开关、熔断器、按钮，查询了解接触器故障与检修方法。
2. 理解和掌握交流接触器、热继电器和控制按钮的结构原理及工作原理。
3. 正确安装和操作图 2.3 所示的电动机正、反转控制电路。
4. 创新技能扩展训练：设计一个由继电器–接触器控制的 3 台电动机的顺序控制电路，要求正序启动、逆序停止。

2.3.2　设备与器材

实训设备与器材如表 2-1 所示。

表 2–1　　　　　　　　　　　　　　实训设备与器材

序号	名称	型号与规格	单位	数量
1	工具、仪表	验电笔、钢丝钳、螺钉旋具、电工刀、尖嘴钳、活扳手、万用表等	套	1
2	网孔板		面	1
3	自动空气开关	DZ-47 系列	只	1
4	熔断器	RL7-25/10	个	2
5	控制按钮	LA10-3H	个	3
6	交流接触器	CJ20-10（线圈电压 380V）	个	2
7	热继电器	JR16-40/3	个	1
8	导线	BVR-1.5	m	若干
9	电动机	3kW 以下小功率三相异步电动机	台	1

2.3.3　实训步骤

1. 明确并理解图 2.3 电气控制原理电路→准备实训设备及器材→学习绘制电气原理图的主电路和控制电路，并能分析其工作过程→学习绘制电气布置图并安装设备→绘制电气安装接线图并配线→连接线路及绝缘检查→通电试车。

2. 设计一个由继电器–接触器控制的 3 台电动机的顺序控制电路，注意要求正序启动、逆序停止。

2.3.4　实训评分

1. 分组考核（成绩占 50%）

按照实训步骤分步考核，考查实训任务完成的进度、质量及创新点。

2. 单独考核（成绩占 40%）

按项目考核，考查相关技能掌握的程度。

3. 综合素质考核（成绩占 10%）

按实训过程考核，考查安全、卫生、文明操作及团队协作精神。

2.4　练习题

一、填空题

1. 电气控制电路中，过载保护通常采用_____继电器，它的_____串接在电动机主回路中，其_____串接在控制回路中。

2. 电气控制电路中，交流接触器的主触点连接在电动机_____电路上；辅助常开触点和辅助常闭触点通常连接在电动机_____回路中。

3. 依靠接触器自身辅助触点保持接触器线圈通电的现象称为_____，电动机正、反转控制电路中，依靠正转、反转接触器辅助常闭触点串接在对方线圈电路中，形成相互制约的控制称为_____。

4. 依靠接触器的辅助_____触点形成的互锁机制称为_____互锁，依靠控制按钮的常闭触点串接在对方接触器线圈电路中的互锁机制称为_____互锁。

5. 多地控制线路的特点是：启动按钮应_____在一起，停止按钮应_____在一起。

6. 按下控制按钮，交流接触器线圈得电，电动机运转；松开控制按钮，交流接触器线圈失电，电动机停转。这种控制方法称为_____控制。

7. 按_____原则控制的反接制动过程中，利用_____继电器在电动机转速下降至接近零时，其串接在接触器线圈电路中的 KS 常开触点打开，使电动机迅速停转。

8. 安装接线图反映的是电气设备各控制单元内部元件之间的_____关系，是按照电气元件的_____和_____绘制的，它为_____、_____和_____等提供了必要的依据。

二、判断题

1. 一定规格的热继电器，所安装的热元件规格可能是不同的。　　　　　　　　　（　　）

2. 一个额定电压为 220V 的交流接触器在直流 220V 的电源电路中也可使用。　　（　　）

3. 低压断路器不仅具有短路保护、过载保护功能，还具有失电压保护功能。　　（　　）

4. 交流接触器的常开触点都是串接在主电路中的。　　　　　　　　　　　　　（　　）

5. 交流接触器的线圈及辅助触点都是串接在小电流的控制电路中。　　　　　　（　　）

6. 热继电器在电气控制电路中也能起到短路保护作用。　　　　　　　　　　　（　　）

7. 控制按钮可以用来控制继电器-接触器控制电路中的主电路的通、断。（　　　）

8. 大电流的主回路需要短路保护，小电流的控制回路不需要短路保护。（　　　）

9. 依靠接触器的辅助常闭触点实现的互锁机制称为机械互锁。（　　　）

10. 速度继电器是用来测量异步电动机工作时运转速度的电气设备。（　　　）

11. 同一电动机多地控制时，各地启动按钮应按照并联原则来连接。（　　　）

12. 任意对调电动机两相定子绕组与电源相连的顺序，即可实现反转。（　　　）

三、单项选择题

1. 低压断路器的文字符号是（　　　）。
   A. QS　　　　　B. QF　　　　　C. SB　　　　　D. FU

2. 低压断路器的热脱扣器用作（　　　）。
   A. 断路保护　　B. 短路保护　　C. 过载保护　　D. 失电压保护

3. 热继电器作电动机的保护时，适用于（　　　）。
   A. 重载启动间断工作时的过载保护　　B. 轻载启动连续工作时的过载保护
   C. 频繁启动时的过载保护　　D. 任何负载和工作制的过载保护

4. 复合按钮在按下时其触点动作情况是（　　　）
   A. 常开触点先接通，常闭触点后断开　B. 常闭触点先断开，常开触点后接通
   C. 常开触点接通和常闭触点断开同时　D. 无法判断

5. 下列电器不能用来正常通断主回路的是（　　　）。
   A. 接触器　　　B. 断路器　　　C. 刀开关　　　D. 热继电器

6. 电气控制电路中，既能起短路保护作用，又能起过载保护作用的电器是（　　　）。
   A. 接触器　　　B. 断路器　　　C. 熔断器　　　D. 热继电器

7. 安装接线图中，一般需要提供项目的相对位置、项目代号、端子号和（　　　）。
   A. 导线号　　　B. 元器件号　　　C. 单元号　　　D. 接线图号

8. 对于电动机的多地控制，须将多个启动按钮并联、多个停止按钮（　　　），才能达到控制要求。
   A. 并联　　　　B. 串联　　　　C. 混联　　　　D. 自锁

9. 自动往返行程控制电路属于对电动机实现自动转换的（　　　）控制。
   A. 自锁　　　　B. 点动　　　　C. 联锁　　　　D. 正、反转

10. 电动机控制电路中的欠电压、失电压保护环节是依靠（　　　）的作用实现的。
    A. 热继电器　　B. 时间继电器　　C. 接触器　　　D. 熔断器

11. 多台电动机可通过（　　　）实现顺序控制。
    A. 主回路　　　　　　　　　B. 控制回路
    C. 信号电路　　　　　　　　D. 主回路和控制回路共同

12. 电气控制电路中自锁环节的功能是保证电动机控制系统（　　　）。
    A. 有点动功能　　　　　　　B. 有定时控制功能
    C. 有启动后连续运行功能　　D. 有自动降压启动功能

13. 电气控制电路中的自锁环节是将接触器的（　　　）并联于启动按钮两端。
    A. 辅助常开触点　B. 辅助常闭触点　C. 主触点　　　D. 线圈

14. 当两个接触器形成互锁时，应将其中一个接触器的（　　　）触点串进另一个接触器

的控制回路中。

  A. 辅助常开   B. 辅助常闭   C. 主   D. 辅助常开或辅助常闭

15. 三相异步电动机正、反转控制电路在实际工作中最常用最可靠的是（ ）。

  A. 倒顺开关   B. 接触器联锁

  C. 按钮联锁   D. 按钮与接触器双重联锁

16. 时间继电器在电气控制系统中的控制功能是（ ）。

  A. 定时   B. 定位   C. 速度控制   D. 温度控制

四、简答题

1. 交流接触器主要由哪些部分组成？

2. 热继电器能否用来作短路保护？为什么？

3. 说明电气控制电路中的主回路和控制回路有什么显著区别？

4. 熔断器和热继电器在电路中的保护作用有什么不同？可以相互取代吗？

5. 交流接触器的主触点、辅助触点和线圈各接在什么电路中？应如何连接？

6. 电动机的启动电流很大，启动时热继电器应不应该动作？为什么？

7. 三相异步电动机的点动控制与连续运转控制关键区别点在哪里？

8. 三相异步电动机正、反转控制电路常用的方法有哪几种？

9. 失电压保护和欠电压保护有何不同？在电气控制系统中它们是如何实现的？

项目三 电动机的降压启动控制

知识目标

1. 了解降压启动的意义。
2. 理解各种降压启动实例的操作方法及其适用场合。
3. 掌握电动机Y-△降压启动的分析过程。
4. 理解按时间原则控制的Y-△降压启动电路。

能力目标

1. 进一步了解常用低压电器的功能、用途和特点。
2. 具有热继电器和时间继电器的调节能力。
3. 在理解电动机Y-△降压启动的基础上,掌握电动机Y-△降压启动电路的安装技能。
4. 具有对电动机Y-△降压启动电路的检测和操作能力。

3.1 项目导入: 电动机的降压启动控制电路实例

异步电动机通电后转子从静止状态到稳定运行的过渡过程称为启动过程,简称启动。

生产实际中,当电动机容量超过 10kW 时,因启动电流较大会引起线路压降增大,造成负载端电压下降,如果负载端电压降低过多,会影响到同一电网中其他设备的正常工作。这时应对大容量电动机采取降压启动。

全压启动所需设备简单、操作方便、启动迅速。通常规定,电源容量在 180kV·A 以上、电动机容量在 7kW 以下的三相异步电动机才可采用直接启动的方法。也可遵照下面的经验公式来确定一台电动机能否全压启动:

$$\frac{I_{ST}}{I_N} \leqslant \frac{3}{4} + \frac{电源变压器容量 (kV·A)}{4 \times 电动机功率 (kW)}$$

式中,I_{ST} 为启动电流;I_N 为额定电流。

凡不满足全压启动条件的,要考虑限制启动电流,但限制启动电流的同时应保证电动机有足够的启动转矩,并且尽可能采用操作方便、简单经济的启动设备进行降压启动。

三相交流异步电动机的降压启动采取的方法主要有Y-△降压启动、利用自耦补偿器的降压启动，以及绕线式异步电动机的转子回路串电阻或接频敏变阻器的降压启动等。

3.1 Y-△降压启动控制

3.1.1 应用实例1：Y-△降压启动控制

1. Y-△降压启动控制电路

凡是正常运行时定子绕组接成三角形接法的三相鼠笼型异步电动机，均可采用Y-△降压启动。降压过程仅存在于异步电动机的启动过程中。当电动机启动时，定子绕组为Y连接，由前面知识可知，Y接时加在每相绕组的电压只是正常工作△连接时全压的57.7%，故启动电流下降为全压启动时启动电流的1/3。启动过程中，当转速接近额定转速时，电动机定子绕组应能自动改接成△连接，进入全压正常运行。Y-△降压启动的自动控制电路如图3.1所示。

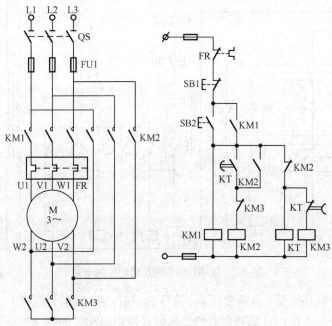

图 3.1 Y-△降压启动的自动控制电路

此种降压启动方式使用了 3 个接触器和 1 个时间继电器，按时间原则控制电动机的Y-△降压启动，其中所用产品为 QX4 系列Y-△降压启动器。这种启动方式由于简便、经济，可用于操作较频繁的场合，因此使用较为广泛，但其启动转矩只有全压启动时的 1/3，所以通常应用于空载启动或轻载启动的电动机。

2. 控制过程

合上隔离开关 QS，为电动机启动做准备。按下启动按钮 SB2→KM1 线圈通电自锁，KM3、KT 线圈同时得电→KM1、KM3 主触点闭合，电动机三相定子绕组接成星形降压启动；时间继电器延时计时开始→电动机转速由零开始上升至接近额定转速时，通电延时型时间继电器延时时间到→KT 延时常闭触点断开，KM3 断电，电动机断开星形接法；KM3 串接在 KM2 线圈支路中的辅助常闭触点闭合，为 KM2 通电做好准备→KT 延时常开触点闭合，KM2 线圈通电并自锁，电动机接成三角形全压运行。同时 KM2 的辅助常闭触点断开，使 KM3 和

KT 线圈都断电。

若要电动机停转，按下按钮 SB1 即可。

此控制电路中，当 KM2 线圈通电其电磁铁吸合后，串接在时间继电器 KT 线圈和 KM3 线圈并联电路中的 KM2 常闭触点打开，避免时间继电器长期工作。而 KM2 和 KM3 的常闭触点形成互锁控制关系，防止电动机三相定子绕组在Y接的同时接成△连接而造成的电源短路事故。

3.2　自耦补偿器
降压启动控制

3.1.2　应用实例2：自耦补偿器降压启动控制

1. 自耦补偿器降压启动电路

图 3.2 所示是利用 XJ01 系列自耦补偿器和时间继电器实现降压启动的自动控制电路。

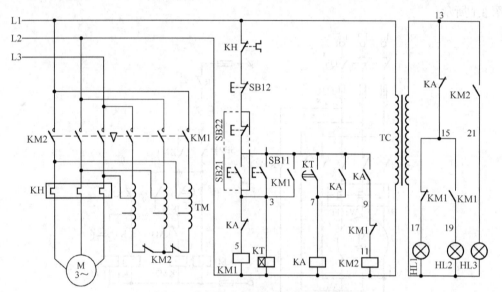

图 3.2　自耦补偿器降压启动控制电路

电动机利用自耦补偿器（自耦变压器）降压启动时，将自耦补偿器的一次侧与电网相接，其电动机的定子绕组连接在自耦补偿器的二次侧，使得启动时的电动机获得的电压为自耦补偿器的二次电压。待电动机转速接近额定转速时，再将电动机定子绕组从自耦变压器二次侧断开接到电网上获得全压而正常运行。自耦补偿器二次侧通常有 3 个抽头，用户可根据电网允许的启动电流和机械负载所需要的启动转矩进行适当的选择。如电源接通后，控制电路中指示灯 HL1 亮。

2. 电路控制过程

按下控制回路中启动按钮 SB11→接触器 KM1 和时间继电器 KT 的线圈得电，控制回路中 9、11 之间的 KM1 辅助常闭触点打开互锁，15、17 之间的辅助常闭触点打开，HL1 指示灯熄灭，KM1 辅助常开触点闭合自锁，15、19 之间的辅助常开触点闭合，HL2 指示灯亮，KM1 的 3 对主触点闭合，自耦补偿器一次侧与电源接通，二次侧中间抽头与电动机三相定子绕组相连接，实现了自耦补偿器的降压启动；当通电延时型时间继电器 KT 延时时间到时，KT 延时闭合的常开触点闭合，中间继电器 KA 线圈得电，3、5 之间的常闭触点打开，KM1 线圈失电，自耦补偿器与电网断开，13、15 之间的常闭触点打开，指示灯 HL2 熄灭，同时

KA 常开触点闭合并自锁，接触器 KM2 线圈得电，13、21 之间的 KM2 辅助常开触点闭合，指示灯 HL3 亮，同时 KM2 主触点闭合，电动机全压运行。若要电动机停转，按下停止按钮 SB12，使整个控制回路与电源断开即可。

3.1.3 应用实例3：绕线式异步电动机降压启动控制

3.3 绕线式异步电动机降压启动控制

Y-△降压启动方法只适用于中、小容量，且正常工作时定子绕组按三角形连接的鼠笼型异步电动机的降压启动；自耦补偿器降压启动方法则适用于大容量的鼠笼型异步电动机的降压启动，而且这两种降压启动方法只适合于空载和轻载。由项目二内容可知，三相绕线式异步电动机的转子绕组通过铜环经电刷可与外电路电阻相接，不但可以用来减小启动电流、提高转子电路功率因数和启动转矩，还适用于重载启动的场合。

按绕线式异步电动机启动过程中转子回路串接装置的不同，可分为串电阻启动和串频敏变阻器启动两种方法。

1. 按时间原则的转子回路串电阻的自动降压启动控制

（1）图 3.3 所示为按时间原则控制转子电阻降压启动电路。

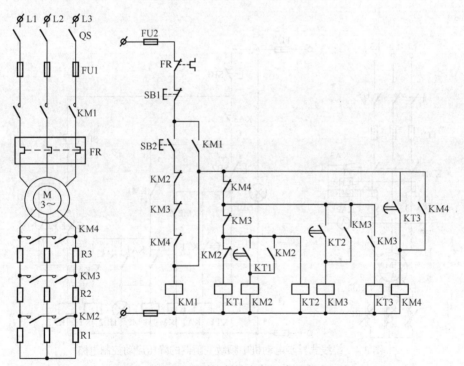

图 3.3　按时间原则控制转子电阻降压启动电路

这种降压启动方式采用了 3 个时间继电器 KT1、KT2、KT3 控制 3 段电阻的切除。

（2）电动机启动过程。合上隔离开关 QS，为电动机的降压启动做好准备→按下启动按钮 SB2→接触器 KM1 线圈得电并自锁，KM1 3 个主触点闭合，电动机转子串入所有电阻，降压启动开始，时间继电器 KT1 线圈同时得电，延时计时开始→通电延时型时间继电器 KT1 延时时间到，KT1 延时闭合的常开触点闭合，KM2 线圈得电并自锁，串接在转子回路中的

KM2 主触点闭合，切除电阻 R1，串接在 KT1 线圈支路中的 KM2 辅助常闭触点打开，时间继电器 KT1 线圈失电复位，同时时间继电器 KT2 线圈得电，开始延时计时→当 KT2 延时时间到时，接触器 KM3 线圈得电并自锁，其主触点闭合，切除了电阻 R1 和 R2，同时 KM3 辅助常闭触点打开，使 KT1、KM2、KT2 线圈失电，KM3 的辅助常开触点闭合使 KT3 线圈得电，开始计时→KT3 计时时间到，接触器 KM4 线圈得电并自锁，KM4 辅助常闭触点打开，使时间继电器 KT3 线圈失电复位，KM4 主触点切除全部串接于转子回路的电阻全压运行，这时，只有 KM1 和 KM4 线圈得电。

若要电动机停转，按下停止按钮 SB1，使控制回路与电源断开，所有线圈均失电，则电动机停转。

采用转子回路串电阻的降压启动，在启动过程中，电阻分级切除会造成电流和转矩的突变，易产生机械冲击，即启动过程不平滑。

2. 按时间原则的转子回路串频敏变阻器的自动降压启动

（1）频敏变阻器的阻抗能随着转子电流的频率下降而自动下降，所以能克服串电阻分级启动过程中产生机械冲击的缺点，从而实现平滑启动。转子回路串频敏变阻器常用于大容量绕线式异步电动机的启动控制。图 3.4 所示为绕线式异步电动机串频敏变阻器的降压启动控制电路。

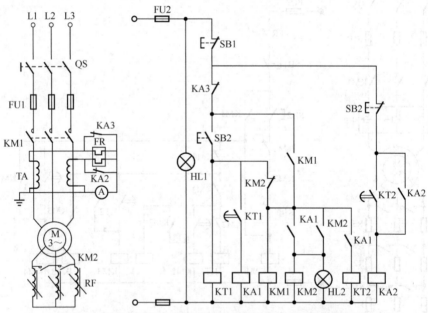

图 3.4　绕线式异步电动机串频敏变阻器的降压启动控制电路

（2）电路控制过程。合上隔离开关 QS，为绕线式异步电动机的降压启动做好准备→按下启动按钮 SB2，KM1 线圈得电并自锁，KM1 主触点闭合，电动机转子回路串频敏变阻器电路启动，通电延时动作型时间继电器 KT1 线圈得电，开始延时计时→随着电动机转速的上升，频敏变阻器的阻抗逐渐减小→当转速上升到接近额定转速时，时间继电器 KT1 延时时间到→延时常开触点闭合，使接触器 KM2、中间继电器 KA1 线圈通电并自锁，KM2 辅助常闭触点打开，使 KT1 线圈失电复位，指示灯 HL2 亮，同时 KA1 辅助常开触点闭合使时间继电器 KT2 通电开始延时计时→KT2 延时时间到，KA2 线圈得电并自锁，KA2 辅助常闭触点打开，使过电流继电器 KA3 接入电流互感器二次回路，进行过载保护。电动机进入正常运行。主电路中，KM2 主触点闭合，频敏变阻器被短接，电动机全压运行。

　　启动过程中，KA2 的辅助常闭触点将热继电器的热元件短接，以免启动时间过长而使热继电器产生误动作。而且，KM1 线圈通电需 KT1 才能正常动作，KM2 辅助常开、常闭触点也需 KT1 才能得电动作。若时间继电器 KT1 或 KM2 触点发生粘连等故障，KM1 将无法得电，从而避免了电动机直接启动和转子长期串接频敏变阻器的不正常现象。

3.2　相关知识

3.2.1　绕线式异步电动机

　　绕线式异步电动机的转子绕组与定子绕组相似，在转子铁心槽内嵌放转子绕组，三相转子绕组一般为星形连接，绕组的 3 根端线分别与装在转轴上的 3 个彼此绝缘的铜质滑环上，通过一套电刷装置引出，与外电路的可调变阻器相连，如图 3.5 所示。

3.4　绕线式异步电动机

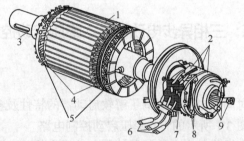

1—转子铁心　2—滑环　3—转轴　4—三相转子绕组　5—镀锌钢丝箍　6—电刷外接线
7—刷架　8—电刷　9—转子绕组出线头

图 3.5　绕线式转子结构示意图

　　三相异步电动机的转轴由中碳钢制成，转轴的两端由轴承支撑。通过转轴，电动机对外输出机械转矩。

3.2.2　QX4 系列自动Y-△启动器的技术数据

　　QX4 系列自动Y-△启动器的技术数据见表 3-1。

表 3-1　　　　　　　　　　QX4 系列自动Y–△启动器的技术数据

型号	控制电动机功率/kW	额定电流/A	热继电器额定电流/A	时间继电器额定值/s
QX4-17	13 17	26 33	15 19	11 13
QX4-30	22 38	42.5 58	25 34	15 17
QX4-55	40 55	77 105	45 61	20 24
QX4-75	75	142	85	30
QX4-125	125	260	100～160	14～60

3.2.3 XJ01 系列自耦补偿器的技术数据

表 3-2 列出了部分 XJ01 系列自耦补偿器的技术数据。

表 3-2   XJ01 系列自耦补偿器的技术数据

型号	被控制电动机 功率/kW	最大工作 电流/A	自耦补偿器 功率/kW	电流互感器 变比	热继电器额定 电流/A
XJ01-14	14	28	14	—	32
XJ01-20	20	40	20	—	40
XJ01-28	28	58	28	—	63
XJ01-40	40	77	40	—	85
XJ01-55	55	110	55	—	120
XJ01-75	75	142	75	—	142
XJ01-80	80	152	115	300/5	2.8
XJ01-95	95	180	115	300/5	3.2
XJ01-100	100	190	115	300/5	3.5

3.3 技能训练：三相异步电动机Y-△降压启动控制电路的分析与安装

3.3.1 训练要求

1. 正确识别和使用时间继电器，查询了解软启动器的特性及参数调整。
2. 正确安装和操作图 3.1 所示的Y-△降压启动控制电路。
3. 创新训练：安装和操作软启动控制器控制电动机启停的电路。

注意：软启动技术是一种控制和启动电动机的新兴技术，目前已经应用在企业生产活动之中。这种技术能平滑启动电动机，能够很好地降低电压，还能够对电动机进行补偿与变频，从而有效地减小电动机启动对电网及相关设备的不良影响，有效地保护各种相关设备。

3.3.2 设备与器材

实训设备与器材如表 3-3 所示。

表 3-3   实训设备与器材

序号	名称	型号与规格	单位	数量
1	工具、仪表	验电笔、钢丝钳、螺钉旋具、电工刀、尖嘴钳、活扳手、万用表等	套	1
2	网孔板		面	1
3	断路器	DZ47 系列	个	1
4	熔断器	RL7-25/10	个	2
5	按钮	LA10-3H	个	2
6	接触器	CJ20-10（线圈电压 380V）	个	3

续表

序号	名称	型号与规格	单位	数量
7	热继电器	JR16-40/3	个	1
8	时间继电器	JS7-2A	个	1
9	导线	BVR-1.5	m	若干
10	电动机	3kW 以下小功率三相异步电动机	台	1

3.3.3　实训步骤

明确图 3.1 电气控制电路→准备实训设备及器材→绘制电气布置图并安装设备→绘制电气安装接线图并配线→线路及绝缘检查→通电试车。

3.3.4　实训评分

1．分组考核（成绩占 50%）

按照实训步骤分步考核，考查实训任务完成的进度、质量及创新点。

2．单独考核（成绩占 40%）

按实训内容考核，考查相关技能是否掌握。

3．综合素质考核（成绩占 10%）

按实训过程考核，考查安全、卫生、文明操作及团队协作精神。

3.4　练习题

一、填空题

1．鼠笼型三相异步电动机常用的降压启动方法是_____启动和_____启动。

2．降压启动是指利用启动设备将电压适当_____后加到电动机的定子绕组上进行启动，待电动机达到一定的转速后，再使其恢复到_____下正常运行。

3．7kW 及其以下容量的三相异步电动机通常采用_____启动，当电动机的容量超过10kW 时，因_____电流和线路_____大，会影响到同一电网上的其他电气设备的正常运行，因此需采用_____启动。

4．交流异步电动机的降压启动通常是按_____原则来控制的。其Y-△降压启动方法，由_____启动转为_____全压运行，是依靠_____继电器实现的。

二、判断题

1．当加在定子绕组上的电压降低时，将引起转速下降，电流减小。　　　　　（　　　）

2．启动电流会随着转速的升高而逐渐减小，最后达到稳定值。　　　　　　（　　　）

3．三相异步电动机在空载下启动，启动电流小，在满载下启动，启动电流大。（　　　）

三、单项选择题

1．三相鼠笼型异步电动机在空载和满载两种情况下的启动电流的关系是（　　　）。

　　A．满载启动电流较大　　　　　　B．空载启动电流较大

　　C．二者相同　　　　　　　　　　D．无法判断

2. 三相异步电动机的启动电流与启动时的（　　　）。

　　　A．电压成正比　　B．电压平方成正比C．电压成反比　　D．电压平方成反比

四、分析题

1. 试分析图 3.6 所示电动机顺序启动控制电路是否合理，如不合理，请改正。

2. 电路如图 3.7 所示，分析并回答下列问题。

（1）试分析其工作原理。

（2）若要使时间继电器的线圈 KT 在 KM2 得电后自动断电而又不影响其正常工作，对线路应做怎样的改动？

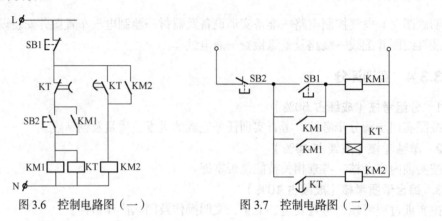

图 3.6　控制电路图（一）　　　　　　图 3.7　控制电路图（二）

项目四 电动机的制动控制电路分析

知识目标

1. 了解电动机制动的意义及反接制动、能耗制动和再生发电制动的适用场合。
2. 理解和掌握电动机各种制动控制方法的分析。
3. 理解电动机的调速方法。
4. 掌握变极调速的分析过程。

能力目标

1. 在理解鼠笼型异步电动机变极调速的基础上，进一步掌握变极调速原理与方法。
2. 具备变极调速控制电路的安装能力。
3. 掌握变极调速电路的操作方法。

4.1 项目导入：电动机反接制动控制实例

电动机自由停转的时间较长，随惯性大小而不同，但在实际生产中某些生产机械要求迅速、准确地停机，如镗床、车床的主电动机需快速停转，起重机为使重物停位准确并考虑现场安全要求，也必须采用快速、可靠的制动方式。

4.1 电动机反接制动控制

4.1.1 应用实例1：电动机单向反接制动控制

1. 电动机单向反接制动控制电路

反接制动是利用改变电动机电源的相序，使电动机的定子绕组产生相反方向的旋转磁场，因而产生制动转矩的一种制动方法。

反接制动制动转矩大、制动迅速、冲击力大，一般适合于 10kW 及以下的小容量电动机。为了减小冲击电流，通常在鼠笼型异步电动机转轴上安装速度继电器以检测电动机的转速，从而实现自动制动控制，如图 4.1 所示。

2. 控制过程

假设速度继电器的动作值调整为 120r/min，释放值为 100r/min。合上开关 QS，按下启动按钮 SB2→接触器 KM1 的线圈得电并自锁，主电路中的 3 个主触点闭合，电动机启动运转→当转速上升至 120r/min 时，速度继电器 KS 的常开触点闭合，为 KM2 线圈得电做准备。电动机正常运行时，速度继电器 KS 常开触点一直保持闭合状态→当需要停转时，按下停止按钮 SB1→SB1 常闭触点首先断开，使 KM1 断电，主回路中，电动机脱离正序的三相交流电源，控制回路中 KM1 互锁常闭触点闭合，为 KM2 线圈得电做准备→SB1 常开触点后闭合，使 KM2 线圈得电并自锁。KM2 主触点闭合，三相异步电动机定子绕组与反序的三相电源相连，开始反接制动过程→当速度继电器检测到电动机的转速下降至 100r/min 时，KS 的常开触点打开，使 KM2 线圈失电，其触点全部复位，切断反接电源，制动结束。电动机最后阶段自由停转。

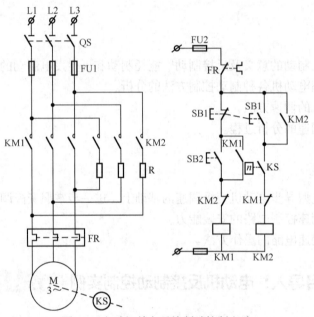

图 4.1　电动机单向反接制动控制电路

4.1.2　应用实例 2：电动机可逆运行反接制动控制

1.　电动机可逆运行反接制动控制电路

图 4.2 所示为电动机可逆运行反接制动控制电路。

图 4.2 中 KM1 和 KM2 为电动机正、反转接触器，KM3 为短接制动电阻的接触器，KA1、KA2、KA3、KA4 为中间继电器，KS 是速度继电器，其中 KS-1 为正转闭合触点，KS-2 为反转闭合触点。电阻 R 在启动时作定子串电阻降压启动用，停转时电阻 R 又作为反接制动电阻，同时 R 还具有限制启动电流的作用。

2.　电路控制过程

合上隔离开关 QS，按下正向启动按钮 SB2→正转中间继电器 KA3 线圈得电并自锁，其常闭触点打开、常开触点闭合，互锁了反转中间继电器 KA4 的线圈电路→接触器 KM1 线圈通电，主触点闭合使主回路中电源通过电阻与电动机三相定子绕组相连，三相异步电动机开始降压启动→当电动机转速上升到速度继电器的动作整定值时，速度继电器正转常开触点 KS-1 闭合，中间继电器 KA1 通电并自锁，由于 KA1、KA3 的常开触点闭合，接触器 KM3

线圈得电，于是电阻 R 被短接，电动机全压运行，转速上升至额定值稳定工作→需要停转时，按下停止按钮 SB3，则 KA3、KM1、KM3 线圈相继断电解除自锁。电动机断开正序电源，同时 SB3 常开触点闭合，使 KA4 线圈通电并自锁，反序接触器 KM2 线圈得电并自锁，其主触点闭合使电动机通过电阻 R 与反序电源相接开始反接制动→反接制动过程中，电动机转速迅速下降，当转速低于速度继电器整定值时，速度继电器触点 KS-1 打开，KA1 线圈、接触器 KM2 线圈相继失电，电动机断开反序电源，反接制动结束。

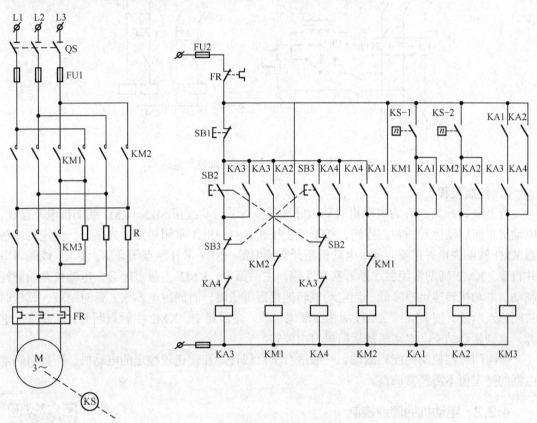

图 4.2 电动机可逆运行反接制动控制电路

电动机反向启动和制动过程的分析与正转时相似，读者可自行分析。

4.2 相关知识

4.2.1 电动机单向运行能耗制动控制

1. 电动机单向运行能耗制动控制电路

能耗制动是在电动机脱离三相交流电源后，向定子绕组内通入直流电流，建立静止磁场，转子以惯性旋转时，转子导体就会切割定子恒定磁场而产生感应电流，感应电流受到恒定磁场的作用力又产生制动的电磁转矩，达到制动目的。图 4.3 所示为电动机单向运行能耗制动控制电路。

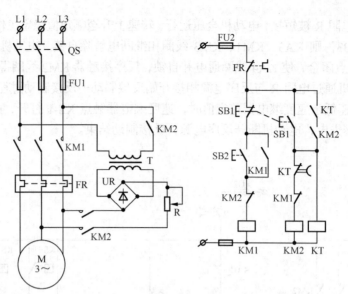

图 4.3　电动机单向运行能耗制动控制电路

2. 控制过程

合上隔离开关 QS，为电动机启动做好准备→按下启动按钮 SB2→KM1 线圈得电并自锁，电动机正向启动运转→若需停转，按下停止按钮 SB1→SB1 常闭触点首先断开，使正转接触器 KM1 线圈失电并解除自锁，电动机断开交流电源→SB1 常开触点闭合后，使 KT 线圈得电并自锁。KM2 辅助常闭触点断开实现互锁。主回路中，KM2 主触点闭合，电动机开始能耗制动，电动机转速迅速降低→当电动机转速接近零值时，时间继电器 KT 延时结束，其延时常闭触点断开，使 KM2、KT 线圈相继断电释放。主回路中，KM2 主触点断开，切断直流电源，直到制动结束。电动机最后阶段自由停转。

按时间原则控制的能耗制动，一般适合于负载转矩和转速较稳定的电动机，而且时间继电器的整定值不需经常调整。

4.2.2　电动机的调速控制

实际生产中的机械设备常有多种速度输出的要求，如立轴圆台磨床工作台的旋转需要高低速进行磨削加工；玻璃生产线中，成品玻璃的传输根据玻璃厚度的不同采用不同的速度以提高生产效率。

4.2　电动机的调速控制

三相异步电动机的转速可通过以下 3 个方法来实现：

① 变极调速；

② 变转差率调速；

③ 变频调速。

其中，变极调速仅适用于鼠笼型异步电动机，变转差率调速通常适用于绕线型异步电动机。变频调速是现代电力传动的一个主要发展方向。

三相鼠笼型异步电动机的变极调速通过接触器触点来改变电动机绕组的接线方式，以获得不同的极对数来达到调速目的。变极调速一般有双速、三速、四速之分，其中双速电动机定子装有一套绕组，而三速、四速电动机则装有两套绕组。

1．双速电动机定子绕组的连接

双速电动机的形式有两种：△-YY和Y-YY。这两种形式都能使鼠笼型三相电动机的极数减少一半。

（1）图4.4所示为双速电动机△-YY变极调速时三相定子绕组接线图。

图4.4（a）表示变速前电动机三相定子绕组的首端 U1、V1、W1 首尾相接后与三相电源相连，构成三角形连接方式；变速时，通过接触器触点，把 U1、V1、W1 从电源断开并连接在一起构成双星形连接的中点，而把各相绕组的中间抽头 U2、V2、W2 与三相电源相接，从而达到通过改变电动机的极对数实现变速的目的。如图4.4（b）所示。

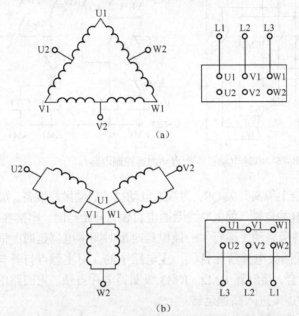

图4.4 双速电动机△-YY变极调速时三相定子绕组接线图

（2）电动机Y-YY变极调速方法如图4.5所示。其中图4.5（a）所示是鼠笼型异步电动机变速前三相定子绕组的连接方式，其中 U1、V1、W1 为定子绕组首端，U2、V2、W2 为定子绕组尾端，U3、V3、W3 为定子绕组中间端子，显然变极前为星形连接方式。变极后，电动机的三相定子通过接触器触点将定子绕组尾端与首端连在一起构成电动机双星形连接时的中点，而把三相定子绕组的中间抽头与电源相连。这种Y-YY变极调速方法在变极前后电动机的转向相反，因此，若要使变极后电动机保持原来的转向不变，应调换电源相序。

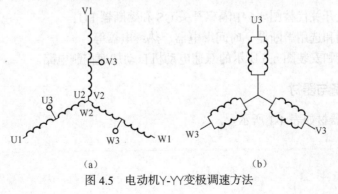

图4.5 电动机Y-YY变极调速方法

2. 双速电动机变极调速的自动控制

利用接触器和时间继电器可使电动机在低速启动后自动切换至高速状态。图 4.6 所示为双速电动机Y-YY自动加速控制电路。

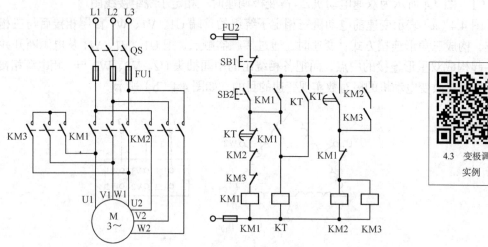

图 4.6 双速电动机Y-YY自动加速控制电路

控制过程如下。合上隔离开关 QS，为双速电动机的启动做好准备。按下启动按钮 SB2→接触器 KM1 的线圈通电并自锁，使 KT 线圈通电自锁，开始延时，串接在主回路中的 3 对主触点闭合，电动机接成Y形启动（运行）→通电延时型时间继电器延时时间到，KT 延时辅助常闭触点断开，KM1 线圈失电并解除自锁，主电路中的 3 对主触点打开与电源脱离，同时 KT 延时辅助常开触点闭合，接触器 KM2、KM3 线圈得电并自锁。主回路中 KM2、KM3 的主触点闭合，电动机成YY连接进入高速运转。

图 4.6 中，KM1 是电动机三角形连接接触器，KM2、KM3 是电动机双星形连接接触器，SB2 为低速启动控制按钮，时间继电器的延时闭合触点 KT 为高速启动控制按钮。控制过程读者自行分析。

 ## 4.3 技能训练：三相异步电动机调速控制电路的分析与安装

4.3.1 训练要求

1. 选用空气开关代替图 4.6 中隔离开关 QS 和熔断器 FU1。
2. 正确识别和选用熔断器、时间继电器、热继电器等。
3. 正确连接和安装图 4.6 所示的双速电动机自动加速控制电路。

4.3.2 设备与器材

实训设备与器材如表 4-1 所示。

表 4-1　　　　　　　　　　　　　　实训设备与器材

序号	名称	型号与规格	单位	数量
1	工具、仪表	验电笔、钢丝钳、螺钉旋具、电工刀、尖嘴钳、活扳手、万用表等	套	1
2	网孔板		面	1
3	断路器	DZ47 系列	只	1
4	熔断器	RL7-25/10	个	2
5	交流接触器	CJ20-10（线圈电压 380V）	个	3
6	热继电器	JR16-40/3	个	1
7	控制按钮	LA10-3H	个	2
8	时间继电器	JS7-2A	个	1
9	导线	BVR-1.5	m	若干
10	电动机	选 3kW 以下小功率三相异步电动机	台	1

4.3.3　实训步骤

明确并理解图 4.6 电气控制原理电路→按表 4-1 配齐实训设备及器材→学习绘制电气原理图的主回路和控制回路，并能加以分析其工作过程→学习绘制电气布置图并安装设备→绘制电气安装接线图并配线→连接线路及绝缘检查→通电试车并观察 3 个接触器的吸合情况。

4.3.4　实训评分

1．分组考核（成绩占 50%）

按照实训步骤分步考核，考查实训任务完成的进度、质量及创新点。

2．单独考核（成绩占 40%）

按实训内容考核，考查相关技能是否掌握。

3．综合素质考核（成绩占 10%）

按实训过程考核，考查安全、卫生、文明操作及团队协作精神。

4.4　练习题

一、填空题

1．按_____原则控制的反接制动过程中，利用_____继电器在电动机转速下降至接近零时，其串接在接触器线圈电路中的 KS 常开触点打开，使电动机迅速停转。

2．速度继电器是根据_____原理制成的。速度继电器的转子是_____，与电动机或机械轴相连接，随着电动机旋转而旋转。速度继电器的转子与_____的转子相似，内有短路条，也能围绕着转轴转动。

3. 反接制动是利用改变电动机电源的_____，使电动机的_____绕组产生相反方向的旋转磁场，因而产生_____的一种制动方法。

4. 三相交流异步电动机的调速方法有_____调速、_____调速和_____调速 3 种。

二、思考题

1. 三相异步电动机的变极调速为什么只适用于鼠笼型异步电动机？

2. 三相异步电动机常用的制动方法有哪几种？制动系统称为电气制动的有哪些？

3. 异步电动机可采用哪些方法实现电动机的调速控制？其中鼠笼型三相异步电动机通常采用的调速方法是什么？

模块二

典型设备电气控制电路

电气控制设备种类繁多，拖动控制方法各异，控制电路的形式也各不相同。本模块通过对典型设备电气控制电路的分析，进一步阐述电气控制系统的控制方法和控制原理，提高学习者阅读电气图的能力；加深对机床电路电气综合控制的理解；培养分析与解决电气控制设备故障的能力；为进一步学习电气控制电路的安装、调试和维护等技术打下基础。

项目五 CA6140型车床控制电路分析与故障排除

知识 目标

1. 了解 CA6140 型车床的结构和运动形式。
2. 理解 CA6140 型车床对电气控制的要求。
3. 了解电气原理图的阅读内容，理解并掌握典型电气设备电气原理图的阅读方法。
4. 能够分析 CA6140 型车床的电气原理图。
5. 了解 CA6140 型车床常见故障和故障检查方法，掌握 CA6140 型车床的故障排除及处理方法。

能力 目标

1. 具有对 CA6140 型车床电气原理图中主电路、控制电路的分析能力。
2. 具有根据 CA6140 型车床电气原理图顺利安装其电气控制盘的能力。
3. 具有对 CA6140 型车床进行故障诊断的能力及故障排除的能力。

5.1 项目导入：CA6140 型车床的认知

CA6140 型车床是普通卧式车床的一种，适用于加工各种轴类、套筒类和盘类零件上的回转表面，例如车削内外圆柱面、圆锥面、环槽及成形回转表面、端面、螺纹和定型表面，并可以通过尾架进行钻孔、铰孔、滚花等，加工范围较广，但自动化程度较低，适用于小批量生产及修配车间使用。

1. CA6140 型车床的主要结构

CA6140 型车床属于中型车床，加工工件回转半径最大可达 1020mm，长度可达 3000mm。CA6140 型车床主要由床身、主轴箱、进给箱、溜板箱、刀架、尾架、丝杠和光杠等部分组成，其结构如图 5.1 所示。

2. CA6140 型车床的运动形式

（1）车床的主运动是主轴通过卡盘带动工件的旋转运动，主轴输出的功率是车削加工时的主要切削功率。车削加工一般不要求反转，但在加工螺纹时，为避免乱扣，要先反转退刀，再正向进刀继续进行加工，因此对主轴往往要求能够正、反转，CA6140 型车床是通过换向手柄和机械传动环节实现反转退刀的。图 5.2 所示的 CA6140 型车床的加工示意图。

5.1 CA6140 型车床的结构和运动形式

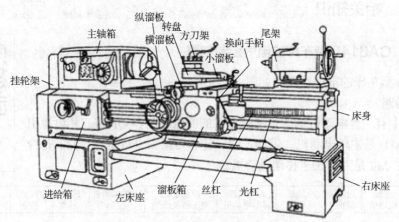

图 5.1　CA6140 型车床的结构示意图

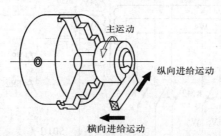

图 5.2　CA6140 型车床的加工示意图

（2）车床的进给运动是溜板带动刀架的纵向和横向直线运动，运动方式有手动和机动两种。进给运动中的纵向运动是指相对操作者向左或向右的运动，横向运动是指相对于操作者向前或向后的运动。

（3）车床的辅助运动包括刀架的快速移动和尾架的移动等。

3．CA6140 型车床对电气控制的要求

CA6140 型车床由 3 台三相鼠笼型异步电动机拖动，包括主轴电动机 M1、冷却泵电动机 M2 和刀架快速移动电动机 M3。从车削加工工艺出发，对各电动机的控制要求如下。

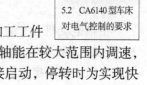

5.2　CA6140 型车床对电气控制的要求

（1）主轴电动机 M1。要求主轴电动机车削加工时，应根据被加工工件的材料、工件尺寸、工艺要求等来选择不同的切削速度，所以要求主轴能在较大范围内调速，一般采用机械变速方法；CA6140 型车床的主轴电动机 M1 采用直接启动，停转时为实现快速停转，一般采用机械制动或电气制动。

（2）冷却泵电动机 M2。冷却泵电动机 M2 用来在车削加工时提供冷却液，要求采用直接启动方式，单向旋转，连续工作。

（3）快速移动电动机 M3。CA6140 型车床为实现溜板箱的快速移动（即刀架的快速移动），要求由一台单独的快速移动电动机 M3 进行拖动，并要求单向点动、短时运转。

（4）其他环节。CA6140 型车床除上述对电动机的控制要求外，还设有必要的保护和联锁及安全可靠的照明电路和信号电路。

5.2 相关知识

5.2.1 CA6140 型车床的电气控制电路

5.3 CA6140 型
车床的电气原理
分析

CA6140 型车床的电气原理图如图 5.3 所示。

1. 主回路

主回路中有 3 台电动机均通过带脱扣器的低压断路器 QF 将三相电源引入。其中，M1 是主轴电动机，带动主轴旋转和刀架做进给运动；M2 是冷却泵电动机；M3 是刀架快速移动电动机。

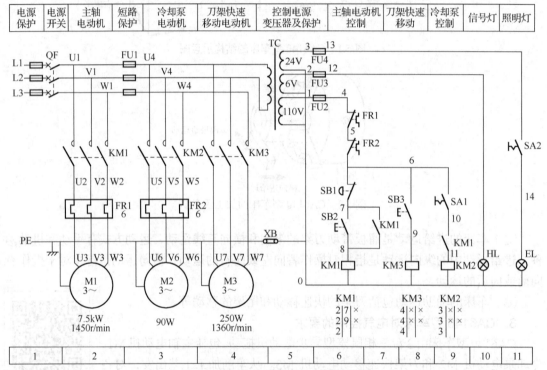

图 5.3 CA6140 型车床的电气原理图

主轴电动机 M1 的短路保护由低压断路器的过电流脱扣器来实现，熔断器 FU1 作为 M2 和 M3 的短路保护。主轴电动机 M1 由接触器 KM1 控制，热继电器 FR1 作过载保护；冷却泵电动机 M2 由接触器 KM2 控制，热继电器 FR2 作过载保护；刀架快速移动电动机 M3 由接触器 KM3 控制。

2. 控制回路

控制回路由控制变压器 TC 供给 110V 交流电压，采用熔断器 FU2 作短路保护。

（1）主轴电动机控制：按下启动按钮 SB2，接触器 KM1 线圈（6 区）得电并自锁，其主触点闭合使 M1 启动运行，同时 KM1 的辅助常开触点（9 区）闭合，为冷却泵电动机启动做好准备。按下停止按钮 SB1，主轴电动机 M1 停转。

（2）冷却泵电动机的控制：车削加工过程需要冷却液时，合上开关 SA1（9 区），接触器 KM2 线圈得电，其主触点闭合使 M2 通电运行；当 M1 停止运行时，M2 也随之停止。

（3）刀架快速移动电动机控制：刀架快速移动电动机 M3 由按钮 SB3（8 区）作点动控制。

3. 照明、信号电路

控制变压器 TC 输出的 24V 和 6V 电压，作为机床安全照明和信号灯电源。EL 为机床安全照明灯，由开关 SA2 控制，HL 为电源信号指示灯。

5.2.2 典型设备电气控制电路的分析内容

5.4 典型设备电气控制电路的分析内容

1. 设备说明书

设备说明书由机械、液压部分与电气部分组成。阅读这两部分说明书时，重点掌握以下几点。

① 设备的构造，主要技术指标，机械、液压、电气部分的传动方式与工作原理。

② 电气传动方式，电动机执行电器的数目、规格型号、安装位置、用途和控制要求。

③ 了解设备的使用方法，了解各个操作手柄、开关、按钮、指示信号装置及其在控制电路中的作用。

④ 充分了解与机械、液压部分直接关联的电器，如行程开关、电磁阀、电磁离合器、传感器、压力继电器、微动开关等的位置、工作状态；了解这些电器对机械、液压部分的作用；特别需要了解机械操作手柄与电气开关元件之间的关系；液压系统与电气控制的关系。

2. 电气原理图

电气原理图是典型设备电气控制电路分析的中心内容。电气原理图由主回路、控制回路、辅助电路、保护及联锁环节及特殊控制电路等部分组成。

在分析电气原理图时，必须与阅读其他技术资料相结合，根据电动机及执行元件的控制方式、位置和作用，以及各种与机械有关的行程开关、主令电器的状态深入理解电气工作原理。还可通过典型设备说明书中提供的电气元件一览表，进一步理解电气控制原理。

3. 典型设备的安装接线图

阅读分析典型设备的电气安装接线图，可以了解电气控制系统各部分的组成，以及分布情况、连接方式、主要电气部件的布置、安装要求、导线和导线管的规格型号等。若要清晰了解典型设备的电气安装情况，阅读分析其安装接线图至关重要。

4. 电气元件布置图与接线图

典型设备的电气元件布置图和接线图，是典型设备电气控制系统的安装、调试及维护必需的技术资料。认真阅读并了解了电气元件的布置情况和接线情况，可迅速方便地找到典型设备上各电气元件的测试点，为典型设备进行必要的检测、调试和维修带来方便。

5.2.3 典型设备电气原理图的阅读分析方法

5.5 典型设备电气原理图的阅读分析方法

典型设备电气原理图阅读分析的基本原则是"先机后电，先主后辅，化整为零，集零为整、统观全局，总结特点"。

1. 先机后电

首先了解典型设备的基本结构、运行情况、工艺要求、操作方法，以期有一个总体的了解，进而明确设备对电力拖动自动控制的要求，为阅读和分析电路做好前期准备。

2．先主后辅

先阅读了解主电路，了解典型设备由几台电动机拖动，明确各台电动机的作用，并结合工艺要求了解各台电动机的启动、转向、调速、制动等控制要求及其保护。主电路的各种控制要求是由控制电路实现的，因此还要以化整为零的原则认真阅读分析控制电路，并结合辅助电路、信号电路、检测电路及照明电路明确和理解控制电路各部分的功能。

3．化整为零

分析典型设备的控制电路时，按控制功能将其分为若干个局部控制电路，然后从电源和主令信号开始，经过逻辑判断，写出控制流程，用简单明了的方式表达出控制电路的自动工作过程。

在某些典型设备的控制电路中，有时会设置一些与主电路、控制电路关系不密切，相对独立的特殊环节，如计数装置、自动检测系统、晶闸管触发电路或自动测温装置等。这些均可参考相关的电子技术、变流技术、检测技术与转换技术等知识进行逐一分析。

4．集零为整、统观全局

经过"化整为零"逐步分析典型设备电气控制电路中每一局部电路的工作原理后，必须用"集零为整"的办法来"统观全局"。即在认清局部电路之间的相互控制关系、联锁关系、机电液压之间的配合情况及各种保护环节的设置的基础上，才能对整个控制系统有一个较为清晰的理解和认识，才能进一步对电气控制系统中的每个电器、电器中每一部分的作用了如指掌。

5．总结特点

各种典型设备的电气控制电路虽然都是由一个个基本环节组合而成的，但不同典型设备的电气控制电路都有其各自的特点，给予总结可以加深对所分析典型设备电气控制电路的理解。

5.2.4　CA6140 型车床电气故障的诊断与分析

CA6140 型车床运行与调试过程中常见的故障、原因及诊断方法如下。

1．合上电源开关 QF，电源指示灯 HL 不亮

（1）合上照明开关 SA2，如果照明灯 EL 亮，表明控制变压器 TC 之前的电路没有问题。可检查：熔断器 FU3 是否熔断；控制变压器 6V 绕组及输出电压是否正常；指示灯灯泡是否烧坏；灯泡与灯座之间接触是否良好。

（2）合上照明开关 SA2，如果照明灯 EL 不亮，则故障点很可能在控制变压器 TC 之前的电路。首先检查熔断器 FU1 是否熔断；如果没有问题，可用万用表交流 500V 挡测量电源开关 QF 前后的电压是否正常，以确定故障是电源无电压，还是开关接触不良或损坏。

2．合上电源开关 QF，电源指示灯 HL 亮，合上开关 SA2，照明灯 EL 不亮

可按照上述 HL 不亮时查找故障的方法确定故障点。

3．启动主轴电动机 M1，不转

在电源指示灯亮的情况下，首先检查接触器 KM1 是否吸合。

（1）如果 KM1 不吸合，可检查热继电器 FR1、FR2 触点是否复位；熔断器 FU2 是否熔断。如果没有问题，可用万用表交流 250V 挡顺次检查接触器 KM1 线圈回路的 110V 电压是否正常，从而确定是 TC 绕组问题，还是 KM1 线圈烧坏，或是熔断器插座或某个触点不良，

图 5.6　CA6140 型车床电气故障的诊断与分析

或是回路中接线有问题。

（2）如果 KM1 吸合，电动机 M1 还不转，首先应检查 KM1 的主触点接触是否良好，再检查 M1 主回路的接线及 M1 进线的电压是否正常。如果 M1 进线电压正常，则是电动机本身的问题，可能的原因有以下几点。

① 电源断相。

② 熔断器有一相熔体熔断，应更换。

③ 接触器有一对主触点没接触好，应修复。

4. 主轴电动机启动，但不能自锁，或工作中突然停转

首先应检查接触器 KM1 的自锁触点接触是否良好，如果没有问题，再检查自锁回路及 KM1 线圈回路接线是否有接触不良的问题。

5. 按停止按钮 SB1，主轴电动机不停

（1）断开电源开关 QF，看接触器 KM1 是否释放。如果释放，说明 KM1 控制回路有短路现象，应进一步排查；如果 KM1 不释放，表明接触器主触点熔焊，应修复或更换接触器。

（2）停止按钮常闭触点被卡住，不能断开，应更换停止按钮。

6. 合上冷却泵开关 SA1，冷却泵电动机 M2 不转

首先启动主轴电动机，在主轴正常运转的情况下，检查接触器 KM2 是否吸合。

（1）如果 KM2 不吸合，应检查 KM2 线圈两端有无电压。如果有电压，说明 KM2 线圈损坏；如果无电压，应检查 KM1 辅助触点、开关 SA1 接触是否良好。

（2）如果 KM2 吸合，应检查 M2 进线电压有无断相，电压是否正常。如果电压正常，说明冷却泵电动机或冷却泵有问题。如果电压不正常，可能是热继电器 FR2 烧坏，KM2 主触点接触不良，也可能是接线问题。

7. 按下刀架快速移动按钮 SB3，刀架不移动

启动主轴电动机和冷却泵电动机，在其运转正常的情况下，检查接触器 KM3 是否吸合。如果 KM3 吸合，应进一步检查 KM3 的主触点是否接触不良、刀架快速移动电动机 M3 是否有问题、机械负载是否有卡死现象；如果 KM3 不吸合，则应检查 KM3 的线圈、刀架快速移动按钮 SB3 及相关接线。

5.2.5　CA6140 型车床故障的排除与注意事项

（1）发现熔断器熔断以后，不要急于更换熔断器的熔体，应仔细分析熔断器熔断的原因。如果是负载电流过大或有短路现象，应进一步查出故障并排除后，再更换熔断器的熔体；如果是熔体的额定电流不够，应根据所接负载重新核算，选用合适的熔体；如果是接触不良引起的，应对熔断器的触座进行修理或更换。

5.7　CA6140 型车床故障的排除与注意事项

（2）如果检测出是电动机、变压器、接触器、按钮或开关等设备出了故障，应对其进行修理或更换。

（3）对于接触器主触点因"熔焊"而粘死的故障，一般是由于负载短路造成的，一定要将负载短路的问题解决后再试验。

（4）由于故障的诊断与修理，许多情况下需要带电操作，因此一定要严格遵守电工操作规程，确保安全。

5.3 技能训练：CA6140 型车床控制电路的安装与调试

5.3.1 训练要求

1. 学会查询三相交流异步电动机常见故障及检修方法。
2. 能够参照图 5.3 正确安装 CA6140 型车床控制电路，并能进行调试。

5.3.2 设备与器材

实训设备与器材如表 5-1 所示。

表 5-1　　　　　　　　　　　　　　　　实训设备与器材

序号	名称	型号与规格	单位	数量
1	工具、仪表	验电笔、钢丝钳、十字和一字螺钉旋具、电工刀、尖嘴钳、活扳手、万用表等	套	1
2	线路板	CA6140 普通卧式车床电路电器安装及配线板	面	1
3	低压断路器	DZ10-100	个	1
4	熔断器	RL7-15/4	个	6
5	按钮	LA10-3H	个	3
6	接触器	CJ20-10（线圈电压 380V）	个	3
7	开关	HZ10 系列	个	2
8	热继电器	JR16-20/30	个	2
9	信号灯	ND16 系列	只	2
10	导线	BV-2.5，BVR-1	m	若干
11	电动机	根据本校实习设备选定	台	3

5.3.3 实训步骤

1. 制作配电板

CA6140 普通卧式车床的电气原理图如图 5.3 所示，根据原理图绘制电气安装接线图。

（1）配电板选料：配电板可用厚 2.5～3mm 的钢板制作，上面覆盖一张 1mm 左右的布质酚醛层压板，也可以将钢板涂以防锈漆，配电板要小于配电柜门框的尺寸，使其安装电气元件后能自由进出柜门。

（2）配电板制作：先将所有元器件备齐，把元器件在配电板上进行合理的模拟布局排列，力求连线短、少交叉，并要符合其动作顺序。矩形钢板要求无毛刺、表面平整。用划针在底板上画出元器件装配孔的位置后，移开所有元器件，校核每一个元器件安装孔的尺寸，然后定中心、钻孔、攻螺纹，最后刷漆。

2. 安装元器件

安装元器件时，元器件与底板要保持横平竖直，在底板上固定牢固，不得有松动现象。安装接触器时，要求散热孔朝上。

3. 连接主回路

主回路的连接线一般采用 2.5mm^2 单股塑料铜芯线，或按图样要求的导线规格配线。元器件上端子的接线，用剥线钳将导线切出适当长度，剥出接线头，除锈，然后镀锡，套上号码套管，接到接线端子上用螺钉拧紧即可。

注意配线顺序应从电源到负载依次进行，全部接线完毕后，还要检查有无漏线和接错的线。

4. 连接控制回路

控制回路一般采用 1mm^2 单股塑料铜芯线，配线过程可按控制回路依次进行。

5. 检查

对照电气原理图和安装接线图检查主回路和控制回路。检查布线是否合理、正确，所有接线螺钉是否拧紧、牢固，导线是否平直、整齐。

6. 通电调试

（1）检查电气元件：首先测量 3 台电动机绕组间及对地绝缘电阻是否大于 $0.5\text{M}\Omega$；然后检查电动机轴承有无缺油等异常现象；检查低压断路器、熔断器是否和电气元件表一致，热继电器整定是否合理；检查所有元器件是否完好，动作是否灵活；有无接错的线和漏掉的线，以及螺钉松动，接地系统是否可靠。

（2）控制回路试车：将 3 台电动机接线端的接线断开，包好绝缘，对控制回路通电试验，确认各电器的动作符合控制要求。

（3）主回路通电试车：断开机械负载，将 3 台电动机与对应接线端子排进行连接，然后通电试车。检查 3 台电动机运转是否正常，空载电流是否平衡，转动方向是否符合工艺要求。经过一段时间运行，观察电动机有无异常响声、异味、冒烟、振动和温度过高等异常现象。

（4）以上各项调试全部合格时，可通过验收进行评分。

5.3.4　实训评分

1. 分组考核（成绩占50%）

按照实训过程分步考核，考查项目完成的进度、质量及创新点。

2. 单独考核（成绩占40%）

按项目考核，考查相关技能是否掌握。

3. 综合素质考核（成绩占10%）

按实训过程考核，考查安全、卫生、文明操作及团队协作精神。

5.4　练习题

一、填空题

1. 金属切削机床的机械运动可分为＿＿＿＿＿运动、＿＿＿＿＿运动和＿＿＿＿＿运动三大类。

2. CA6140 型车床的主运动是＿＿＿＿＿＿＿＿运动，进给运动是＿＿＿＿＿＿＿＿＿运动，辅助运动包括刀架的快速移动、工件的夹紧与松开等。

3. 电气原理图是典型设备电气控制电路分析的中心内容。电气控制原理图由＿＿＿＿＿电路、_____电路、_____电路、保护及联锁环节及特殊控制电路等部分组成。

4. 按下启动按钮，电动机发出嗡嗡声不能正常启动，通常是电动机_____造成的，此时应立即切断电源，否则易烧坏电动机。

二、判断题

1. CA6140 型车床的主运动是工件的直线运动。　　　　　　　　　　　（　　）
2. 电动机受潮、绝缘电阻下降时，应拆除绕组，更换绝缘片。　　　　（　　）
3. 电动机一般在 70%~95% 额定负载下运行时效率最低，功率因数大。（　　）
4. CA6140 型车床的主轴、冷却泵分别由两台电动机拖动。　　　　　　（　　）

三、单项选择题

1. 机床电路电气连接时，所有接线应（　　），不得松动。
   A. 连接可靠　　　　B. 长度合适　　　　C. 整齐　　　　D. 除锈
2. CA6140 型车床的主轴电动机停转时采用（　　）。
   A. 能耗制动　　　　B. 机械制动　　　　C. 反接制动　　　　D. 机械或电气制动

四、简答题

1. 在机床控制电路中，为什么冷却泵电动机一般都受主轴电动机的联锁控制，在主轴电动机启动后才能启动，一旦主轴电动机停转，冷却泵电动机也同步停转？
2. 典型设备电气原理图阅读分析的基本原则是什么？
3. CA6140 型车床主运动和进给运动是如何调节速度的？
4. CA6140 型车床由几台电动机拖动？其中冷却泵电动机 M2 有什么电气控制要求？
5. CA6140 型车床主轴电动机的控制特点是什么？

项目六 X62W 型万能铣床控制电路分析与故障排除

知识目标

1. 了解 X62W 型万能铣床的主要结构及运动形式。
2. 了解 X62W 型万能铣床的拖动形式及对电气控制的要求。
3. 通过对 X62W 型万能铣床的电气原理图的分析，能理解主电路、控制电路的工作过程。
4. 在充分理解 X62W 型万能铣床电气原理的基础上，掌握对其常见故障进行诊断的方法。

能力目标

1. 进一步巩固典型设备电气控制盘的盘面布置及控制盘安装技能。
2. 掌握对 X62W 型万能铣床电气原理图各部分的分析能力。
3. 初步掌握对 X62W 型万能铣床常见故障的诊断能力及故障排除能力。

6.1 项目导入：X62W 型万能铣床的认知

铣床是一种用途十分广泛的金属切削机床，其使用范围仅次于车床。铣床可用于加工平面、斜面和沟槽。在工作台平面装上分度头，可以铣削直齿齿轮和螺旋面；装上圆工作台，还可以铣切凸轮和弧形槽。因此，铣床在机械行业的机械设备中占有很大的比重。

1. X62W 型万能铣床的结构

常用的万能铣床有 X62W 型卧式万能铣床和 X53K 型立式万能铣床，其电气控制电路经改进后两者通用。X62W 型万能铣床型号的含义为：X—铣床，6—卧式，2—2 号铣床，W—万能。X62W 型万能铣床的结构如图 6.1 所示。

6.1 X62W 型万能铣床的结构与运动形式

铣床的床身固定于底座上，用于安装和支撑铣床的各部件，在床身内还装有主轴部件、主传动装置及其变速操纵机构等。床身顶部的导轨上装有悬梁，悬梁上装有刀杆支架。铣刀则装在刀杆上，刀杆的一端装在主轴上，另一端装在刀杆支架上。刀杆支架可以在悬梁上水平移动，悬梁又可以在床身顶部的水平导轨上水平移动，因此可以适应各种不同长度的刀杆。铣床床身的前部有垂直导轨，升降台可以沿导轨上下移动，升降台内装有进给运动和快速移动的传动装置及其操纵机构等。在升降台的水平导轨上装有滑座，可以沿导轨做平行于主轴轴线方向的横向移动；工作台又经过回转盘装在滑座的水平导轨上，可以沿导轨做垂直于主轴轴线方向的纵向移动。这样，紧固在工作台上的工件，通过工作台、回转盘、滑座和升降台，可以在相互垂直的3个方向上实现进给或调整运动。在工作台与滑座之间的回转盘还可以使工作台左右转动45°角，因此工作台在水平面上除了可以做横向和纵向进给外，还可以实现在不同角度的各个方向上的进给，用以铣削螺旋槽。

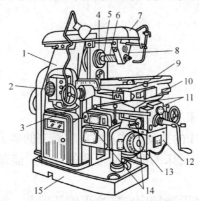

1—床身 2—主轴变速盘 3—主轴变速手柄 4—主轴 5—刀杆 6—铣刀 7—悬梁 8—刀杆支架 9—工作台
10—回转盘 11—滑座 12—升降台 13—进给变速手柄与变速盘 14—进给操纵手柄 15—底座

图 6.1　X62W 型万能铣床的结构

2．运动形式

（1）主运动：主轴带动刀杆和铣刀的旋转运动。

（2）进给运动：工作台带动工件在水平的纵向、横向及垂直方向3个方向的运动。

（3）辅助运动：工作台在3个方向的快速移动。

图 6.2 所示为铣床几种主要的加工形式的主运动和进给运动示意图。

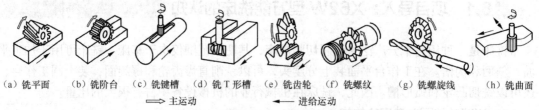

（a）铣平面　（b）铣阶台　（c）铣键槽　（d）铣T形槽　（e）铣齿轮　（f）铣螺纹　（g）铣螺旋线　（h）铣曲面
⟹ 主运动　　⟵ 进给运动

图 6.2　X62W 型万能铣床的主运动和进给运动示意图

3．铣床的拖动形式

铣床的主运动和进给运动各由一台电动机拖动，这样铣床的电力拖动系统一般由3台电动机所组成：主轴电动机、进给电动机和冷却泵电动机。主轴电动机通过主轴变速器驱动主轴旋转，并由齿轮变速器变速，以适应铣削工艺对转速的要求，电动机则不需要调速。由于铣削分为顺铣和逆铣两种加工方式，分别使用顺铣刀和逆铣刀，所以要求主轴电动机能够正、反转，但只要求预先选定主轴电动机的转向，在加工过程中则不需要主轴反转。又由于铣削是多刀不连续的切削，负载不稳定，所以主轴上装有飞轮，以提高主轴旋转的均匀性，

6.2　铣床的拖动形式和电气控制要求

消除铣削加工时产生的振动，这样主轴传动系统的惯性较大，因此还要求主轴电动机在停机时有电气制动。进给电动机作为工作台进给运动及快速移动的动力，也要求能够正、反转，以实现 3 个方向的正、反向进给运动；通过进给变速器，可获得不同的进给速度。为了使主轴和进给传动系统在变速时齿轮能够顺利地啮合，要求主轴电动机和进给电动机在变速时能够稍微转动一下，即带有变速冲动。3 台电动机之间要求有联锁控制，即在主轴电动机启动之后另两台电动机才能启动运行。

4. 铣床的电气控制要求

铣床在电气控制上有如下要求。

（1）铣床的主运动由一台鼠笼型异步电动机拖动，直接启动，能够正、反转，并设有电气制动环节，能进行变速冲动。

（2）工作台的进给运动和快速移动均由同一台鼠笼型异步电动机拖动，直接启动，能够正、反转，也要求有变速冲动环节。

（3）冷却泵电动机只要求单向旋转。

（4）3 台电动机之间有联锁控制，即主轴电动机启动之后，才能对其余两台电动机进行控制。

6.2 相关知识

6.2.1 X62W 型万能铣床的电气控制电路

X62W 型万能铣床的电气控制电路有多种，图 6.3 所示电路是经过改进的电路，为 X62W 型卧式和 X53K 型立式两种万能铣床所通用。

6.3 X62W 型万能铣床的电气原理分析

1. 主电路

三相电源由隔离开关 QS1 引入，熔断器 FU1 作为全电路的短路保护。主轴电动机 M1 的运行由接触器 KM1 控制，由换向开关 SA3 预选其转向。冷却泵电动机 M3 由 QS2 控制其单向旋转，但必须在 M1 启动运行之后才能启动运行。进给电动机 M2 由 KM3、KM4 控制实现正、反转控制。3 台电动机分别由热继电器 FR1、FR3、FR2 提供过载保护。

2. 控制电路

由控制变压器 TC1 提供 110V 工作电压，熔断器 FU4 作为变压器二次侧的短路保护。该电路的主轴制动、工作台常速进给和快速进给分别由控制电磁离合器 YC1、YC2、YC3 实现，电磁离合器需要的直流工作电压由整流变压器 TC2 降压后经桥式整流器 VC 提供，FU2、FU3 分别提供交直流侧的短路保护。

（1）主轴电动机 M1 的控制。M1 由交流接触器 KM1 控制，为操作方便，在机床的不同位置各安装了一套启动和停转按钮：SB2 和 SB6 装在床身上，SB1 和 SB5 装在升降台上。对 M1 的控制包括有主轴的启动、停转制动、换刀制动和变速冲动。

① 启动：在启动前先按照顺铣或逆铣的工艺要求，用组合开关 SA3 预先确定 M1 的转向。按下 SB1 或 SB2→KM1 线圈通电→M1 启动运行，同时 KM1 辅助常开触点（7-13）闭合，为 KM3、KM4 线圈支路接通做好准备。

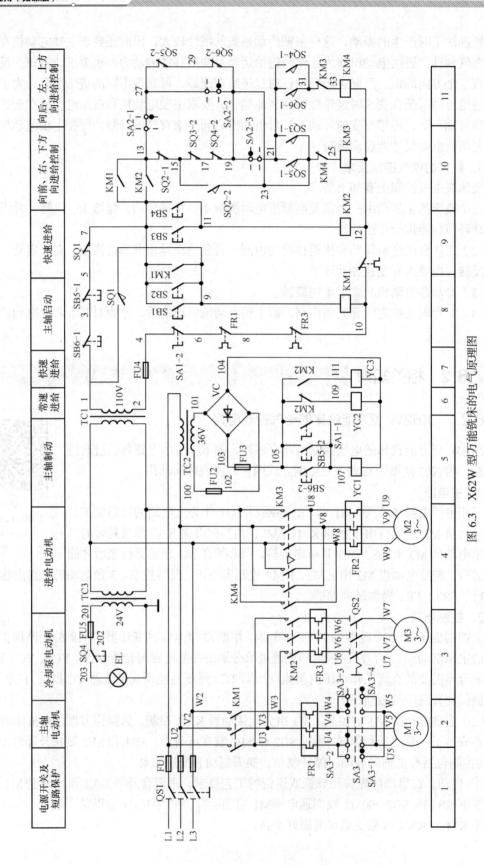

图 6.3　X62W 型万能铣床的电气原理图

② 停转与制动：按下 SB5 或 SB6→SB5 或 SB6 常闭触点断开（3-5 或 1-3）→KM1 线圈断电，M1 停转→SB5 或 SB6 常开触点闭合（105-107）→制动电磁离合器 YC1 线圈通电→M1 制动。

制动电磁离合器 YC1 装在主轴传动系统与 M1 转轴相连的第一根传动轴上，当 YC1 通电吸合时，将摩擦片压紧，对 M1 进行制动。停转时，应按住 SB5 或 SB6 直至主轴停转才能松开，一般主轴的制动时间不超过 0.5s。

③ 主轴的变速冲动：主轴的变速是通过改变齿轮的传动比实现的。在需要变速时，将变速手柄拉出，转动变速盘至所需的转速，然后再将变速手柄复位。在手柄复位的过程中，在瞬间压动了行程开关 SQ1，手柄复位后，SQ1 也随之复位。在 SQ1 动作的瞬间，SQ1 的常闭触点（5-7）先断开其他支路，然后常开触点（1-9）闭合，点动控制 KM1，使 M1 产生瞬间的变速冲动，利于齿轮的啮合。如果点动一次齿轮还不能啮合，可重复进行上述动作。

④ 主轴换刀控制：在上刀或换刀时，主轴应处于制动状态，以避免发生事故。只要将换刀制动开关 SA1 拨至"接通"位置，其常闭触点 SA1-2（4-6）断开控制电路，保证在换刀时机床没有任何动作；其常开触点 SA1-1（105-107）接通 YC1，使主轴处于制动状态。换刀结束后，要记住将 SA1 扳回"断开"位置。

（2）进给运动控制。工作台的进给运动分为常速（工作）进给和快速进给，常速进给必须在 M1 启动运行后才能进行，而快速进给属于辅助运动，可以在 M1 不启动的情况下进行。工作台在 6 个方向上的进给运动是由机械操作手柄带动相关的行程开关 SQ3～SQ6，通过控制接触器 KM3、KM4 控制进给电动机 M2 正、反转来实现的。行程开关 SQ5 和 SQ6 分别控制工作台的向右和向左运动，而 SQ3 和 SQ4 则分别控制工作台的向前、向下和向后、向上运动。

进给拖动系统使用的两个电磁离合器 YC2 和 YC3 都安装在进给传动链中的第 4 根传动轴上。当 YC2 吸合而 YC3 断开时，为常速进给；当 YC3 吸合而 YC2 断开时，为快速进给。

① 工作台的纵向进给运动：将纵向进给操作手柄扳向右边→行程开关 SQ5 动作→其常闭触点 SQ5-2（27-29）先断开，常开触点 SQ5-1（21-23）后闭合→KM3 线圈通过 13-15-17-19-21-23-25 路径通电→M2 正转→工作台向右运动。

若将操作手柄扳向左边，则 SQ6 动作→KM4 线圈通电→M2 反转→工作台向左运动。

SA2 为圆工作台控制开关，此时应处于"断开"位置，其 3 组触点状态为：SA2-1、SA2-3 接通，SA2-2 断开。

② 工作台的垂直与横向进给运动：工作台垂直与横向进给运动由一个十字形手柄操纵，十字形手柄有上、下、前、后和中间 5 个位置，将手柄扳至"向下"或"向上"位置时，分别压动行程开关 SQ3 或 SQ4，控制 M2 正转或反转，并通过机械传动机构使工作台分别向下或向上运动；而当手柄扳至"向前"或"向后"位置时，虽然同样是压动行程开关 SQ3 和 SQ4，但此时机械传动机构则使工作台分别向前或向后运动。当手柄在中间位置时，SQ3 和 SQ4 均不动作。下面就以向上运动的操作为例分析电路的工作情况，其余的可自行分析。

将十字形手柄扳至"向上"位置，SQ4 的常闭触点 SQ4-2 先断开，常开触点 SQ4-1 后闭合→KM4 线圈经 13-27-29-19-21-31-33 路径通电→M2 反转→工作台向上运动。

③ 进给变速冲动：与主轴变速时一样，进给变速时也需要使 M2 瞬间点动一下，使齿轮易于啮合。进给变速冲动由行程开关 SQ2 控制，在操纵进给变速手柄和变速盘时，瞬间压动了行程开关 SQ2，在 SQ2 通电的瞬间，其常闭触点 SQ2-1（13-15）先断开而常开触点 SQ2-2（15-23）后闭合，使 KM3 线圈经 13-27-29-19-17-15-23-25 路径通电，M2 正向点动。由 KM3 的通电路径可见：只有在进给操作手柄均处于零位（即 SQ3～SQ6 均不动作）时，才能进行进给变速冲动。

④ 工作台快速进给的操作：要使工作台在 6 个方向上快速进给，在按常速进给的操作方法操纵进给控制手柄的同时，还要按下快速进给按钮开关 SB3 或 SB4（两地控制），使 KM2 线圈通电，其常闭触点（105-109）切断 YC2 线圈支路，常开触点（105-111）接通 YC3 线圈支路，使机械传动机构改变传动比，实现快速进给。由于与 KM1 的常开触点（7-13）并联了 KM2 的一个常开触点，所以在 M1 不启动的情况下，也可以进行快速进给。

（3）圆工作台的控制。在需要加工弧形槽、弧形面和螺旋槽时，可在工作台上加装圆工作台。圆工作台的回转运动也是由进给电动机 M2 拖动的。在使用圆工作台时，将控制开关 SA2 扳至"接通"的位置，此时 SA2-2 接通，而 SA2-1、SA2-3 断开。在主轴电动机 M1 启动的同时，KM3 线圈经 13-15-17-19-29-27-23-25 的路径通电，使 M2 正转，带动圆工作台旋转运动（圆工作台只需要单向旋转）。由 KM3 线圈的通电路径可见，只要扳动工作台进给操作的任何一个手柄，SQ3～SQ6 其中一个行程开关的常闭触点断开，都会切断 KM3 线圈支路，使圆工作台停止运动，从而保证了工作台的进给运动和圆工作台的旋转运动不会同时进行。

3. 照明电路的控制

万能铣床的照明灯 EL 由照明变压器 TC3 提供 24V 的工作电压，SA4 为灯开关，熔断器 FU5 提供照明电路的短路保护。

6.2.2　X62W 型万能铣床常见电气故障的诊断与分析

X62W 型万能铣床电气控制线路较常见的故障主要是主轴电动机控制电路和工作台进给控制电路的故障。

1. 主轴电动机控制电路故障

（1）M1 不能启动。与前面已分析过的机床的同类故障一样，可从电源、QS1、FU1、KM1 的主触点、FR1 到换相开关 SA3，从主电路到控制电路进行检查。因为 M1 的容量较大，应注意检查 KM1 的主触点、SA3 的触点有无被熔化，有无接触不良。

6.4　X62W 型万能铣床的电气故障诊断

此外，如果主轴换刀制动开关 SA1 仍处在"换刀"位置，SA1-2 断开；或者 SA1 虽处于正常工作的位置，但 SA1-2 接触不良，使控制电源未通，M1 也不能启动。

（2）M1 停转时无制动。重点检查电磁离合器 YC1，如 YC1 线圈有无断线、接点有无接触不良、整流电路有无故障等。此外还应检查控制按钮 SB5 和 SB6。

（3）主轴换刀时无制动。如果在 M1 停转时主轴的制动正常，而在换刀时制动不正常，从电路分析可知应重点检查制动控制开关 SA1。

（4）按下停止按钮后 M1 不停。故障的主要原因可能是：KM1 的主触点熔焊。如果在按下停止按钮后，KM1 不释放，则可断定故障是由 KM1 主触点熔焊引起的。应注意此时电磁离合器 YC1 正在对主轴起制动作用，会造成 M1 过载，并产生机械冲击。所以一旦出现这种情况，应马上松开停止按钮，进行检查，否则会很容易烧坏电动机。

（5）主轴变速时无瞬时冲动。若主轴变速行程开关 SQ1 在频繁动作后，造成开关位置移动，甚至开关底座被撞碎或触点接触不良，都将造成主轴无变速时的瞬时冲动。

2. 工作台进给控制电路故障

铣床的工作台应能够进行前、后、左、右、上、下 6 个方向的常速和快速进给运动，其控制是由电气和机械系统配合进行的，所以在出现工作台进给运动的故障时，如果对机电系统的部件逐个进行检查，是难以尽快查出故障所在的。可依次进行其他方向的常速进给、快速进给、进给变速冲动和圆工作台的进给控制试验，来逐步缩小故障范围，分析故障原因，然后在故障范围内逐个对电气元件、触点、接线和接点进行检查。在检查时，还应考虑机械磨损或移位使操纵失灵等非电气的故障原因。这部分电路的故障较多，下面仅以一些较典型的故障为例来进行分析。

（1）工作台不能纵向进给。此时应先对横向进给和垂直进给进行试验检查，如果正常，则说明进给电动机 M2、主电路、接触器 KM3、KM4 及与纵向进给相关的公共支路都正常，就应重点检查行程开关 SQ2-1、SQ3-2 及 SQ4-2，即接线端编号为 13-15-17-19 的支路，因为只要这 3 对常闭触点之中有一对不能闭合、接触不良或者接线松脱，纵向进给就不能进行。同时，可检查进给变速冲动是否正常，如果也正常，则故障范围已缩小到在 SQ2-1、SQ5-1 及 SQ6-1 上，一般情况下 SQ5-1、SQ6-1 两个行程开关的常开触点同时发生故障的可能性较小，而 SQ2-1（13-15）由于在进给变速时，常常会因用力过猛而容易损坏，所以应先检查它。

（2）工作台不能向上进给。首先进行进给变速冲动试验，若进给变速冲动正常，则可排除与向上进给控制相关的支路 13-27-29-19 存在故障的可能性；再进行向左方向进给试验，若也正常，则又排除 19-21 和 31-33-12 支路存在故障的可能性。这样，故障点就已缩小到 21-31（SQ4-1）的范围内，例如，可能是在多次操作后，行程开关 SQ4 因安装螺钉松动而移位，造成操纵手柄虽已到位，但其触点 SQ4-1（21-31）仍不能闭合，因此工作台不能向上进给。

（3）工作台各个方向都不能进给。此时可先进行进给变速冲动和圆工作台的控制，如果都正常，则故障可能在圆工作台控制开关 SA2-3 及其接线（19-21）上。但若变速冲动也不能进行，则要检查接触器 KM3 能否吸合，如果 KM3 不能吸合，除了 KM3 本身的故障之外，还应检查控制电路中有关的电气元件、接点和接线，如接线端 2-4-6-8-10-12、7-13 等部分。若 KM3 能吸合，则应着重检查主电路，包括 M2 的接线及绕组有无故障。

（4）工作台不能快速进给。如果工作台的常速进给运行正常，仅不能快速进给，则应检查 SB3、SB4 和 KM2，如果这 3 个电器无故障，电磁离合器电路的电压也正常，则故障可能发生在 YC3 本身，常见的有 YC3 线圈损坏或机械卡死，离合器的动、静摩擦片间隙调整不当等。

6.3 技能训练：X62W 型万能铣床控制电路的安装与调试

6.3.1 训练要求

1. 查询了解 X62W 型万能铣床常见故障及检修方法。

2. 能正确安装和调试 X62W 型万能铣床控制电路，参照图 6.3。

3. 以 X62W 型万能铣床控制电路为训练背景，教师设置 2～3 处故障，学生自行检查、诊断，并能正确处理和顺利排除故障。

6.3.2 设备与器材

实训设备与器材略。

6.3.3 实训步骤

实训步骤可参照项目五进行。

6.3.4 实训评分

1. 分组考核（成绩占 50%）

按照实训过程分步考核，考查项目完成的进度、质量及创新点。

2. 单独考核（成绩占 40%）

按项目考核，考查相关技能是否掌握。

3. 综合素质考核（成绩占 10%）

按实训过程考核，考查安全、卫生、文明操作及团队协作精神。

6.4 练习题

一、填空题

1. X62W 型万能铣床的主轴电动机采用的是_____制动。

2. X62W 型万能铣床工作台的进给运动包括_____进给和_____进给两种形式，其中_____进给必须在主轴电动机 M1 启动运行后才能进行。

二、判断题

1. 在切削加工过程中，铣床的主轴电动机可以正转或反转。　　　　　　　　（　　　）

2. X62W 型万能铣床主轴电动机的制动采用的是反接制动。　　　　　　　　（　　　）

3. 速度继电器是用来测量异步电动机工作时运转速度的电气设备。　　　　　（　　　）

三、单项选择题

1. 主轴电动机只做旋转主运动而没有直线进给运动的机床是（　　　）。

    A. C650 卧式车床　　　　　　　　　B. X62W 型万能铣床

    C. Z3050 型摇臂钻床　　　　　　　　D. 不存在

2. 机床控制电路中，在反接制动过程中的控制继电器是（　　　）。

    A. 电流继电器　　B. 电压继电器　　C. 速度继电器　　D. 交流接触器

3. X62W 型万能铣床控制电路中，控制常速进给的电磁离合器是（   ）。

    A. YC1   B. YC2   C. YC3   D. 不存在

4. 若 X62W 型万能铣床的主轴未启动，则工作台（   ）

    A. 不能有任何进给   B. 可以常速进给

    C. 可以快速进给   D. 常速加快速进给

四、简答题

1. X62W 型万能铣床进给变速能否在运动中进行？为什么？

2. X62W 型万能铣床常见的故障有哪些？当主轴换刀时无制动，应如何处理？

3. X62W 型万能铣床对主轴电动机 M1 都有哪些控制要求？

项目七 Z3040型摇臂钻床控制电路分析与故障排除

7.1 Z3040 型摇臂钻床的结构与运动形式

知识目标

1. 了解 Z3040 型摇臂钻床的主要结构及运动形式。
2. 了解 Z3040 型摇臂钻床的拖动形式及对电气控制的要求。
3. 通过对 Z3040 型摇臂钻床的电气原理图的分析，能理解主电路、控制电路的工作过程。
4. 在充分理解 Z3040 型摇臂钻床电气原理的基础上，掌握对其常见故障进行诊断的方法。

能力目标

1. 进一步巩固典型设备电气控制盘的盘面布置及控制盘安装技能。
2. 掌握对 Z3040 型摇臂钻床电气原理图各部分的分析能力。
3. 初步掌握对 Z3040 型摇臂钻床常见故障的诊断能力及故障排除能力。

7.1 项目导入：Z3040 型摇臂钻床的认知

钻床是一种用途广泛的孔加工设备。钻床主要是用钻头钻削精度要求不太高的孔，另外还可用来扩孔、铰孔、镗孔，以及刮平面、攻螺纹等。钻床的结构形式很多，有立式钻床、卧式钻床、深孔钻床及多轴钻床等。

1. Z3040 型摇臂钻床的主要结构

Z3040 型摇臂钻床一般由底座、内/外立柱、摇臂、主轴箱和工作台等部分组成，如图 7.1 所示。

Z3040 型摇臂钻床的内立柱固定在底座的一端，外立柱套在内立柱中，并可绕内立柱回转360°。摇臂的一端为套筒，套在外立柱上，借助于升降丝杠的正反向旋转，摇臂可沿外立柱上下移动，但两者不能做相对转动，所以摇臂将与外立柱一起相对内立柱回转。主轴箱是一个复合的部件，它具有主轴及主轴旋转部件和主轴进给的全部变速和操纵机构。主轴箱可沿着摇臂上的水平导轨做径向移动。进行加工时，利用其特殊的夹紧机构将

1—外立柱 2—内立柱 3—底座 4—摇臂升降丝杠
5—主轴箱 6—摇臂 7—主轴 8—工作台

图 7.1 Z3040 型摇臂钻床结构示意图

外立柱紧固在内立柱上，摇臂紧固在外立柱上，主轴箱紧固在摇臂导轨上，之后进行钻削加工。

2. Z3040 型摇臂钻床的运动形式

Z3040 型摇臂钻床钻削加工时，主运动为主轴的旋转运动；进给运动为主轴的垂直移动；辅助运动为摇臂在外立柱上的升降运动、摇臂与外立柱一起沿内立柱的转动及主轴箱在摇臂上的水平移动。

3. Z3040 型摇臂钻床的电力拖动特点与控制要求

（1）电力拖动特点。

① 由于 Z3040 型摇臂钻床的运动部件较多，为简化传动装置，需使用多台电动机拖动，主轴电动机承担主钻削及进给任务，摇臂升降、夹紧放松和冷却泵各用一台电动机拖动。

7.2　Z3040 型摇臂钻床的电力拖动特点与控制要求

② 为适应多种加工方式的要求，主轴及进给应在较大范围内调速。但这些调速都是机械调速，用手柄操作变速器调速，对电动机无任何调速要求。主轴变速机构与进给变速机构在一个变速器内，由主轴电动机拖动。

③ 加工螺纹时要求主轴电动机能够正、反转。摇臂钻床的正、反转一般用机械方法实现，电动机只需单方向旋转。

（2）控制要求。

① 摇臂的升降由单独的一台电动机拖动，并要求能够实现正、反转。

② 摇臂的夹紧与放松和立柱的夹紧与放松由一台异步电动机配合液压装置完成。要求电动机能够正、反转。摇臂的回转和主轴箱的径向移动在中小型摇臂钻床上通常都采用手动。

③ 钻削加工中，对刀具或工件进行冷却时，需要一台冷却泵电动机拖动冷却泵输送冷却液。

④ 各部分电路之间应有必要的保护和联锁。

⑤ 具有机床安全照明电路与信号指示电路。

7.2　相关知识

7.2.1　Z3040 型摇臂钻床电气控制电路

图 7.2 所示为 Z3040 型摇臂钻床的电气控制电路的主电路和控制电路图。图 7.2 中 M1 是主轴电动机，M2 为摇臂升降电动机，M3 为液压泵电动机，M4 是冷却泵电动机。

主轴箱上装有 4 个按钮，其中 SB2 是主轴电动机 M1 的启动按钮，SB1 是停止按钮，SB3 是控制摇臂升降电动机 M2 上升的按钮，SB4 是控制其下降的按钮。主轴箱转盘上的 2 个按钮 SB5 和 SB6 分别为主轴箱及立柱松开按钮和夹紧按钮。转盘为主轴箱左右移动手柄，操纵杆则用于操纵主轴的垂直移动，两者均为手动控制。主轴也可机动控制。

1. 主电路

主轴电动机 M1 单向运转，由接触器 KM1 控制，主轴的正、反转则由机床液压系统操纵机构配合正反转摩擦离合器实现，并由热继电器 FR1 作电动机 M1 的长期过载保护。

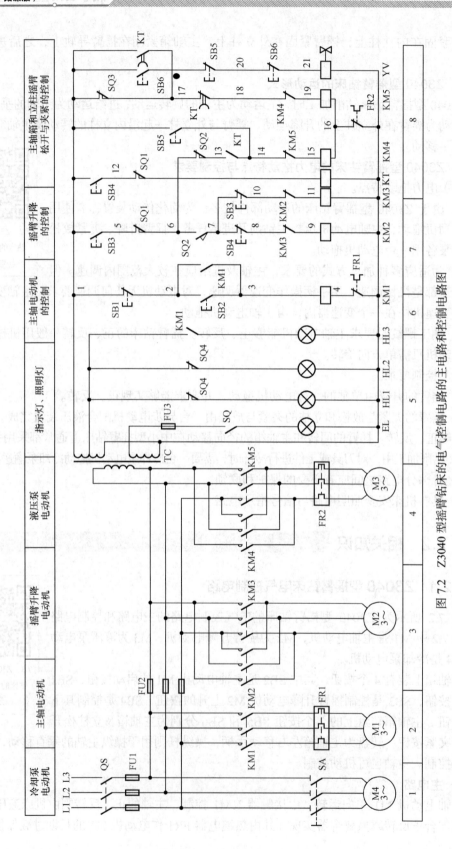

图 7.2　Z3040 型摇臂钻床的电气控制电路和控制电路图

摇臂升降电动机 M2 由正、反转接触器 KM2 和 KM3 控制。控制电路保证在操纵摇臂升降时，首先使液压泵电动机 M3 启动旋转，送出压力油，经液压系统将摇臂松开，然后才使 M2 启动，拖动摇臂上升或下降，当移动到位后，控制电路又保证 M2 先停下，再自动通过液压系统将摇臂夹紧，最后液压泵电动机 M3 才停转，M2 为短时工作，不用设长期过载保护。

接触器 KM4 和 KM5 用来实现对液压泵电动机 M3 的正、反转控制，并由热继电器 FR2 作其长期过载保护。

冷却泵电动机 M4 的容量较小，仅为 0.125kW，所以由开关 SA 直接控制其通、断。

2．控制电路

（1）主轴电动机 M1 的控制。按下启动按钮 SB2，接触器 KM1 线圈得电，主触点闭合，M1 启动运行，同时 7 区 KM1 辅助常开触点闭合，形成 SB2 的自锁，5-6 区 KM1 辅助常开触点闭合，指示灯 HL3 亮，表示主轴电动机在运转。需要主轴电动机停转时，按停止按钮 SB1，则接触器 KM1 释放，使主轴电动机 M1 停止旋转，同时指示灯 HL3 熄灭。

（2）摇臂升降与夹紧控制。Z3040 型摇臂钻床的摇臂升降由 M2 拖动，其控制过程如下。

按下摇臂上升按钮 SB3 不放开→SB3 常闭触点断开，切断 KM3 线圈支路；SB3 常开触点（1-5）闭合→时间继电器 KT 线圈通电→KT 常开触点（13-14）闭合，KM4 线圈通电，M3 正转；KT 延时常开触点（1-17）闭合，电磁阀线圈 YV 通电，摇臂松开→行程开关 SQ2 动作→SQ2 常闭触点（6-13）断开，KM4 线圈断电，M3 停转；SQ2 常开触点（6-7）闭合，KM2 线圈通电，M2 正转，摇臂上升→摇臂上升到位后松开 SB3→KM2 线圈断电，M2 停转；KT 线圈断电→延时 1～3s，KT 常开触点（1-17）断开，YV 线圈通过 SQ3 常闭触点使 1-17 仍然通电；KT 常闭触点（17-18）闭合，KM5 线圈通电，M3 反转，摇臂夹紧→摇臂夹紧后，压下行程开关 SQ3，SQ3 常闭触点（1-17）断开，YV 线圈断电；KM5 线圈断电，M3 停转。

即摇臂一旦上升或下降到位，均应夹紧在外立柱上，摇臂上升与下降使 8 区摇臂夹紧信号开关 SQ3 的常闭触点断开，KM5 线圈失电，液压泵电动机 M3 停转，摇臂夹紧完成。

摇臂上升的极限保护由组合限位开关 SQ1 来实现，SQ1 在 7-8 区有两对常闭触点，当摇臂上升或下降到极限位置时，相应触点被压断，切断了对应上升或下降接触器 KM2 与 KM3 的电源，使摇臂电动机 M2 停止运转，摇臂停止移动，实现了极限位置的保护。

摇臂自动夹紧程度由行程开关 SQ3 控制。若夹紧机构液压系统出现故障不能夹紧，将使 8 区 SQ3 触点无法断开；或者由于 SQ3 安装调整不当，摇臂夹紧后仍不能压下 SQ3。上述情况下均会使液压泵电动机 M3 长期过载，造成电动机烧毁。为此，液压泵电动机主电路采用热继电器 FR2 作为过载保护。

（3）主轴箱、立柱的松开与夹紧控制。主轴箱和立柱的夹紧与松开是同时进行的。SB5 和 SB6 分别为松开与夹紧控制按钮，由它们点动控制 KM4、KM5 线圈，从而控制 M3 的正、反转，由于 SB5、SB6 的常闭触点（17-20-21）串联在 YV 线圈支路中。所以在操作 SB5、SB6 使 M3 点动的过程中，电磁阀 YV 线圈不吸合，液压泵供出的压力油进入主轴箱和立柱的松开、夹紧油腔，推动松、紧机构实现主轴箱和立柱的松开、夹紧。当按下按钮 SB5 时，接触器 KM4 线圈得电，液压泵电动机 M3 正转，拖动液压泵送出压力油。这时电磁阀 YV 线圈处于断电状态，压力油经二位六通电磁阀，进入主轴箱与立柱松开油腔，推动活塞和菱形块，使主轴箱与立柱松开。由于 YV 线圈断电，压力油不会进入摇臂松开油腔，摇臂仍处于夹紧状态。当主轴箱与立柱松开时，行程开关 SQ4 不受压，使得控制指示灯 HL1 点亮发出信号，表示主轴箱与立柱已经松开。可以手动操作主轴箱在摇臂的水平导轨上移动，也可以推动摇臂使外立柱绕内立柱做回转移动，当移动到位时，按下夹紧按钮 SB6，接触器 KM5 线圈得电，M3 反转，拖动液压泵送出压力油至夹紧油腔，使主轴箱与立柱夹紧。确认夹紧时，SQ4 的常闭触点断开而常开触点闭合，指示灯 HL1 灭、HL2 亮，表示主轴箱与立柱已夹紧，可以进行钻削加工了。

机床安装后，接通电源，利用主轴箱和立柱的夹紧、松开可以检查电源的相序，在电源相序正确后，再来调整电动机 M2 的接线。

（4）冷却泵的控制。主轴电动机为单向旋转，所以冷却泵电动机可直接由转换开关 SA 控制其通、断。

（5）联锁与保护环节。

行程开关 SQ2 实现摇臂松开到位、开始升降的联锁。

行程开关 SQ3 实现摇臂完全夹紧、液压泵电动机 M3 停止旋转的联锁。

KT 时间继电器实现摇臂升降电动机 M2 断开电源，待惯性旋转停止后再进行夹紧的联锁。

摇臂升降电动机 M2 正、反转具有双重互锁。

SB5、SB6 常闭触点接入电磁阀 YV 线圈，电路实现进行主轴箱与立柱夹紧、松开操作时，压力油不进入摇臂夹紧油腔的联锁。

FU1 作为总电路和电动机 M1、M4 的短路保护。

FU2 作为电动机 M2、M3 及控制变压器 TC 的一次侧短路保护。

FR1、FR2 作为电动机 M1、M3 的长期过载保护。

SQ1 组合开关为摇臂上升、下降的限位开关。

FU3 作为照明电路的短路保护。

带自锁触点的启动按钮与相应接触器实现电动机的欠电压、失电压保护。

3. 辅助电路

辅助电路包括照明和信号指示电路。照明电路的工作电压为安全电压 36V，信号指示灯的工作电压为 6V，均由控制变压器 TC 提供。

HL1 为主轴箱、立柱松开指示灯，灯亮表示已松开，可以手动操作主轴箱沿摇臂移动或摇臂回转。

HL2 为主轴箱、立柱夹紧指示灯，灯亮表示已经夹紧，可以进行钻削加工。

HL3 为主轴旋转工作指示灯。

照明灯 EL 经开关 SQ 操作，实现钻床局部照明。

7.2.2　Z3040 型摇臂钻床常见电气故障的诊断与分析

7.4　Z3040 型摇臂钻床常见电气故障诊断与分析

Z3040 型摇臂钻床控制电路的独特之处，在于其摇臂升降及摇臂、立柱和主轴箱松开与夹紧的电路部分，下面主要分析这部分电路的常见故障。

1. 摇臂不能松开

摇臂做升降运动的前提是摇臂必须完全松开。摇臂和主轴箱，立柱的松、紧都是通过液压泵电动机 M3 的正、反转来实现的，因此应先检查一下主轴箱和立柱的松、紧是否正常。如果正常，则说明故障不在两者的公共电路中，而在摇臂松开的专用电路上：如时间继电器 KT 的线圈有无断线，其常开触点 1-17、13-14 在闭合时是否接触良好，限位开关 SQ1 的触点 5-6、7-6 有无接触不良；等等。

如果主轴箱和立柱的松开也不正常，则故障多发生在接触器 KM4 和液压泵电动机 M3 这部分电路上。如 KM4 线圈断线、主触点接触不良，KM5 的常闭互锁触点（14-15）接触不良等。如果是 M3 或 FR2 出现故障，则摇臂、立柱和主轴箱既不能松开，也不能夹紧。

2. 摇臂不能升降

摇臂不能升降的原因有以下几点。

（1）行程开关 SQ2 的动作不正常，这是导致摇臂不能升降最常见的故障。如 SQ2 的安装位置移动，使得摇臂松开后，SQ2 不能动作，或者是液压系统的故障导致摇臂放松不够，SQ2 也不会动作，摇臂就无法升降。SQ2 的位置应结合机械、液压系统进行调整，然后紧固。

（2）摇臂升降电动机 M2 控制其正、反转的接触器 KM2、KM3，以及相关电路发生故障，都会造成摇臂不能升降。在排除了其他故障之后，应对此进行检查。

（3）如果摇臂是上升正常而不能下降，或是下降正常而不能上升，则应单独检查相关的电路及电气元件（如按钮开关、接触器、限位开关的有关触点等）。

3. 摇臂上升或下降到极限位置时，限位保护失灵

检查限位保护开关 SQ1，通常是 SQ1 损坏或是其安装位置移动。

4. 摇臂升降到位后夹不紧

如果摇臂升降到位后夹不紧（而不是不能夹），通常是行程开关 SQ3 的故障造成的。如果 SQ3 移位或安装位置不当，使 SQ3 在夹紧动作未完全结束时就提前吸合，M3 提前停转，从而造成夹不紧。

5. 摇臂的松紧动作正常，但主轴箱和立柱的松紧动作不正常应重点检查

（1）控制按钮 SB5、SB6，其触点有无接触不良，或接线松动。

（2）液压系统出现故障。

 ## 7.3　技能训练：Z3040 型摇臂钻床控制电路的安装与调试

7.3.1　训练要求

1. 查询了解 Z3040 型摇臂钻床常见故障及检修方法。

2. 能正确安装和调试 Z3040 型摇臂钻床控制电路，参照图 7.2。

3. 以 Z3040 型摇臂钻床控制电路为训练背景，教师设置 2～3 处故障，学生自行检查、诊断，并能正确处理和顺利排除故障。

7.3.2　设备与器材

实训设备与器材略。

7.3.3　实训步骤

实训步骤可参照项目五进行。

7.3.4 实训评分

1. 分组考核（成绩占 50%）

按照实训过程分步考核，考查项目完成的进度、质量及创新点。

2. 单独考核（成绩占 40%）

按项目考核，考查相关技能是否掌握。

3. 综合素质考核（成绩占 10%）

按实训过程考核，考查安全、卫生、文明操作及团队协作精神。

7.4 练习题

一、填空题

1. Z3040 型摇臂钻床由于摇臂升降电动机 M2 采用的是_____工作制，因此不需要用热继电器进行过载保护；Z3040 型摇臂钻床的冷却泵电动机 M4 则是因其_____不会过载而不采用热继电器进行过载保护。

2. 摇臂钻床加工螺纹时主轴电动机的正、反转一般用_____方法实现。

3. Z3040 型摇臂钻床具有_____、_____、_____和_____ 4 台拖动电动机。

二、判断题

1. Z3040 型摇臂钻床的 4 台拖动电动机均采用直接启动方式。　　　　　　　（　　）

2. Z3040 型摇臂钻床的升降、夹紧放松和冷却泵共用一台电动机拖动。　　　（　　）

3. Z3040 型摇臂的升降由一台电动机拖动，并要求能够实现正、反转。　　　（　　）

三、单项选择题

1. Z3040 型摇臂钻床的摇臂回转，是靠（　　　）实现的。

　　A. 电动机拖动　　　　　　　　　　B. 人工推转

　　C. 机械传动　　　　　　　　　　　D. 摇臂松开-人工推转-摇臂夹紧的自动控制

2. Z3040 型摇臂钻床的驱动电动机中，电动机设置过载保护的是（　　　）。

　　A. 主轴电动机 M1　　　　　　　　B. 摇臂升降电动机 M2

　　C. 液压泵电动机 M3　　　　　　　D. M1 和 M3 两台电动机

四、简答题

1. 什么是 Z3040 型摇臂钻床的主运动？该钻床的进给运动是什么？

2. Z3040 型摇臂钻床的主电路中共有几台电动机？哪几台电动机要求具有正、反转控制？

3. 如果 Z3040 型摇臂钻床的摇臂移动后夹不紧，通常是什么原因造成的？

模块三

PLC 的认知

　　PLC 控制系统是以硬接线的继电器-接触器控制系统为基础，逐步发展为既有逻辑控制、计时、计数，又有运算、数据处理、模拟量调节、联网通信等功能的控制装置。PLC 及有关外部设备，均按既易于与工业控制系统组成一个整体，又易于扩充其功能的原则设计。目前，PLC 已成为生产机械设备中开关量控制的主要电气控制装置。

项目八　PLC 及其硬件认知

知识 目标

1. 了解 PLC 的产生及发展历程，理解 PLC 的定义。
2. 了解 PLC 控制系统的特点，熟悉 PLC 控制技术的功能。
3. 理解 PLC 型号中各部分的含义，了解 PLC 产品各部分名称及功能。
4. 认识 PLC 硬件的组成，理解各部分功能。
5. 掌握 PLC 的工作原理。
6. 了解三菱 FX_{3U} 系列 PLC 的特点。

能力 目标

1. 具有对 PLC 产品各部分正确识别的能力。
2. 具有准确找出 PLC 输入/输出（I/O）端子中的地端、电源端及 COM 端的能力。
3. 具有对 PLC 的 I/O 端子正确连线的能力。

8.1　项目导入：PLC 的产生及发展历程

在 PLC 出现前的工业电气控制领域中，继电器–接触器控制系统占主导地位，但是电气控制系统存在体积大、可靠性低、查找和排除故障困难等缺点，而且其接线复杂、不易更改，对生产工艺变化的适应性差。为此，在 20 世纪 60 年代末，PLC 第一次被提出。

8.1.1　PLC 的产生

1968 年，美国通用汽车公司（GM）为了适应汽车型号的不断更新、生产工艺不断变化的需要，实现小批量、多品种生产，对外公开招标，要求用新的控制装置取代继电器控制盘以改善生产，并提出了以下 10 项招标指标。

① 编程方便，现场可修改程序。
② 维修方便，采用插件式结构。
③ 可靠性高于继电器控制盘。

8.1　PLC 的认知

8.2　PLC 的产生

④ 体积小于继电器控制盘。

⑤ 数据可直接送入管理计算机。

⑥ 成本可与继电器控制盘竞争。

⑦ 可输入市电。

⑧ 可输出市电，输出电流在 2A 以上，可直接驱动电磁阀、接触器等。

⑨ 系统扩展时原系统变更很少。

⑩ 用户程序存储器容量大于 4KB。

提出的这 10 项指标，显然是希望能有一种新型的工业控制器，能做到尽可能减少重新设计和更换电气控制系统及接线，以降低成本、缩短周期。并设想将计算机功能强大、灵活、通用性好等优点与电气控制系统简单易懂、价格便宜等优点结合起来，制成一种通用控制装置，而且这种装置采用面向控制过程、面向问题的"自然语言"进行编程，使不熟悉计算机的人也能很快掌握使用方法。

该招标由美国数字设备公司（DEC）中标，这套系统于 1969 年研制出来，这是第一台可编程控制器，型号为 PDP-14，应用取得成功。随后，美国的莫迪康（MODICON）公司也推出了同名的 084 控制器，1971 年日本推出了 DSC-80 控制器，1973 年西欧国家的各种可编程控制器也研制成功。这些早期的控制器满足了最初的要求，并且打开了新的控制技术的发展的大门。

8.1.2 PLC 的定义及发展历程

1. PLC 的定义

随着 PLC 的发展，其功能不断完善，其定义也在不断更新。

国际电工协会对 PLC 的定义如下：PLC 是一种进行数字运算的电子系统，是专为工业环境下的应用而设计的工业控制器，它采用了可以编程序的存储器，用来在其内部存储执行逻辑运算、顺序控制、定时、计数和算术运算等操作的指令，并通过数字或模拟式的输入和输出，控制各种类型的机械生产过程。

8.3 PLC 的定义

8.4 PLC 的发展历程

2. PLC 的发展历程

从控制功能来看，PLC 的发展大致经历了以下 4 个阶段。

（1）初级阶段（从第一台 PLC 问世到 20 世纪 70 年代中期）。第一代 PLC 是为了取代继电器而开发研制的，因此主要功能是逻辑运算和计时、计数，其微处理器 CPU 由中小规模数字集成电路构成。初级阶段的 PLC 主要产品有：MODICON 公司的 084，AB 公司的 PDQ-IL，DEC 公司的 PDP-14，日立公司的 SCY-022 等。初级阶段的 PLC 就采用了梯形图语言作为编程方式，尽管有些枯燥，但却形成了工厂的编程标准。

（2）扩展阶段（从 20 世纪 70 年代中期到 70 年代末期）。扩展阶段为方便熟悉继电器-接触器系统的工程技术人员使用 PLC 控制技术，采用和继电器电路图类似的梯形图作为 PLC 的主要编程语言，并将参加运算及处理的计算机存储元器件都以继电器命名。此时的微处理器技术已经应用到 PLC 中，使其增加了算术运算、数据传送和数据处理等功能，并使其成为真正具有计算机特征的工业控制装置，PLC 产品的控制功能得到较大的扩展，成为微型计算技术和继电器常规控制概念相结合的产物。扩展阶段的产品主要有 MODICON 公司的

184、284、384系列，西门子公司的SIMATICS3系列，富士电机公司的SC系列等。

（3）通信阶段（20世纪70年代末期到80年代中期）。在通信阶段，计算机技术全面引入PLC，使PLC的功能发生了质的飞跃，形成了分布式通信网络，更高的运算速度、超小型体积、更可靠的工业抗干扰设计、模拟量运算、比例积分微分（PID）功能及极高的性价比，奠定了PLC在现代工业中的地位，在很短的时间内，PLC就已经从汽车行业迅速扩展到其他行业，作为继电器的替代品进入了食品、饮料、金属加工制造和造纸等多个行业，同时，可靠性进一步提高。这一阶段的产品有西门子公司的SIMATICS6系列，歌德（GOULD）公司的M84、884等，富士电机的MICRO和TI公司的TI530等。该阶段由于制造商们相对封闭、沟通不够，致使通信系统的规范不统一。

（4）开放阶段（从20世纪80年代中期开始）。该阶段初国际标准化组织提出了开放系统互联的参考模型OSI，使PLC在开放功能上有较大发展，主要表现为通信系统的开放，PLC开始采用标准化软件系统，并完成了编程语言的标准化工作，通信协议的标准化使各制造厂商的产品可以通信，使用户得益。开放阶段初增加了高级语言编程，主要产品有西门子公司的S7系列，罗克韦尔（AB）公司的PLC-5和SLC500，德维森公司的V80和PPC11，加拿大ONLINECONTROL公司与合控电气公司开发的OPENPLC等。

3. PLC的发展趋势

在未来相当的一段时间内，更多的新成果会越来越多地应用于PLC的设计和制造上，使PLC的运算速度更快、存储容量更大、组网能力更强。PLC的发展趋势可归纳为以下几点。

8.5 PLC的发展趋势

（1）向高集成、高性能、高速度、大容量发展。微处理器技术、存储技术的发展十分迅猛，功能更强大，价格更便宜，研发的微处理器针对性更强，为PLC应用技术的发展提供了良好的环境。大型PLC大多采用多CPU结构，不断地向高性能、高速度和大容量方向发展。

在模拟量控制方面，除了专门用于模拟量闭环控制的PID指令和智能PID模块，某些PLC产品还具有模糊控制、自适应、参数自整定功能，使调试时间减少，控制精度提高。

（2）向普及化方向发展。由于微型PLC的价格便宜，体积小，重量轻，能耗低，其外部接线简单，容易实现或组成控制系统，很适合于单机自动化，因此在控制领域中得到了广泛的应用。

（3）向模块化、智能化发展。PLC采用模块化的结构，方便了使用和维护。智能I/O模块主要有模拟量I/O、高速计数输入、中断输入、机械运动控制、热电偶输入、热电阻输入、条形码阅读器、多路BCD码输入/输出、模糊控制器、PID回路控制、通信等模块。智能I/O模块本身就是一个小的微型计算机系统，有很强的信息处理能力和控制功能，有的模块甚至可以自成系统，单独工作，可以完成PLC的主CPU难以兼顾的功能，简化了某些控制领域的系统设计和编程，提高了可编程序控制器的适应性和可靠性。

（4）向软件化发展。编程软件可以对PLC控制系统的硬件组态，即设置硬件的结构和参数，例如设置各框架各个插槽上模块的型号、模块的参数、各串行通信接口的参数等。在屏幕上可以直接生成和编辑梯形图、指令表、功能块图和顺序功能图程序，并可以实现不同编程语言的相互转换。PLC编程软件有调试和监控功能，可以在梯形图中显示触点的通断和线圈的通电情况，查找复杂电路的故障非常方便。历史数据可以存盘或打印，通过网络或调制解调器（Modem）卡，还可以实现远程编程和传送。

（5）向通信网络化发展。伴随计算机技术的发展，很多工业控制产品都加设了智能控制和通信功能，如变频器、软启动器等。可以和现代的可编程序控制器通信联网，实现更强大的控制功能。通过双绞线、同轴电缆或光纤联网，信息可以传送到几十千米远的地方，通过Modem 和互联网可以与世界上其他地方的计算机装置通信。

从近年的统计数据看，在世界范围内 PLC 产品的产量、销量、用量高居工业控制装置榜首，而且市场需求量一直攀升，PLC 已成为工业自动化控制领域中占主导地位的通用工业控制装置。为此，作为工程技术人员，学习和掌握 PLC 应用技术刻不容缓，十分必要。

8.6　PLC 控制系统的特点

8.1.3　PLC 的控制系统及其特点

1. PLC 的控制系统

PLC 的控制系统一般由 PLC 控制器、控制电器（接触器）、保护电器和电动机等环节组成，如图 8.1 所示。

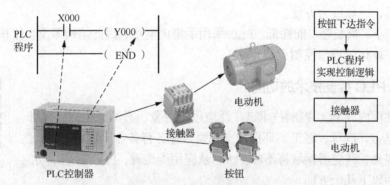

图 8.1　PLC 控制系统的组成

由图 8.1 可看出，PLC 控制系统并不复杂，图中点动按钮接于 PLC 的输入继电器的线圈X000，接触器的线圈接 PLC 的输出继电器的线圈 Y000。PLC 程序实现逻辑控制，并通过输出接口控制接触器的通、断，从而控制电动机的工作状态。

控制过程：按下点动按钮→驱动 PLC 内部输入继电器 X000 的常开触点闭合，使 PLC 内部的输出继电器线圈 Y000 得电→通过 PLC 的输出接口驱动接触器线圈得电→串接在电动机主回路中的接触器主触点闭合→电动机启动运转→松开点动按钮→PLC 内部输入继电器X000 常开触点打开→输出继电器线圈 Y000 失电→驱动外部设备接触器的线圈断电→电动机主回路中的接触器主触点打开→电动机停转。

需要理解的是：继电器-接触器控制系统的逻辑控制是靠硬件接线实现的；PLC 控制系统则是利用 PLC 内存中的"软继电器"取代传统的物理继电器，以软件取代硬件接线实现逻辑控制的。

2. PLC 控制系统的特点

（1）可靠性高、抗干扰能力强。这是 PLC 控制系统最重要的特点。PLC 控制系统不需要大量的活动部件和实体元器件，因此硬接线大大减少，故障率大大降低，系统维修简单且时间短；硬件设计方面 PLC 采用了可靠性高的工业级元器件和先进的电子加工工艺，对干扰采用屏蔽、隔离和滤波，对存储器内容采用看门狗和自诊断措施，使 PLC 控制系统的可靠性得到极大的提高。

（2）编程简单、使用方便。目前，大多数 PLC 采用的编程语言是梯形图语言，这是一种面向生产、面向用户的编程语言。梯形图与电气控制线路图相似，形象、直观，不需要掌握复杂的计算机知识，很容易让广大工程技术人员掌握。当生产流程需要改变时，可以现场改变程序，使用方便、灵活，这也是 PLC 获得普及和推广的主要原因之一。

（3）功能完善、通用性强。现代 PLC 不仅具有逻辑运算、定时、计数、顺序控制等功能，而且还具有模/数（A/D）和数/模（D/A）转换、数值运算、数据处理、PID 控制、通信联网等多种功能。同时，由于 PLC 产品的系列化、模块化，有品种齐全的各种硬件装置供用户选用，可以组成满足各种要求的控制系统。

（4）设计安装简单、维护方便。由于 PLC 用软件代替了传统电气控制系统的硬件，控制柜的设计、安装接线工作量大为减少。PLC 的用户程序大部分可在实验室进行模拟调试，缩短了应用设计和调试周期。在维修方面，由于 PLC 的故障率极低，维修工作量很小，而且 PLC 具有很强的自诊断功能，如果出现故障，可根据 PLC 上指示或编程器上提供的故障信息，迅速查明原因，维修极为方便。

（5）体积小、重量轻、能耗低。PLC 采用了集成电路，因此结构紧凑、体积小、能耗低，是实现机电一体化的理想控制设备。

8.1.4　PLC 控制技术的功能

目前，在国内外 PLC 控制技术已广泛应用于冶金、石油、化工、建材、机械制造、电力、汽车、轻工、环保及文化娱乐等各行各业，随着 PLC 性价比的不断提高，其应用领域将不断扩大。从应用类型看，PLC 的基本功能大致可归纳为以下几个方面。

8.7　PLC 控制技术的功能

1. 开关量逻辑控制

这是 PLC 最基本的控制功能，可以取代传统的继电器控制系统。

2. 运动控制

PLC 可用于控制步进电动机、伺服电动机和交流变频器，实现对各种机械运动和位置的控制。

3. 闭环过程控制

PLC 具有 A/D 和 D/A 转换模块，能完成对温度、压力、速度和流量等模拟量的调节与控制。

4. 数据处理

PLC 不仅能进行算术运算、数据传送、排序、查表等，还能进行数据比较、数据转换、数据通信、数据显示和打印等，具有很强的数据处理能力。

5. 通信及联网

随着计算机控制技术的发展，为了适应工厂自动化网络系统（FA）及集散控制系统（DCS）发展的需要，较高档次的 PLC 都具有通信联网功能，既可以对远程 I/O 进行控制，又能实现 PLC 与 PLC、PLC 与计算机之间的通信，构成多级分布式控制系统。

8.2　相关知识

8.2.1　三菱 PLC 型号的认识及 I/O 接线

8.8　PLC 型号的认识

三菱 FX 系列 PLC 的特点是小型化、一体式结构，可控制 I/O 点数相对少，三菱 FX 系列 PLC 适合简单小型的应用环境，既经济又实惠，一块 FX 就能组建控制回路。三菱 FX 系列 PLC 常用的型号系列有三菱 FX_{2N} 系列 PLC、三菱 FX_{3U} 系列 PLC、三菱 FX_{3G} 系列 PLC、三菱 FX_{5U} 系列 PLC 等，型号众多，适用范围极广。

1. 三菱 PLC 型号的认识

$$FX_{\square\square}-\underset{①}{\square}\ \underset{②}{\square}\ \underset{③}{\square}\ \underset{④}{\square}-\underset{⑤}{\square}$$

FX 系列 PLC 的型号表示如上所示，现介绍和说明序号中各部分的含义。

① 系列序号：如 1N、2N、3U 等。

② I/O 总点数：包括输入、输出全部点数。

③ 单元类型：M 为基本单元，E 为 I/O 混合单元，EX 为输入专用扩展模块，EY 为输出专用扩展模块。

④ 输出形式：R 为继电器输出，T 为晶体管输出，S 为双向晶闸管输出。

FX_{3U} 系列 PLC 的继电器输出形式可以接交直流负载，由于物理继电器开关速度低，只能满足低速控制需要，适用于对电动机的控制；晶体管输出形式只能接直流负载，开关速度高，适合高速控制或通断频繁的场合，如输出脉冲信号或控制数码显示等；双向晶闸管输出形式只能接交流负载，开关速度高，适合高速控制的场合。

⑤ 特殊品种：D 表示直流电源，A 表示交流电源，H 表示大电流输出模块等。

例如，某产品型号为 FX_{3U}-48MRD，根据上面解释可知，该产品为 FX_{3U} 系列，I/O 总点数为 48 点，继电器输出方式，采用直流 24V 电源，直流输入的基本单元。

再如，某 PLC 产品型号为 FX-4EYSH，根据上面解释可知，该产品为 FX 系列，I/O 总点数为 4 点，其中输入点数为 0，输出点数为 4，双向晶闸管输出方式，大电流输出扩展模块。

8.9　PLC 的 I/O 接线方法

2. 三菱 PLC 的 I/O 接线方法

图 8.2 所示为 FX 系列 PLC 产品的硬件结构示意图。

由图 8.2 可看到接线区域有上下两个部分，上半部是输入端子，下半部是输出端子。

（1）PLC 输入端的接线说明。工程实际中，一般输入设备不可能都与 PLC 主机的直流电源相连，而且 PLC 的多个输入端共用一个 COM 端，也不可能在一个端子上连接几根甚至十几根导线，所以，通常要通过端子排连线。

端子排一般由多片端子并排安装在导轨上组成，每片端子的两个接口是短接的，根据需要可以将各片端子短接在一起。PLC 的输入端通过端子排与外部设备的连接如图 8.3 所示。

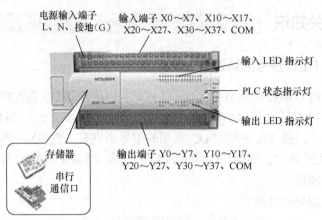

图 8.2　FX 系列 PLC 产品的硬件结构示意图

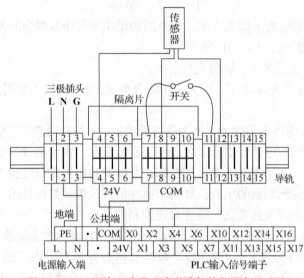

图 8.3　PLC 的输入端通过端子排与外部设备的连接

另外，PLC 输入端用于连接按钮、开关及各类传感器，这些元器件的功率消耗都很小，可以采用 PLC 内部电源供电。图 8.3 中开关接在 X2 和 COM 之间，由 PLC 内部电源供电；图中的传感器也是由 PLC 内部的 24V 电源供电的。当输入端接入的元器件不是无源触点，而是某些传感器输出的电信号时，要注意传感器信号的极性，选择正确的电流方向接入电路。PLC 的公共端 COM 通常为机内电源的负极。PLC 输入端标记为 L 和 N 的端子，是用来接工频交流电源的，一般为 95～260V，是 PLC 交流电压的选择范围。

无论 PLC 内部有多复杂，接线时我们只简单地把各输入端子看作是一个个输入继电器。按照图 8.3 接好线后，按下开关，相应端子上的软继电器 X2 得电，根据继电器的得电情况，通过编程去控制 PLC 的输出。

（2）PLC 输出端的接线。PLC 的输出接口电路是 PLC 与外部负载之间的桥梁，将 PLC 向外输出的信号转换成可以驱动外部执行电路的控制信号，以便控制接触器线圈、信号灯等电器的通、断。

根据 PLC 输出单元与外部用户输出设备的接线形式不同，输出接线可分为汇点式输出和分隔式输出两种基本形式：分隔式就是将 PLC 所有的输出点分成 N 组，每组有一个 COM 公共端和一个单独的电源；汇点式就是把 PLC 全部输出点汇集一组共用一个 COM 公共端和一个电源。这两种形式的电源均由用户提供，也可根据实际负载确定选用直流电源或是交流电源。

如图 8.4 所示，PLC 内部的输出电路实际上也很复杂，我们只把各个输出端子 Y 看作是一个个的输出继电器，当程序驱动 Y5 线圈得电时，Y5 线圈可直接驱动外部设备 KM2 的线圈得电，于是 KM2 控制的主电路就会接通，控制电路的常开触点和常闭触点也会相应动作。

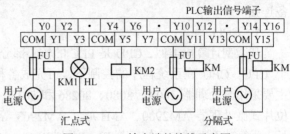

图 8.4 PLC 输出端的接线示意图

外部负载要接电源，而 PLC 只负责控制电路的通断，不能提供电源输出给负载的电源。这时，需根据外部负载的属性给它提供不同的合适的外接电源，比如 AC 220V 或 DC 24V 等。还要注意的是，当输出端子为空端子时，不要连接导线；另外，由于 PLC 输出电路中未接熔断器，因此每 4 点应使用一个 5～15A 的熔断器，用于防止短路等原因而造成 PLC 损坏；对直流感性负载，比如电磁离合器，其两端应并联一个浪涌吸收器，会大大延长触点的使用寿命；对正、反转接触器 KM1、KM2 等，尽管程序中采用软件互锁，同时也要在 PLC 的外部采取互锁措施，以确保互锁的两个接触器在两个方向上不能同时动作；为实现紧急停止，可使用 PLC 的外部开关 S 切断负载；在交流感性负载两端并联一个浪涌吸收器，可起到降低噪声的作用。

8.10 PLC 的硬件组成

8.2.2 PLC 的硬件组成

FX 系列 PLC 是日本三菱公司生产的小型机，其结构组成如图 8.5 所示。

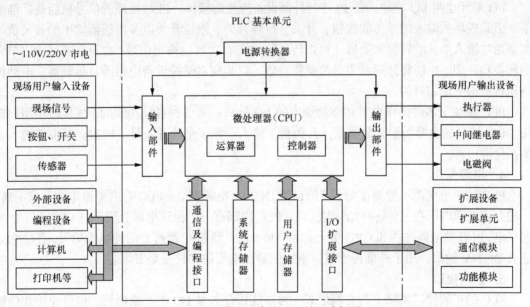

图 8.5 三菱 FX 系列 PLC 的组成框图

PLC 的基本单元的硬件主要有微处理器 CPU，存储器 RAM、ROM，输入单元和输出单元 I/O 接口，通信接口、扩展接口、电源等。其中，CPU 是 PLC 的核心，I/O 单元是连接现场 I/O 设备与 CPU 之间的接口电路，通信接口用于与编程器、上位计算机等外部设备连接。

1. CPU

和微型计算机类似，CPU 是 PLC 的核心部分，是 PLC 的神经中枢，每台 PLC 至少有一个 CPU。CPU 在系统程序的控制下，可完成各种运算并协调系统内部各部分的工作。CPU 主要采用微处理器 Z80A、8080、80286 和 80386 等，或采用单片机 8083、8096 等，或采用位片式微处理器 AM2900、AM1902、AM2903 等构成。PLC 的档次越高，CPU 的位数就越长，运算速度就越快。如三菱 FX_{3U} 系列 PLC，大部分芯片都采用表面封闭技术，其 CPU 板有两片超大规模集成电路（双 CPU）所以 FX_{3U} 系列的 PLC 在速度、集成度等方面都有明显的提高。

2. 存储器

为使程序不丢失，PLC 采用存储器对系统程序、用户程序及工作数据进行永久性存储。其中系统程序是由 PLC 制造厂家编写的，用于存放系统的各种管理监控程序。

用户程序是随 PLC 的控制对象而定的，由用户根据对象生产工艺的控制要求而编写。为了便于读出、检查和修改，用户程序一般存于 CMOS 静态 RAM 中，用锂电池作为后备电源，以保证掉电时不会丢失信息。为了防止干扰对 RAM 中程序的破坏，当用户程序运行正常，不需要改变时，可将其固化在 EPROM 中，还有许多 PLC 直接采用 EEPROM 作为用户存储器。

用户程序的工作数据是 PLC 运行过程中经常变化、经常存取的一些数据，它存放在 RAM 中，以适应随机存取的要求。

3. I/O 单元

I/O 单元也叫 I/O 模块，是 PLC 与外部设备连接的接口。PLC 处理的信号只能是标准电平，因此现场的输入信号（如按钮、开关、行程开关、限位开关以及传感器输出的开关量），需要通过输入单元的转换和处理才可以传送给 CPU；CPU 的输出信号，也只有通过输出单元的转换和处理，才能将处理结果送给被控对象，以实现对受控设备电磁阀、接触器、电动机等执行机构驱动的目的。

PLC 提供了多种操作电平和驱动能力的 I/O 接口，有各种各样功能的 I/O 接口供用户选用。I/O 接口的主要类型有数字量（开关量）输入、数字量（开关量）输出、模拟量输入、模拟量输出等。

4. 电源单元

PLC 的供电电源一般是市电，有的也用 DC24V 电源供电。PLC 对电源稳定性要求不高，一般允许电源电压在 -15%～+10% 内波动。PLC 内部有一个稳压电源，用于对 CPU 和 I/O 单元供电，PLC 的电源往往和 CPU 单元合为一体，大中型 PLC 都有专门的电源单元，有些 PLC 还有 DC24V 输出，用于外部传感器供电，但输出电流往往只是毫安级。

5. 扩展接口

PLC 的扩展接口实际上为总线形式，可以连接开关量 I/O 单元或模块，也可连接如模拟量处理模块、位置控制模块及通信模块或适配器等。在大型 PLC 中，扩展接口为插槽扩展基板的形式。

6. 存储器接口

为了存储用户程序及扩展用户程序存储区、数据参数存储区，PLC上还设有存储器扩展口，以根据使用的需要扩展存储器，其内部也要接到总线上。

7. 编程器接口

PLC基本单元通常不带编程器，为了能对PLC进行现场编程及监控，PLC的基本单元专门设置有编程器接口，通过该接口可连接各种形式的编程装置，还可以利用该接口做一些监控工作。

8. 编程器

编程器最少包括键盘和显示两部分，用于对用户程序进行输入、读出、检验、修改。专用的编程器有便携式编程器、图形编程器等。专用编程器只能对指定厂家的几种PLC进行编程，使用范围有限，价格较高。同时，由于PLC产品的不断更新换代，专用编程器的生命周期十分有限，因此，现在的趋势是使用以个人计算机为基础的编程装置，用户利用个人计算机功能强大的程序开发系统，既可以编制、修改PLC的梯形图程序，又可以监视系统运行、打印文件、系统仿真等。

8.2.3　PLC的工作原理

PLC虽然被称为"蓝领计算机"，但它的工作方式与微型计算机（简称微机）却有着很大的不同。微机一般采用等待命令的工作方式，而PLC则是按串行工作方式分时操作的，每一次执行一个操作，按顺序逐个执行。由于CPU的运算处理速度很快，所以从宏观上来看，PLC外部出现的结果似乎是同时完成的。

8.11　PLC的工作原理

PLC是一种工业控制计算机，其工作原理是建立在计算机工作原理基础之上的，是通过执行用户程序来实现逻辑控制的。PLC在运行模式下，采用反复循环的顺序扫描工作方式，其扫描工作过程如下。

1. 输入采样阶段

在输入采样阶段，PLC以扫描工作方式按顺序对所有输入端的输入状态进行采样，并存入输入映像寄存器，此时输入映像寄存器被刷新。接着进入程序处理阶段，在程序执行阶段或其他阶段，即使输入状态发生变化，输入映像寄存器的内容也不会改变，输入状态的变化只有在下一个扫描周期的输入处理阶段才能被采样到。

2. 程序执行阶段

PLC总是按由上而下的顺序依次扫描用户程序。扫描每一条梯形图时，先扫描梯形图左边由各触点构成的控制线路，按先左后右、先上后下的顺序对输入和原输出状态（或数据）进行"处理"，即按程序对数据进行逻辑、算术运算，再将运算结果送到输出状态寄存器，即程序执行阶段。程序执行阶段中，排在上面的梯形图，其程序执行结果会对排在下面的凡是用到这些线圈或数据的梯形图起作用；相反，排在下面的梯形图，其被刷新的逻辑线圈的状态或数据只能到下一个扫描周期才能对排在其上面的程序起作用。

3. 输出刷新阶段

当所有程序执行完毕后，即扫描用户程序结束，PLC就进入输出刷新阶段。输出刷新阶段中，PLC 将输出状态寄存器的通断状态送至输出锁存器中，并通过一定的方式（继电器、晶体管或晶闸管）输出，驱动相应输出设备工作。同时，CPU 按照 I/O 映像区内对应的状态和数据刷新所有的输出锁存电路，再经输出电路驱动相应的外设。这时才是 PLC 的真正输出。

可见，PLC 在一个扫描周期内，对输入状态的采样只在输入采样阶段进行。当 PLC 进入程序执行阶段后输入端将被封锁，直到下一个扫描周期的输入采样阶段才对输入状态进行重新采样。

PLC 经过以上 3 个阶段的工作过程，称为一个扫描周期 T。完成一个周期后，又会重新执行上述过程，周而复始地进行扫描。PLC 的工作过程可归纳为串行扫描、不断循环。

PLC 的扫描时间主要取决于程序的长短，一般每秒可扫描数十个周期以上，这对工业设备通常不产生影响，但对控制时间要求较严格，响应要求较快的系统，就要精确计算响应时间，合理安排指令的顺序，以尽可能减少扫描周期造成的延时等不良影响。

PLC 控制系统与继电器-接触器控制系统的重要区别之一就是工作方式的不同。继电器-接触器控制系统按"并行"方式工作，往往在执行中同时有几个电器动作；PLC 控制系统则是按"串行扫描、不断循环"的方式工作，从而避免了继电器-接触器控制系统的触点竞争和时序失配而造成的逻辑控制混乱问题。

8.2.4 PLC 的运行过程

PLC 的整个运行过程可分为 3 个部分。

1. 上电处理

PLC 上电后对 PLC 系统进行一次初始化工作，包括硬件初始化、I/O 模块配置运行方式检查、停电保持范围设定及其他初始化处理等。

8.12 PLC 的运行过程

2. 扫描过程

PLC 上电处理完成以后进入扫描工作过程。首先完成输入处理，其次完成与其他外设的通信处理，再次进行时钟、特殊寄存器更新。当 CPU 处于 STOP 方式时，转入执行自诊断检查。

3. 出错处理

PLC 每扫描一次，就执行一次自诊断检查，以确定 PLC 自身的动作是否正常，如检查出异常时，CPU 面板上的 LED 及异常继电器会接通，并在特殊位存储器中存入出错代码，若出现致命错误时，PLC 会被强制为 STOP 模式而停止扫描。

8.2.5 FX₃U 系列 PLC 的特点

FX$_{3U}$ 系列 PLC 是三菱公司开发的第 3 代小型 PLC 系列产品，是目前该公司小型 PLC 中 CPU 性能最高，可以适用于网络控制的小型 PLC 系列产品。FX$_{3U}$ 系列 PLC 采用了基本单元加扩展单元的形式，基本功能兼容了 FX$_{2N}$ 系列的全部功能。

8.13 FX₃U 系列 PLC 的特点

FX$_{3U}$ 系列 PLC 采用了一款高性能的 CPU，与 FX$_{2N}$ 系列 PLC 相比，运算速度大幅度提高，通信功能进一步增强，主要特点有如下几点。

1. 运算速度提高

FX$_{3U}$ 系列 PLC 的基本逻辑指令的执行时间由 FX$_{2N}$ 系列 PLC 的 0.08μs/条降低到了 0.065μs/条，应用指令的执行时间由 FX$_{2N}$ 系列 PLC 的 1.25μs/条降低到了 0.642μs/条，运算速度提高了近 1 倍。

2. I/O 点数增加

FX$_{3U}$ 系列 PLC 与 FX$_{2N}$ 系列 PLC 一样，采用了基本单元加扩展单元的结构形式，基本单元本身具有固定的 I/O 点，完全兼容了 FX$_{2N}$ 的全部扩展 I/O 模块，主机控制的 I/O 点数为 256 点，通过远程 I/O 连接，FX$_{3U}$ 系列 PLC 的 I/O 点数可达 384 点。

3. 存储器容量扩大

FX$_{3U}$ 系列 PLC 的用户程序存储器 RAM 的容量可达 64KB，并可以采用"闪存（FLASHROM）"卡。

4. 通信功能增强

FX$_{3U}$ 系列 PLC 在 FX$_{2N}$ 系列 PLC 的基础上增加了 RS-422 标准接口与网络连接的通信模块，以适合网络连接的需要。同时，通过转换装置还可以使用 USB 接口。

5. 高速读数功能

内置 100kHz 的 6 个点数的高速计数器及独立 3 轴 100kHz 定位控制功能，可以实现简易位置控制功能。

6. 编程功能增强

FX$_{3U}$ 系列 PLC 的编程元件数量比 FX$_{2N}$ 系列 PLC 大大增加，内部继电器达到 7680 点、状态继电器达到 4096 点，定时器达到 512 点，同时还增加了部分应用指令。

FX$_{3U}$ 系列 PLC 目前还没有自己的 I/O 扩展单元模块，但可以使用 FX$_{2N}$-16EX、FX$_{2N}$-16EX-C（16 点 DC24V 输入）、FX$_{2N}$-16EXL-C（16 点 DC5V 输入）、FX$_{2N}$-16EYT（16 点晶体管输出）这 4 种的 I/O 扩展单元。

8.3 技能训练：三菱 FX$_{3U}$ 系列 PLC 硬件的认识及 I/O 接线

8.3.1 训练要求

1. 查询、下载三菱 FX$_{3U}$ 系列 PLC 的用户手册。
2. 准确识别 FX$_{3U}$ 系列 PLC 的硬件及 I/O 接线端子。
3. 训练 PLC I/O 回路接线的方法和技能。

8.3.2 设备与器材

每组 2 人配 FX$_{3U}$ 系列 PLC 一台，开关、按钮、热继电器、信号灯、中间继电器和接触器各一个，并配备 DC 24V 和 AC 220V 电源，需带熔断器或过电流保护装置。

8.3.3 实训步骤

1. 查询了解 FX$_{3U}$ 系列 PLC 的性能指标。
2. 识别 FX$_{3U}$ 系列 PLC 的硬件：I/O 接口、模式选择开关、扩展端口和通信接口等。

3. 给 PLC 接上 AC 220V 电源。

4. PLC 工作状态指示灯及 I/O 信号指示灯 LED。

5. 将模式选择开关拨到运行位置，RUN 灯亮；将模式选择开关拨到停止位置，STOP 灯亮；将模式选择开关拨到终端位置，通过编程软件控制 PLC 的工作状态。

6. 将开关 QS、按钮 SB 的常开触点和热继电器 FR 的常闭触点分别接到 PLC 的输入端口上，操作其通断，观察输入信号指示灯的显示情况。

7. 在 PLC 的输出端口接上信号灯，并加上 DC 24V 电源。

8. 在 PLC 的输出端口接上继电器 KA 和接触器 KM 的线圈，并加上 AC 220V 电源。

9. 检查 I/O 回路接线的正确性。

10. 总结 PLC I/O 回路接线的原则和方法。

8.3.4　实训评分

1. 分组考核（成绩占 50%）

按照实训过程分步考核，考查项目完成的进度、质量及创新点。

2. 单独考核（成绩占 40%）

按项目考核，考查相关技能是否掌握。

3. 综合素质考核（成绩占 10%）

按实训过程考核，考查安全、卫生、文明操作及团队协作精神。

8.4　练习题

一、填空题

1. PLC 是一种进行_____运算的电子系统，是专为在工业环境下应用而设计的_____控制器，它采用了可以编程序的_____，用于其内部_____程序、执行_____运算、_____控制、定时、计数_____运算等操作指令，并通过_____或_____式的输入和输出，控制各种类型的_____过程。

2. PLC 是以_____、_____的方式工作的。

二、单项选择题

1. 下列被誉为工业自动化的三大支柱的是（　　　）。

  A. 数控、CAD/CAM、机器人 B. 机电一体化、CAD/CAM、机器人

  C. PLC、CAD/CAM、机器人   D. PLC、数控、机器人

2. 三菱 FX$_{3U}$ 型 PLC 是（　　　）。

  A. 小型机   B. 中型机   C. 大型机   D. 超大型机

3. PLC 的工作过程是（　　　）。

  A. 输入采样→输出刷新→程序执行

  B. 输入采样→程序执行→输出刷新

  C. 输出刷新→输入采样→程序执行

  D. 输入采样→故障诊断→输出刷新

4. PLC 的接口模块有（　　）。

    A. 直流输入模块、交流输入模块

    B. 数字量输入模块、数字量输出模块

    C. 模拟量输入模块、模拟量输出模拟

    D. 数字量模块、模拟量模块、智能模块

三、简答题

1. PLC 的发展经历了哪几个阶段？这几个阶段的时间如何划分的？

2. PLC 具有哪些特点？

3. PLC 的应用领域主要包括哪些？

4. 当 PLC 投入运行后，其扫描工作过程分哪几个阶段？完成这几个阶段总称什么？PLC 的 CPU 是如何执行这几个阶段的？

项目九 PLC 的软件认知

 知识 目标

1. 了解工程实际中的手动开关控制。
2. 理解工程实际中用到的各种开关电器的结构特点和动作特点及它们的适用场合。
3. 理解熔断器的短路保护作用并掌握其选用原则。
4. 了解控制对象电动机的主要结构组成及三相定子绕组的两种连接方法。

能力 目标

1. 正确识别和选用开关电器和熔断器。
2. 能够正确识别电动机三相定子绕组的首、尾端。

9.1 项目导入：PLC 的软元件和应用程序实例

PLC 的软件包括系统程序和用户程序两大部分，其中系统程序由 PLC 制造商固化在系统程序存储器中，用于控制 PLC 本身的运行和系统调用；用户程序也称作应用程序，是 PLC 的使用者针对具体控制对象编制的程序，用来控制外部对象的运作。用户程序根据不同控制要求编制不同的程序，相当于改变 PLC 的用途，程序既可以由编程器方便地送入 PLC 内部的存储器中，也能通过编程器方便地读出、检查与修改。

9.1 PLC 应用
程序中的软元件

9.1.1 PLC 的软元件

PLC 的应用程序中内置多个继电器、定时器、计数器等，由于这些继电器、定时器、计数器等不是真实的硬件，而是由 PLC 程序编制出来的，所以统称它们为软元件。

无论哪种软元件，都有无数个常开触点和常闭触点，还具有能被信号驱动的线圈，连接这些触点和线圈，即可构成 PLC 程序。各软元件之间的关系可用图 9.1 表示。

PLC 应用程序中的各种软元件，在程序中只是符号而没有真实的物理实在，所以又称为编程元件。软元件的多少决定了 PLC 的性能和功能强弱。不同厂家、不同系列的 PLC，其软元件的功能和编号也各不相同，因此用户在编制程序之前，必须首先了解所使用 PLC 的软元件，了解这些软元件的功能及地址编号。

箭头表示信号的接收。

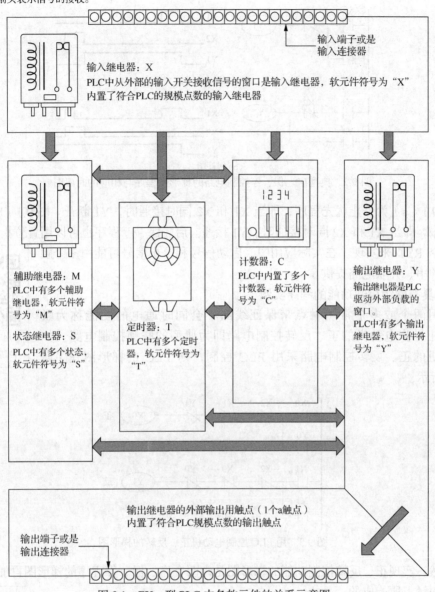

图 9.1　FX$_{3U}$ 型 PLC 中各软元件的关系示意图

9.1.2　PLC 的应用程序实例

PLC 的应用程序往往是一些典型的控制环节和基本单元电路的组合，熟练掌握这些典型环节和基本电路，可以使程序的设计变得简单化。

1．典型启、保、停电路程序实例

利用自身常开触点使线圈持续保持通电状态的功能称为自锁。图 9.2 所示的启动、保持和停止电路（简称启、保、停电路）程序就是典型的具有自锁功能的梯形图，程序中软元件 X1 为启动信号，X2 为停止信号。

9.2　典型启、保、停电路程序

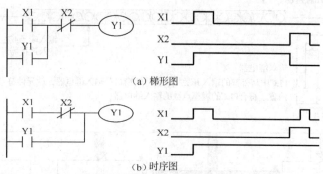

（a）梯形图

（b）时序图

图 9.2　典型启、保、停控制电路的梯形图程序与相应的时序图

图 9.1（a）为停止优先程序，即当 X1 和 X2 同时接通时，Y1 断开。图 9.1（b）为启动优先程序，即当 X1 和 X2 同时接通时，Y1 接通。启、保、停程序也可以用置位指令 SET 和复位指令 RST 来实现。在实际应用中，启动信号和停止信号可能由多个触点组成的串、并联电路提供。

9.3　具有联锁控制功能的程序

2．具有联锁控制功能的程序实例

利用两个或多个常闭触点来保证线圈不会同时通电的功能称为联锁。三相异步电动机的正、反转控制电路即为典型的联锁控制电路。如果电动机的正、反转控制电路采用 PLC 控制，则 PLC 的梯形图程序如图 9.3 所示。

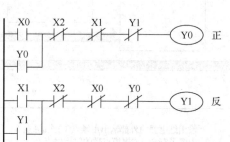

图 9.3　用 PLC 控制电动机正、反转的梯形图

显然，实现正、反转控制功能的梯形图是由两个启、保、停程序的梯形图再加上两者之间的联锁触点所构成的。

9.4　断电延时动作的程序

3．断电延时动作的程序实例

大多数 PLC 的定时器均为接通延时定时器，即定时器线圈通电后开始延时，待定时器设定延时时间到，定时器的常开触点闭合、常闭触点断开。在定时器线圈断电时，定时器的触点立刻复位。PLC 中的定时器没有瞬时动作触点，解决的方法是在程序中可以用辅助继电器的触点代替，即某定时器线圈和一个辅助继电器线圈由同一驱动而同时得电时，辅助继电器的触点就可起到定时器瞬时动作触点的作用。

用同样的处理方法，断电延时动作的定时器也可用辅助继电器来帮助实现。图 9.4 所示为断电延时动作程序的梯形图和时序图。

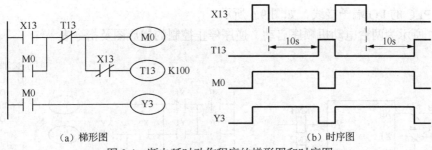

(a) 梯形图　　　　　　　　　　(b) 时序图

图 9.4　断电延时动作程序的梯形图和时序图

由图 9.4 分析可得：当 X13 接通时，M0 线圈接通并自锁，Y3 线圈通电，这时 T13 由于 X13 常闭触点断开而没有接通定时；当 X13 断开时，X13 的常闭触点恢复闭合，T13 线圈得电，开始定时。经过 10s 延时后，T13 常闭触点断开，使 M0 断电，Y3 线圈断电，从而实现从输入信号 X13 断开，经 10s 延时后，输出信号 Y3 才断开延时功能。

4. 定时器与计数器组合的延时程序实例

PLC 的定时器延时时间一般都较短，如 FX$_{3U}$ 型 PLC 中一个 0.1s 定时器的定时范围为 0.1～3276.7s，利用定时器与计数器级联组合可以扩大延时时间，如图 9.5 所示。

在图 9.5 中，T4 形成一个 20s 的自复位定时器，当 X4 接通后，T4 线圈接通并开始延时，20s 后 T4 常闭触点断开，T4 线圈断开并复位，待下一次扫描时，T4 常闭触点才闭合，T4 线圈又重新接通并开始延时。所以当 X4 接通后，T4 每过 20s 其常开触点接通一次，为计数器输入一个脉冲信号，计数器 C4 计数一次。当 C4 计数 100 次时，其常开触点闭合 Y3 线圈得电。可见从 X4 接通到 Y3 动作，延时时间为定时器定时值（20s）

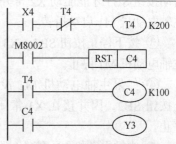

图 9.5　定时器与计数器组合的延时程序

和计数器设定值（100）的乘积（2000s）。图 9.5 中 M8002 为初始化脉冲，在 PLC 开机时使 C4 复位。

5. 电动机的顺序控制程序实例

由 PLC 控制的两台电动机的顺序启动、停止程序。M1 为主轴电动机，M0 为油泵电动机。控制要求：M0 启动后 M1 才能启动；M1 不停止时 M0 不能停止。

（1）设计。首先进行 I/O 端子分配，如表 9-1 所示。

表 9-1　　　　　　　　　　PLC 的 I/O 端子分配

输入信号	输出信号
M0 启动按钮 SB1→X0	（油泵电动机 M0 的通断控制）KM1 的驱动→Y0
M0 停止按钮 SB2→X1	（主轴电动机 M1 的通断控制）KM2 的驱动→Y1
M1 启动按钮 SB3→X2	
M1 停止按钮 SB4→X3	

9.5　定时器与计数器组合的延时程序

9.6　电动机的顺序控制程序

画出 PLC 的 I/O 端子接线，如图 9.6 所示。

图 9.7 所示为两台电动机顺序启动、逆序停止控制的梯形图及指令表。

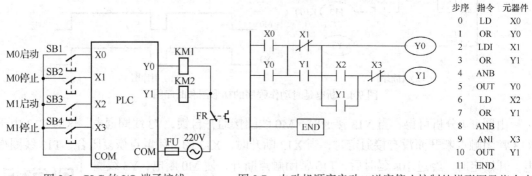

步序	指令	元器件
0	LD	X0
1	OR	Y0
2	LDI	X1
3	OR	Y1
4	ANB	
5	OUT	Y0
6	LD	X2
7	OR	Y1
8	ANB	
9	ANI	X3
10	OUT	Y1
11	END	

图 9.6　PLC 的 I/O 端子接线　　　图 9.7　电动机顺序启动、逆序停止控制的梯形图及指令表

（2）PLC 的控制过程。

① 按下启动按钮 SB1→X0 被驱动常开触点闭合→Y0 得电并自锁→驱动外部设备 KM1 线圈得电，油泵电动机 M0 启动运转。

② 如果在 X0 没有驱动的情况下，X2 显然不能被驱动得电，只有 Y0 得电情况下，按下启动按钮 SB3 才能驱动 X2 常开触点闭合，Y1 得电并自锁→驱动外部设备 KM2 线圈得电，主轴电动机 M1 启动运转。

③ 按下停止按钮 SB4→X3 被驱动常闭触点打开→Y1 失电→外部设备 KM2 线圈失电，主轴电动机 M1 停止。

④ 如果主轴电动机 M1 没有停止，即 Y1 没有失电，按下油泵电动机 M0 的控制停止按钮 SB2，因并接在 X1 常闭触点两端的 Y1 常开仍为闭合状态，油泵电动机 M0 无法停止。

⑤ 主轴电动机 M1 停止的状态下，Y1 常开触点复位打开，此时按下油泵电动机的停止按钮 SB2→X1 被驱动常闭触点打开→Y0 失电→外部设备 KM1 线圈失电，油泵电动机 M0 停止。

6. 按时间原则的顺序控制程序实例

某锅炉的鼓风机和引风机的启动、停止控制要求：鼓风机比引风机晚 12s 启动，停车时引风机比鼓风机晚 15s 停止，试画出控制的时序图，并设计其 PLC 控制系统的梯形图。

9.7　按时间原则的顺序控制程序

（1）设计。首先进行 I/O 端子分配，如表 9-2 所示。

表 9-2　　　　　　　　　　　　　PLC 的 I/O 端子分配

输入信号	输出信号
启动按钮 SB1→X0	引风机的驱动→Y0
停止按钮 SB2→X1	鼓风机的驱动→Y1

其时序图和梯形图如图 9.8 所示。

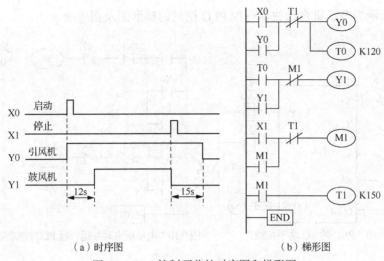

（a）时序图   （b）梯形图

图 9.8　PLC 控制环节的时序图和梯形图

（2）控制过程。

按下启动按钮 SB1，驱动软继电器 X0 常开触点闭合，Y0 得电并自锁，引风机被驱动，同时定时器 T0 线圈得电开始计时，12s 定时时间到，T0 常开触点闭合，Y1 得电并自锁，鼓风机启动运转，实现了鼓风机比引风机晚 12s 启动的顺序控制要求。

按下停止按钮 SB2，驱动 X1 常开触点闭合，辅助继电器 M1 线圈得电并自锁，M1 常闭触点打开，Y1 线圈失电，鼓风机停止；同时 M1 常开触点闭合，定时器 T1 线圈得电开始计时，15s 延时时间一到，T1 常闭触点打开，Y0 线圈失电，Y0 线圈失电，引风机停止，实现了引风机比鼓风机晚 15s 停止的控制要求。

7. 电动机自动往返的 PLC 行程控制程序实例

在某往返行程控制系统中，电动机 M 自动往返行程启动按钮为 SB1，停止按钮为 SB2；左行控制接触器为 KM1，左限位开关为 SQ1；右行控制接触器为 KM2，右限位开关为 SQ2。控制要求：按下启动按钮 SB1，电动机开始自动往返行程工作；启动开始应自左向右运动，撞到右限位开关 SQ2后右行停止，并自动转向左行，左行撞到左限位开关 SQ1 后左行停止，自动转向右行；直到按下停止按钮 SB2，电动机自动往返行程结束。试用 FX₃ᵤ 型 PLC 设计出相应的程序。

9.8　电动机自动
往返行程控制
程序

首先进行 I/O 端子分配，如表 9-3 所示。

表 9-3　　　　　　　　　　PLC 的 I/O 端子分配

输入信号	输出信号
启动按钮 SB1→X0	（左行通断控制）KM1 的驱动→Y0
停止按钮 SB2→X1	（右行通断控制）KM2 的驱动→Y1
左限位开关 SQ1→X2	
右限位开关 SQ2→X3	

画出 PLC 的 I/O 端子接线，如图 9.9 所示。

图 9.10 所示为电动机自动往返行程 PLC 控制的梯形图及指令表。

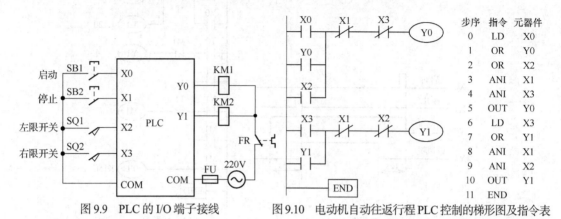

步序	指令	元器件
0	LD	X0
1	OR	Y0
2	OR	X2
3	ANI	X1
4	ANI	X3
5	OUT	Y0
6	LD	X3
7	OR	Y1
8	ANI	X1
9	ANI	X2
10	OUT	Y1
11	END	

图 9.9　PLC 的 I/O 端子接线　　　　图 9.10　电动机自动往返行程 PLC 控制的梯形图及指令表

控制过程读者自行分析。

9.9　FX$_{3U}$ 系列
PLC 的编程语言

9.1.3　FX$_{3U}$ 系列 PLC 的编程语言

FX$_{3U}$ 系列 PLC 支持以下 3 种编程语言。

1. 指令表（IL）编程语言

指令表编程实例如下：

步	指令	软元件编号
0000	LD	X000
0001	OR	Y005
0002	ANI	X002
0003	OUT	Y005
…	…	…

指令表编程语言的特点为：通过 LD、AND、OUT 等指令语言输入指令和软元件编号，并自动显示各条指令的步序，这是 PLC 程序中最基本的输入形态。

2. 梯形图（LAD）编程语言

梯形图编程实例如图 9.11 所示。

图 9.11 是上面指令表编程方式实例中的程序以梯形图编程方式的表现。

梯形图编程方式是一种最受工厂电气工程技术人员欢迎的编程语言。梯形图与继电器-接触器电气控制原理图相似，如图 9.12 所示。

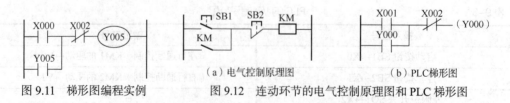

图 9.11　梯形图编程实例　　　图 9.12　连动环节的电气控制原理图和 PLC 梯形图

图 9.12（a）是能实现电动机单向连续运转的电气控制原理图，图 9.12（b）是相应的 PLC 梯形图，两种图形的基本思路一致。

3. 顺序功能图（SFC）编程语言

顺序功能图是可以根据机械的动作流程进行顺控设计的输入方式。SFC 通常用来编制顺序控制类程序。它包括步、动作、转换和转换目标 4 个要素。顺序功能编程法可将一个复杂的控制过程分解为一些小的顺序控制要求，进而连接组合成整体的控制程序。顺序功能图法体现了一种编程思想，在程序的编制中具有很重要的意义。

FX$_{3U}$ 系列 PLC 采用上述 3 种语言编制的程序，都可以保存到 PLC 的程序内存中，在编程软件上可以相互转换后进行显示、编辑。

9.1.4　三菱 GX 全功能编程软件

1. 编程软件的功能

学习任何类型的 PLC，首先都要掌握开发工具的使用，在软件使用中要解决如何编写一个新的用户程序，如何将编制的用户程序传送到 PLC 中，如何调试、修改已存在的用户程序等问题。通过软件可以监控 PLC 的有关元件状态，进行强制操作等。

三菱 GX 全功能编程软件是一个适用于三菱全系列的 PLC 编程软件，可在 Windows 7 及 Windows 2000 下运行。

在 GX 全功能编程软件中，可通过梯形图编程语言、指令表编程语言及顺序功能图编程语言来创建程序，建立注释数据及设置寄存器数据，并且梯形图、指令表和顺序功能图编程语言之间可以相互转换，它们之间的关系可用图 9.13 表示。

图 9.13　程序的互换示意图

GX 全功能编程软件上也可创建顺序控制程序并将其存储为文件，还用打印机打印出来。

2. 编程软件的安装

（1）软件对系统的要求。

① CPU：486SX 以上兼容机。

② 操作系统：Windows3.1（386 增强模式）以上 Windows 9X 及 Windows 2000 操作系统。

③ 内存：8MB 以上 RAM（推荐 16MB 以上）。

④ 外设：键盘，软驱和鼠标，800 像素×600 像素、16 色以上的显示器，可在 Windows 下工作的打印机及 RS-232、COM1 或 COM2 接口。

9.10　GX 全功能编程软件的安装

（2）软件安装。三菱 GX 全功能编程软件分为两个文件，一是 GX Developer8.86，二是 GX Simulator 6c，前者是开发程序，后者是仿真程序，安装完成后共用一个界面，一个程序。

用户下载 GX Developer～Simulator 全功能编程软件后，可按以下 4 个步骤安装。

① 安装 GX Developer 8.86，解压 GX Developer8.86（中文版）\SW8D5C-GPPW-C\EnvMEL\SETUP.EXE 进行软件的环境安装。

② 打开文件路径如下：三菱 PLC 编程软件 GX Developer 8.86（中文版）\SW8D5C-GPPW-C\SETUP.EXE，然后进行安装。

③ GX Simulator 7.0 的安装，解压 GX Simulator 7.0，打开文件路径如下：三菱 PLC 仿真软件 GX Simulator 7.0 英文版\三菱 PLC 仿真软件 GX Simulator 7.0\EnvMEL\SETUP.EXE，

然后进行安装。

④ 打开文件路径如下：三菱 PLC 仿真软件 GX Simulator\setup.exe，然后进行安装。

9.2 相关知识

任何一个电气控制系统都是由输入部分、输出部分和中间逻辑控制部分组成的，无论是继电器-接触器控制系统还是 PLC 控制系统均由这 3 部分组成，如图 9.14 所示。

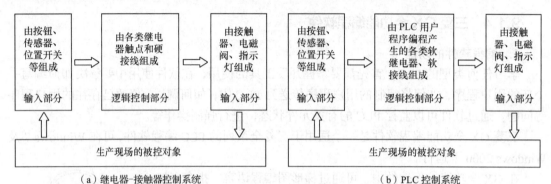

（a）继电器-接触器控制系统　　　　　　　　　　（b）PLC 控制系统

图 9.14　继电器-接触器控制系统和 PLC 控制系统的对照

显然，两种控制系统的输入、输出部分基本相同，区别仅限于其逻辑控制部分。

9.2.1　PLC 控制系统与继电器-接触器控制系统的比较

9.11　PLC 控制系统与继电器-接触器控制系统的比较

PLC 控制系统与继电器-接触器控制系统相比，有许多相似之处，也有许多不同。区别主要表现在以下几个方面。

1. 从控制方法上看

继电器-接触器控制系统控制逻辑采用硬件接线，利用继电器机械触点的串联或并联等组合成控制逻辑，其连线多且复杂、体积大、功耗大，系统构成后，想再改变或增加功能较为困难且继电器的触点数量有限。PLC 控制系统因采用了计算机技术，其控制逻辑是以程序的方式存放在存储器中，要改变控制逻辑只需改变程序，因而很容易改变或增加系统的功能。系统连线少、体积小、功耗小，而且 PLC 中的软继电器实质上是存储器单元的状态，所以软继电器的触点数量是无限的，PLC 系统的灵活性和可扩展性好。

2. 从工作方式上看

继电器-接触器控制系统采用的是并行工作方式。而 PLC 控制系统的用户程序是按一定顺序循环执行，所以各软继电器都处于周期性循环扫描接通中，受同一条件制约的各个继电器的动作次序决定于程序扫描顺序，其工作方式称为串行工作方式。

3. 从控制速度上看

继电器-接触器控制系统依靠机械触点的动作来实现控制，工作频率低，机械触点还会出现抖动问题。而 PLC 控制系统则通过程序指令控制半导体电路来实现控制，速度快，程序指令执行时间在微秒级，且不会出现触点抖动问题。

4. 从定时和计数控制上看

继电器-接触器控制系统采用时间继电器的延时动作进行时间控制，时间继电器的延时时间易受环境温度和温度变化的影响，定时精度不高。而 PLC 控制系统采用半导体集成电路作定时器，时钟脉冲由晶体振荡器产生，精度高，定时范围宽，用户可根据需要在程序中设定定时值，修改方便，不受环境的影响，PLC 还具有计数功能，而电气控制系统一般不具备计数功能。

5. 从可靠性和可维护性上看

由于继电器-接触器控制系统使用了大量的机械触点，存在机械磨损、电弧烧伤等问题，寿命短，系统的连线多，所以可靠性和可维护性较差。而 PLC 控制系统中的大量开关动作是由无触点的半导体电路来完成的，其寿命长、可靠性高，PLC 还具有自诊断功能，能查出自身的故障，随时显示给操作人员，并能动态地监视控制程序的执行情况，为现场调试和维护提供了方便。

9.2.2 FX₃U 型 PLC 的软元件及其使用说明

1. FX₃U 型 PLC 的软元件的特点

PLC 内部的编程元件与工程实际中的物理硬件相比，具有一些相同点和不同点。

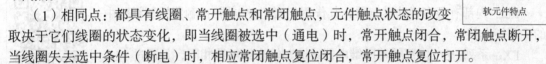

9.12 PLC 的
软元件特点

（1）相同点：都具有线圈、常开触点和常闭触点，元件触点状态的改变取决于它们线圈的状态变化，即当线圈被选中（通电）时，常开触点闭合，常闭触点断开，当线圈失去选中条件（断电）时，相应常闭触点复位闭合，常开触点复位打开。

（2）不同点：编程元件被选中，只是代表这个元器件的存储单元置 1，编程元件失去选中条件只是这个元器件的存储单元置 0，因此编程元件可以无限次地访问，PLC 的编程元件可以有无数多个常开、常闭触点，而物理硬件的触点是有限的。

需要特别指出的是，PLC 中的每个软元件都具有确定的元件编号，即相应的寄存器地址。不同厂家，甚至同一厂家不同型号的 PLC 产品，其软件的数量和种类都存在差异。

2. 输入、输出继电器（X、Y）

FX₃U 型 PLC 的输入继电器 X、输出继电器 Y 的编号是由基本单元持有的固定编号，和针对扩展设备连接顺序分配的编号共同组成。由于这些编号使用八进制数，所以编号中不存在"8""9"的数值。

9.13 输入、输出
继电器（X、Y）

（1）输入继电器 X 的地址编号。PLC 的型号为 FX₃U-16M 时，编号范围为 X000～X007 共 8 个点。

型号为 FX₃U-32M 时，编号范围为 X000～X017 共 16 个点。

型号为 FX₃U-48M 时，编号范围为 X000～X027 共 24 个点。

型号为 FX₃U-64M 时，编号范围为 X000～X037 共 32 个点。

型号为 FX₃U-80M 时，编号范围为 X000～X047 共 40 个点。

扩展时 FX₃U 扩展输入模块的编号范围为 X000～X367 共 248 个点；总计 FX₃U 最大输入点数为 256 点。

（2）输入继电器的功能和作用。输入端子是从 PLC 外部开关接收信号的窗口。输入端子上连接的输入继电器为光耦的电子式继电器，因此具有无数的常开触点和常闭触点，在 PLC

程序中可以随意地使用。

注意： 输入继电器X只能由外部开关信号驱动，不能通过程序来驱动。

（3）输出继电器 Y 的地址编号。

PLC 的型号为 FX₃U-16M 时，编号范围为 Y000～Y007 共 8 个点。

型号为 FX₃U-32M 时，编号范围为 Y000～Y017 共 16 个点。

型号为 FX₃U-48M 时，编号范围为 Y000～Y027 共 24 个点。

型号为 FX₃U-64M 时，编号范围为 Y000～Y037 共 32 个点。

型号为 FX₃U-80M 时，编号范围为 Y000～Y047 共 40 个点。

扩展时 FX₃U 扩展输出模块的编号范围为 Y000～Y367 共 248 个点；总计 FX₃U 最大输出点数为 256 点。

（4）输出继电器的功能和作用。输出端子是 PLC 向外部开关的负载发出信号的窗口。输出继电器的输出端子 Y 只能由程序来驱动，当 Y 为 ON 时，可驱动外部输出设备接触器、晶闸管、晶体管等元器件的触点。PLC 的输出继电器和输入继电器一样具有无数个常开触点和常闭触点，在 PLC 程序中可以随意地使用。另外，输出继电器 Y 还为输出电路提供一个常开触点与输出接线端连接，但驱动外部负载的电源是由用户提供的。

注意： 输出继电器Y只能由内部程序来驱动，只有输出继电器Y可以驱动外部负载。

3. 辅助继电器 M

PLC 内部有很多辅助继电器，其作用相当于继电器-接触器控制线路中的中间继电器。

9.14 辅助继电器 M

FX₃U 系列 PLC 内部的辅助继电器线圈与输出继电器相同，是通过 PLC 中的各种软元件的触点来驱动的。辅助继电器 M 也有无数的电子常开触点和常闭触点，可在 PLC 程序中随意使用。但是，辅助继电器 M 的线圈不能直接驱动外部负载，外部负载必须通过输出继电器进行驱动。

（1）辅助继电器的编号。FX₃U 型 PLC 的辅助继电器共分 4 种类型，其地址编号采用十进制。

① 通用型辅助继电器 M 的地址编号范围为 M0～M499，共 500 个点。

② 具有停电保持功能（根据设定参数可以更改为非停电保持区域）的辅助继电器地址编号范围为 M500～M1023，共 524 个点。

③ 具有停电保持功能（不能通过参数进行更改掉电保持特性）的辅助继电器的地址编号范围为 M1024～M7679，共 6656 个点。

④ 特殊用辅助继电器地址编号范围为 M8000～M8511，共 512 个点。

（2）辅助继电器 M 的功能和用途。

① 通用型辅助继电器：当 PLC 的电源断开后，状态均变为 OFF。

② 停电保持型辅助继电器：在 PLC 停电时，停电之前的状态将被记忆下来。因此，停电后 PLC 再次上电运行时，辅助继电器停电前的状态重新出现，停电保持是软元件通过 PLC 内置的后备电池实现停电保持功能的。

具有停电保持功能的实例如图 9.15 所示。

图 9.15（a）所示是一个常见的生产过程中自动往返行程控制，要求往返动作的平台停电后再次启动时，前进方向与停电前的前进方向相同。图 9.15（b）是它的 PLC 控制程序：当

X000=ON 时，M600 被驱动（工作平台向右运行），遭遇停电时，平台中途停止；PLC 再次上电时，X001 常闭触点闭合，M600 因具有停电保持功能，使平台能够继续向右运行，直到右限位时 M600 为 OFF，平台改为向左运行。

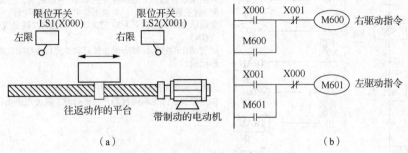

图 9.15　具有停电保持功能的实例

（3）特殊用辅助继电器。

① FX$_{3U}$ 系列 PLC 中，特殊辅助继电器 M8000 为运行监控用。当 PLC 运行时 M8000 自动处于接通状态；当 PLC 停止运行时，M8000 处于断开状态。利用 M8000 的触点经输出继电器在外部显示程序是否运行，可起到 PLC 运行监视的作用，M8000 为常开触点。

② M8001 同样是运行监视继电器，但 M8001 是常闭触点。

③ M8002 是仅在运行开始瞬间接通的初始化脉冲特殊辅助继电器，为常开触点，当 PLC 一开始运行时，M8002 就接通，自行发出一个扫描周期的单窄脉冲信号。M8002 常用作计数器、移位寄存器和保持继电器等的初始化信号。

④ M8003 是常闭触点的初始化脉冲特殊辅助继电器。

在时钟脉冲发生器中，M8010 不可以使用，M8011 作为 10ms 的时钟脉冲用，M8012 作为 100ms 的时钟脉冲用，M8013 作为 1ms 的时钟脉冲用，M8014 则作为 1min 的时钟脉冲用。

特殊辅助继电器每一个编号都有各自的用途，用时可查询相关资料。

4. 状态继电器 S

状态继电器是对工序步进形式的控制进行简易编程所需的重要软元件，需要与步进梯形图指令 STL 组合使用。而且，在使用 SFC 的编程方式中也可以使用状态继电器记录系统运行中的状态，状态继电器的地址编号采用十进制。

9.15 状态继电器 S

（1）状态继电器的类型。状态继电器共有以下 5 种类型。

① 初始状态继电器 S0～S9：地址编号共 10 个点，只能用于顺控程序的开始。

② 通用型状态继电器 S10～S499：地址编号共 490 个点，用于顺序控制程序中。

③ 根据设定的参数，可以更改为非停电保持区域的停电保持型状态继电器地址编号为 S500～S899，共 400 个点。

④ 不能通过参数来改变停电保持特性的停电保持型状态继电器的地址编号为 S1000～S4095，共 3096 个点。

⑤ 信号报警用状态继电器的地址编号为 S900～S999，共 100 个点，用于报警，具有掉电保持功能。

（2）状态继电器 S 的功能和动作。通用型状态继电器的功能和动作可用图 9.16 来说明。

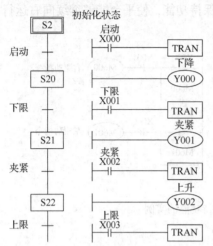

如左图所示的工序步进控制中，启动信号X000为ON后，状态S20被置位（ON），下降用电磁阀Y000工作。其结果是，如果下限限位开关X001为ON的话，状态S21就被置位（ON），夹紧用的电磁阀Y001工作。如确认夹紧的限位开关X002为ON，状态S22就会置位（ON）。

随着动作的转移，状态也会被自动地复位（OFF）成移动前状态。

当PLC的电源断开后，一般用状态都会变成OFF。如果想要从停电前的状态开始运行时，请使用停电保持（保持）用状态。

图 9.16　通用型状态继电器的功能和动作说明

注意： 状态继电器与辅助继电器一样，有无数的常开和常闭触点；状态继电器不与步进顺控指令STL配合使用时，可作为辅助继电器在程序中使用。

停电保持型状态继电器即使PLC在运行过程中断电，也会记住停电之前的ON/OFF状态，并且在再次运行时可从中途的工序重新开始运行。

信号报警用的状态继电器也可用于诊断外部故障的输出使用，例如：制作图 9.17 所示的外部故障诊断回路，对特殊数据寄存器 D8049 的内容进行监控后，会显示出 S900～S999 中动作状态的最小编号；发生多个故障时，消除最小编号的故障后即可知道下一个故障编号。

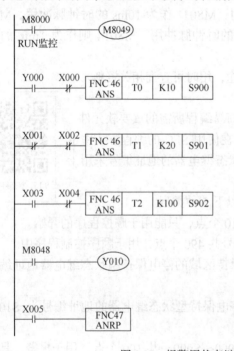

• 驱动特殊辅助继电器M8049后，监控变为有效。

• 驱动前进输出Y000后，如果检测到前进端X000在1s内不动作，则S900动作。

• 如果上限X001和下限X002超过2s以上同时不工作，则S901动作。

• 在节拍时间不到10s的机械中，连续运行模式的输入X003为ON的时候，在机械的1个运行周期中动作开关X004如果不动作，则S902动作。

• S900～S999中任何一个为ON，则特殊辅助继电器M8048动作，故障显示输出Y010动作。

• 可以通过复位按键X005，将因外部故障诊断程序而动作的状态变成OFF。X005每次ON的时候，会从小编号的动作状态开始顺序被复位。

图 9.17　报警用状态继电器用于故障诊断的说明

不驱动特殊继电器 M8048（仅适用于信号报警器）时，停电保持状态不变，可以在顺控程序内使用。在 SFC 编程模式下，状态继电器 S900～S999 不能作为顺序功能图中的工序。

5. 定时器 T

PLC 中的定时器 T 相当于继电器-接触器控制系统中的通电型时间继电器。可以提供无限对常开、常闭延时触点。定时器中有一个设定值寄存器（一个字长），一个当前值寄存器（一个字长）和一个用来存储其输出触点的映像寄存器（一个二进制位）。这 3 个量使用同一地址编号，但使用场合不一样，意义也不同。

9.16 定时器 T

（1）定时器 T 的种类。定时器 T 有通用型（一般用）和积算（累计）型两大种类。

① 通用型定时器。

a. 100ms 定时器 T0～T191：共 192 个地址编号，时间设定为 0.1～3276.7s。

b. 100ms（子程序、中断子程序用）定时器 T192～T199：共 8 个地址编号，时间设定为 0.1～3276.7 s。

c. 10ms 定时器 T200～T245：共 46 个地址编号，时间设定为 0.01～327.67 s。

d. 1ms 定时器 T256～T511：共 256 个地址编号，时间设定为 0.001～32.767 s。

② 积算型定时器。

a. 100ms 积算定时器 T250～T255：共 6 个地址编号，时间设定为 0.1～3276.7 s。

b. 1ms 积算定时器 T246～T249：共 4 个地址编号，时间设定为 0.001～32.767 s。

（2）定时器 T 的功能和动作。通用型定时器的功能及使用说明如图 9.18 所示。

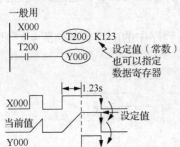

当定时器线圈 T200 的驱动输入 X000 为 ON，T200 用的当前值计数器就对 10ms 的时钟脉冲进行加法运算，如果这个值等于设定值 K123 时，定时器的输出触点动作。

也就是说，输出触点是在驱动线圈后的 1.23s 后动作的。

驱动输入 X000 断开，或是停电时，定时器会被复位并且输出触点也复位。

图 9.18　通用型定时器的功能及使用说明

积算型定时器的功能及使用说明如图 9.19 所示。

当定时器线圈 T250 的驱动输入 X001 为 ON，T250 用的当前值计数器就对 100ms 的时钟脉冲进行加法运算，如果这个值等于设定值 K345 时，定时器的输出触点动作。

在计数过程中，即使出现输入 X001 变 OFF 或停电的情况，当再次运行时也能继续计数。其累计动作时间为 34.5s。

复位输入 X002 为 ON 时，定时器会被复位并且输出触点也复位。

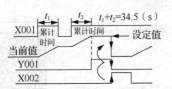

图 9.19　积算型定时器的功能及使用说明

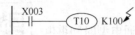
（3）定时器设定值的指定方法说明如图9.20所示。

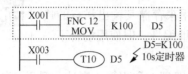

指定常数（K）

T10是以100ms（0.1s）为单位的定时器。
将常数指定为100，则0.1×100=10(s)的定时器工作。

间接指定

间接指定的数据寄存器的内容，或是预先在程序中写入，或是通过数字式开关等输入。
指定停电保持（保持）用寄存器的时候，如果电池电压下降，设定值有可能会变得不稳定，需要注意。

图9.20　定时器设定值的指定方法说明

即定时器的设定值可用常数 K 或数据寄存器 D 中的内容来设置，当计数达到设定值时定时器触点动作。积算定时器具有掉电保持和计数累积的功能，只有将积算定时器复位，当前值才能为 0。

（4）定时器在子程序内的注意事项。

① 在子程序和中断子程序中，需使用 T192~T199 这 8 个点的定时器，这种定时器在执行线圈指令的时候，或是执行 END 指令的时候进行计时：如果达到设定值，则再执行线圈指令，或是执行 END 指令的时候输出触点动作。

由于一般的定时器仅仅在执行线圈指令时进行计时，所以只在某种条件下，才执行线圈指令的子程序和中断子程序，如果使用该定时器计时就不能执行，不能正常动作。

② 在子程序和中断子程序中，如果使用了 1ms 积算型定时器，当它达到设定值后，在最初执行的线圈指令处输出触点会动作，请务必注意。

（5）定时器在程序中的应用实例。定时器在梯形图程序中的应用实例如图9.21所示。

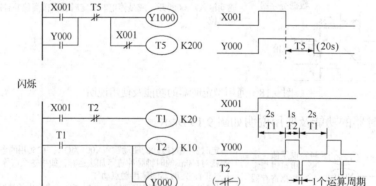

OFF延迟定时器

闪烁

除此以外，使用ALT（FNC 66）指令也可以实现闪烁的动作。

图9.21　定时器在梯形图中的应用实例

此外，使用应用指令 TTMR（FNC 64）编辑定时器设定值时，应根据开关的输入时间来设定定时器的时间。

6. 计数器 C

根据 PLC 的字长，计数器可分为 16 位计数器和 32 位计数器；按计数信号频率的不同分为通用计数器和高速计数器；由于计数器具有加减功能，

9.17　计数器 C

所以又可分为递加或递减计数器。

（1）计数器类型。FX$_{3U}$系列 PLC 的计数器具有 16 位和 32 位的通用型、停电保持型共 4 种类型。

① 通用型增计数器（16 位）地址编号为 C0～C99，共 100 个点，设定值为 1～32767。

② 停电保持通用型计数器（16 位）地址编号为 C100～C199，共 100 个点，设定值为 1～32767。

③ 通用型双向计数器（32 位）地址编号为 C200～C219，共 20 个点，设定值的计数范围是−2147483648～+2147483647。

④ 停电保持通用型双向计数器（32 位）地址编号为 C220～C234，共 15 个点，设定值为−2147483648～+2147483647。

（2）计数器的特征如表 9-4 所示。

表 9-4 计数器的特征

项目	16 位计数器	32 位计数器
计数方向	增计数	增/减计数可切换使用
设定值	1～32767	−2147483648～+2147483647
设定值的指定	常数 K 或是数据寄存器	同左，但是数据寄存器需要成对（2 个）
当前值的变化	计数值到后不变化	计数值到后，仍然变化（环形计数）
输出触点	计数值到后保持动作	增计数时保持，减计数时复位
复位动作	执行 RST 指令时计数器的当前值为 0，输出触点也复位
当前值寄存器	16 位	32 位

（3）32 位计数器的软元件（增/减的指定）。32 位计数器的增/减指定软元件是特殊辅助继电器中的 M8200～M8234（见表 9-5）。

表 9-5 计数器增/减计数切换

计数器号	切换方向	计数器号	切换方向	计数器号	切换方向	计数器号	切换方向
C200	M8200	C209	M8209	C218	M8218	C227	M8227
C201	M8201	C210	M8210	C219	M8219	C228	M8228
C202	M8202	C211	M8211	C220	M8220	C229	M8229
C203	M8203	C212	M8212	C221	M8221	C230	M8230
C204	M8204	C213	M8213	C222	M8222	C231	M8231
C205	M8205	C214	M8214	C223	M8223	C232	M8232
C206	M8206	C215	M8215	C224	M8224	C233	M8233
C207	M8207	C216	M8216	C225	M8225	C234	M8234
C208	M8208	C217	M8217	C226	M8226		

注：增/减计数切换用的辅助继电器如果 ON 时为减计数器，OFF 时为增计数器。

（4）计数器的功能和动作实例。

① 16 位计数器。16 位的二进制增计数器的设定值在十进制常数 K1～K32767 范围内有效，通用型 16 位计数器在 PLC 电源断开时，计数器的数值会被清除，但是停电保持型的计数器，会记住在停电之前的计数值，PLC 重新上电后能够继续记忆的计数值进行累计计数。其功能和动作说明如图 9.22 所示。

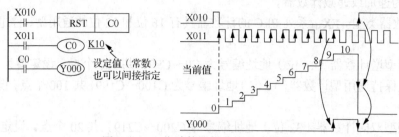

图 9.22　16 位计数器的功能和动作说明

图 9.22 左边梯形图程序中，当 X010 触点闭合时，计数器清零。输入继电器 X011 作为计数器的计数脉冲，每当 X011 常开触点闭合一次，C0 线圈就被驱动一次，计数器的当前值就会加 1，在第 10 次执行线圈指令的时候计数器的常开触点闭合，Y000 线圈得电。

此后，即使计数驱动 X011 常开触点闭合，计数器当前值也不会再变化。

作为计数器的当前值，除了可以通过前述的常数 K 进行设定外，还可以通过数据寄存器 D 编号进行指定。

② 32 位计数器。32 位的二进制增/减计数器可以使用辅助继电器 M8200～M8234 指定增计数或减计数的方向；根据常数 K 或是数据寄存器 D 的内容，设定值可以使用正值或负值；使用数据寄存器的情况下，将编号连续的软元件视为一对，将 32 位数据作为设定值，例如，指定 D0 的情况下，D1/D0 这两个就是 32 位的设定值。32 位计数器的功能和动作说明如图 9.23 所示。

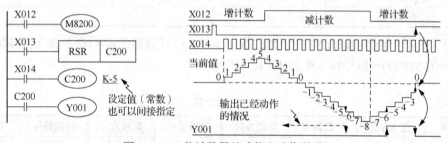

图 9.23　32 位计数器的功能和动作说明

图 9.23 中，左边梯形图的第一梯级，每当 X012 常开触点闭合时，就会驱动 M8200 线圈得电，计数器的计数方向就改变一次；第二梯级中，当 X013 常开触点闭合，计数器 C200 当前值清零；第三梯级 X014 是 C200 的计数脉冲，每当 X014 的常开触点闭合一次，C200 就会加计数 1 或减计数 1，计数器的增计数和减计数由 M8200 控制；第四梯级当计数值到时，C200 常开触点闭合，输出继电器 Y001 的线圈得电被驱动。

32 位计数器可以作为 32 位数据寄存器使用，不能成为 16 位应用指令中的对象软元件。

使用应用指令 DMOV 等，对当前值寄存器写入超过设定值的数据情况下，当有下一个计数输入时，计数器就会继续计数，但触点不会变化。

（5）计数器设定值的指定方法。16 位计数器设定值的指定方法如图 9.24 所示。

32 位计数器设定值的指定方法如图 9.25 所示。

计数器在应用指令中的应用实例及功能说明如图 9.26 所示。

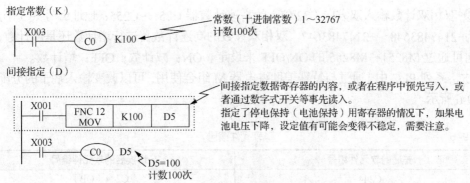

图 9.24　16 位计数器设定值的指定方法说明

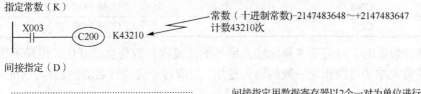

图 9.25　32 位计数器设定值的指定方法说明

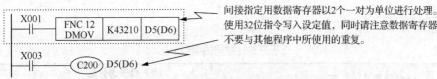

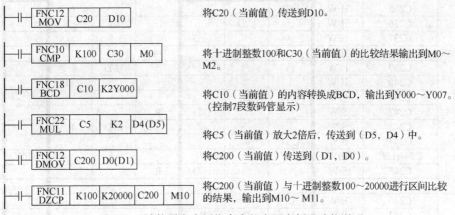

将 C20（当前值）传送到 D10。

将十进制整数 100 和 C30（当前值）的比较结果输出到 M0～M2。

将 C10（当前值）的内容转换成 BCD，输出到 Y000～Y007。（控制 7 段数码管显示）

将 C5（当前值）放大 2 倍后，传送到（D5，D4）中。

将 C200（当前值）传送到（D1，D0）。

将 C200（当前值）与十进制整数 100～20000 进行区间比较的结果，输出到 M10～M11。

图 9.26　计数器在应用指令中的应用实例及功能说明

7．高速计数器

（1）高速计数器的种类。高速计数器分以下 3 种类型。

① 单相单计数（32 位）的高速计数器 C235～C245：地址编号共 11 个点，设定值为-2147483648～+2147483647。单相单计数可通过 M8235～M8245 的 ON/OFF 来指定增计数还是减计数。ON：减计数；OFF：增计数。

② 单相双计数的输入双方向（32 位）高速计数器 C246～C250：地址编号共 5 个点，设定值为-2147483648～+2147483647。单相双计数进行增计数还是减计数，其计数方向可通过 M8246～M8250 的 ON/OFF 来指定增计数还是减计数。ON：减计数；OFF：增计数。

9.18　高速计数器

③ 双相双计数输入双方向（32 位）的高速计数器 C251～C255：地址编号共 5 个点，设定值为−2147483648～+2147483647。双相双计数的高速计数器进行增计数还是减计数，其计数方向可通过 M8251～M8255 的 ON/OFF 来设定。ON：减计数；OFF：增计数。

FX$_{3U}$ 系列 PLC 中，通过与特殊辅助继电器 M 组合使用，可以改变输入端子的分配情况，如表 9-6 所示。

表 9-6　　　　　　　　　　　　　　　　软元件编号

普通的软元件编号	切换后的软元件编号
C244	C244（OP）
C245	C245（OP）
C248	C248（OP）
C253	C253（OP）

使用高速计数器时，对应基本单元输入编号的滤波器常数会自动变化，但是不作为高速计数器使用的输入端子可以作为一般的输入使用。对应各个高速计数器的编号，X000～X007 如表 9-7 进行分配。

表 9-7　　　　　　　　　　　　　　各高速计数器的编号分配

计数器编号	区分	输入端子的分配							
		X000	X001	X002	X003	X004	X005	X006	X007
单相单计数输入 C235	H/W	U/D							
C236	H/W		U/D						
C237	H/W			U/D					
C238	H/W				U/D				
C239	H/W					U/D			
C240	H/W						U/D		
C241	S/W	U/D	R						
C242	S/W			U/D	R				
C243	S/W					U/D	R		
C244	S/W	U/D	R					S	
C244(OP)	H/W							U/D	
C245	S/W			U/D	R				S
C245(OP)	H/W								U/D
单相双计数输入 C246	H/W	U		D					
C247	S/W	U		D	R				
C248	S/W				U	D	R		
C248(OP)	H/W				U	D			
C249	S/W	U		D				S	
C250	S/W				U	D	R		S
双相双计数输入 C251	H/W	A		B					
C252	S/W	A		B	R				
C253	H/W				A	B	R		
C253(OP)	S/W				A	B			
C254	S/W	A		B	R			S	
C255	S/W				A	B	R		S

注：H/W 表示硬件计数器；S/W 表示软件计数器；U 表示增计数输入；D 表示减计数输入；A 表示 A 相输入；B 表示 B 相输入；R 表示外部复位输入；S 为外部启动输入。

表9-7中粗框内表示的是分配给FX_{3U}系列PLC连接的第一台FX_{3U}-4HSX-ADP的输入编号。除此之外的地址，是分配给第2台的输入编号。

（2）高速计数器的使用。

① 单相单计数的输入实例如图9.27所示。

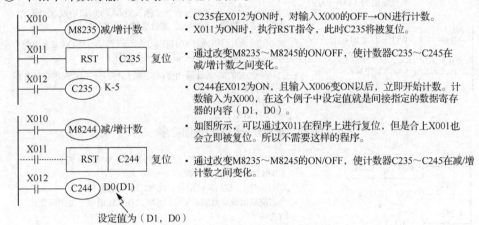

- C235在X012为ON时，对输入X000的OFF→ON进行计数。
- X011为ON时，执行RST指令，此时C235将被复位。
- 通过改变M8235～M8245的ON/OFF，使计数器C235～C245在减/增计数之间变化。
- C244在X012为ON，且输入X006变ON以后，立即开始计数。计数输入为X000，在这个例子中设定值就是间接指定的数据寄存器的内容（D1，D0）。
- 如图所示，可以通过X011在程序上进行复位，但是合上X001也会立即被复位。所以不需要这样的程序。
- 通过改变M8235～M8245的ON/OFF，使计数器C235～C245在减/增计数之间变化。

图 9.27　单相单计数的梯形图程序

图 9.27 中的计数器 C235 的动作如图 9.28 所示。

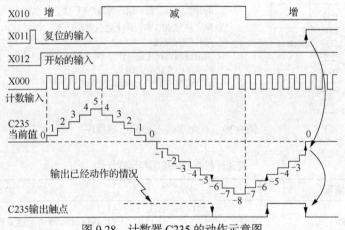

图 9.28　计数器 C235 的动作示意图

根据计数输入 X000，C235 通过中断进行增或减的计数。当前值从 "-6" 增加到 "-5" 的时候输出触点被置位，当前值从 "-5" 减少到 "-6" 时输出触点被复位。

当前值的增减与输出触点动作无关，若从 2147483647 开始增计数，则变成-2147483647，同样，如果从-2147483647 开始减计数，则变成 2147483647，这样的动作称之为环形计数。

② 单相双计数的输入实例如图 9.29 所示。

单相双计数 32 位增/减的二进制计数器，对应于当前值输出触点的动作与上述单相单计数输入的高速计数器相同。

③ 双相双计数的输入实例如图 9.30 所示。

高速计数器中的 C251～C255 的增/减计数状态，可以通过 M8251～M8255 的 ON/OFF 动作进行监控，如表 9-8 所示。

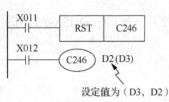

设定值为（D3，D2）

- C246在X012为ON的时候，如果输入X000由OFF→ON的话就为增计数，如果输入X001由OFF→ON时就为减计数。
- C246~C250的减/增计数动作可以通过M8246~M8250的ON/OFF动作进行监控。
  ON：减计数。
  OFF：增计数。

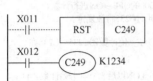

- C249在X012为ON的时候，如果输入X006为ON以后就立即开始计数。增计数输入为X000，减计数输入为X001。
- 如左图所示，可以通过X011在程序上进行复位，但X002合上时就会立即被复位。所以不需要这样的程序。
- C246~C250的减/增计数动作可以通过M8246~M8250的ON/OFF动作进行监控。
  ON：减计数。
  OFF：增计数。

图9.29 单相双计数的梯形图程序

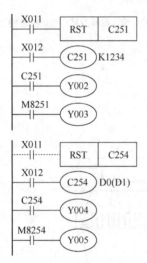

- X012为ON的时候，C251通过中断对输入X000（A相），X001（B相）的动作进行计数。
  X011为ON，执行RST指令，此时C251将被复位。
- 当前值超出设定值的话Y002为ON，在设定值以下范围内变化时为OFF。
- Y003根据计数方向而ON（减），OFF（增）。

- X012为ON的时候，如果X006为ON后就立即开始C254的计数。该计数的输入为X000（A相），X001（B相）。
- 除了使用X011在程序上进行复位以外，X002为ON时也可以立即将C254复位。
- 当前值超出设定值（D1，D0）的时候Y004动作，在设定值以下的范围内变化时为OFF。
- Y005是根据计数方向而ON（减），OFF（增）。

图9.30 双向双输入的梯形图程序

表9-8   高速计数器的功能切换用软元件

软元件编号	名称	内容
M8388	高速计数器的功能变更用触点	高速计数器的功能变更用触点
M8389	功能切换的软元件	外部复位输入的逻辑切换
M8390		C244 用功能切换软元件
M8391		C245 用功能切换软元件
M8392		C248，C253 用功能切换软元件
M8198		C251，C252，C254 用的 1 倍/4 倍的切换软元件
M8199		C253，C255，C253(OP)用的 1 倍/4 倍的切换软元件

硬件计数器/软件计数器的动作状态如表9-9所示。

表 9-9 硬件计数器/软件计数器的动作状态

软元件编号	名称	内容	ON	OFF
M8380[①]	动作状态	C235，C241，C244，C246，C247，C249，C251，C252，C254 的动作状态	软件计数器	硬件计数器
M8381[①]		C236 的动作状态		
M8382[①]		C237，C242，C245 的动作状态		
M8383[①]		C238，C248，C248(OP)，C250，C253，C255 的动作状态		
M8384[①]		C239，C243 的动作状态		
M8385[①]		C240 的动作状态		
M8386[①]		C244(OP) 的动作状态		
M8387[①]		C245(OP) 的动作状态		

注：① 当 PLC 由 STOP 变为 RUN 时会被清除。

表 9-9 中的计数器，其外部复位输入通常在 ON 时实现。可以通过编写表 9-10 中所示的程序，使逻辑反转，也可以改为当输入 OFF 时复位。需要注意的是：当外部复位输入信号的逻辑反转后，C253 会变为软件计数器。

表 9-10 外部复位输入通常在 ON 时实现计数器

计数器编号	外部复位输入信号的逻辑反转	变化的内容
C241~C245 C247~C250 C252~C255	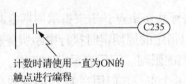	将外部复位输入的逻辑反转，也就是在 OFF 的时候复位（对象的计数器编号所有的逻辑都反转）

注意：高速计数器的线圈驱动用触点，在高速计数时，应使用一直为ON的触点，例如M8000。说明参看图9.31。

例: M8000（RUN监控）

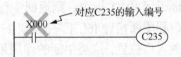

计数时请使用一直为ON的触点进行编程

对应C235的输入编号 X000

指定了计数用输入继电器的编号以后，高速计数器不能正确进行计数。

图 9.31 高速计数器的线圈驱动用触点示例

如果用模拟开头等有触点的设备执行高速计数器的动作时，由于开关的振动，计数器可能会出现计数误差，因此，应选用 M8000 的线圈驱动用触点。

8. 数据寄存器 D

PLC 在进行 I/O 处理、模拟量控制、位置控制时，需要许多数据寄存器存储数据和参数。数据寄存器可存储 16 位二进制数或一个字，两个数据寄存器合并起来可以存放 32 位数据（双字），数据寄存器的最高位为符号位。数据寄存器共有 5 种类型。

9.19 数据寄存器 D

（1）通用型数据寄存器（16 位）D0～D199：地址编号共 200 个点，当 M8033 为 ON 时，D0～D199 有掉电保持功能；当 M8033 为 OFF 时，D0～D199 无掉电保持。

（2）掉电保持通用型数据寄存器（16 位）（可变）D200～D511：地址编号共 312 个点，其中 D490～D509 供通信用。

（3）掉电保持通用型数据寄存器（16 位）（固定）D512～D7999：地址编号共 7488 个点，其中 D1000 以后的数据寄存器以每 500 个点为单位设定为文件寄存器。

（4）特殊用（16 位）数据寄存器 D8000～D8511：地址编号共 512 个点，用来监控 PLC 的运行状态，如扫描时间、电池电压等。未加定义的特殊数据寄存器用户不能使用。

（5）变址用（16 位）数据寄存器 V0～V7，Z0～Z7：地址编号共 16 个点，其作用相当于微机中的变址寄存器，用来改变元件的编号，例如 V0=5，则执行 D20 V0 时，被执行的编号为 D25（D20+5）。变址寄存器可以像其他数据寄存器一样进行读/写，需要进行 32 位操作时，可将 V、Z 串联使用，Z 为低位，V 为高位。

9. 文件寄存器 R

文件寄存器分为两类。

（1）文件寄存器（16 位）R0～R32767：地址编号共 32768 个点，通过电源进行掉电保持。

（2）扩展文件寄存器（16 位）ER0～ER32767：地址编号共 32768 个点，仅在安装存储器盒时使用。

9.20　文件寄存器 R

10. 指针 D

指针用作跳转、中断等程序的入口地址，与跳转、子程序、中断程序等指令一起应用。地址编号采用十进制。按用途可分为分支类指针（P）和中断类指针（I）两种类型，其中中断指针又可分为输入中断、定时中断及计数器中断 3 种。

9.21　分支类指针
P 和中断类指针 I

（1）分支用指针 P0～P4095：地址编号共 4096 个点，分支指令用来指示跳转指令 CJ 的跳转目标或子程序调用指令 CALL 调用子程序的入口地址。

（2）中断指针 I0～I5：地址编号共 6 个点，用来指示某一中断程序的入口位置。执行中断后遇到中断返回 IRET 指令，则返回主程序。

（3）定时器中断指针 I6□□～I8□□：地址编号共 3 个点，用来指示周期定时中断的中断服务程序的入口位置，这类中断的作用是 PLC 以指定的周期定时执行中断服务程序，定时循环处理某些任务，处理的时间不受 PLC 扫描周期的限制。□□表示定时范围。

（4）计数器中断指针 I010～I060：地址编号共 6 个点，它们用在 PLC 内置的高速计数器中。根据高速计数器的计数当前值与计数设定值之间的关系确定是否执行中断服务程序。

11. 变址寄存器[V，Z]

FX$_{3U}$ 系列 PLC 中有变址寄存器。变址寄存器是除了可与数据寄存器的使用方法相同外，还可以通过在应用指令的操作数中组合使用其他的软元件编写和数值，从而在程序中更改软元件的编号和数值内容的特殊寄存器。

9.22　变址寄存器
V 和 Z

（1）变址寄存器的编号。FX$_{3U}$ 系列 PLC 的变址寄存器[V，Z]地址编号为：V0（V）～V7，Z0（Z）～Z7，共 16 个点。编号以十进制数分配，仅仅指定变址寄存器是 V 或是 Z 的时候，分别作为 V0、Z0 处理。

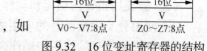

（2）变址寄存器的功能和构造。

① 16 位变址寄存器具有和数据寄存器相同的结构，如图 9.32 所示。

16位
V
V0～V7:8点
16位
V
Z0～Z7:8点

图 9.32　16 位变址寄存器的结构

② 32 位变址寄存器的功能和构造。修饰 32 位的应用指令中的软元件时，或是及时处理超出 16 位范围的数值时必须使用 Z0～Z7。通过图 9.33 可以说明 32 位变址寄存器的功能和结构。

32位
V0（高位）　Z0（低位）
V1（高位）　Z1（低位）
V2（高位）　Z2（低位）
V3（高位）　Z3（低位）
V4（高位）　Z4（低位）
V5（高位）　Z5（低位）
V6（高位）　Z6（低位）
V7（高位）　Z7（低位）
如左图所示的V，Z组合，由于FX可编程控制器将Z侧作为32位寄存器的低位侧动作，所以即使指定了高位侧的V0～V7也不会执行修饰。
此外，作为32位指定时，会同时参考V（高位），Z（低位），因此一旦V（高位）侧中留存有别的用途中的数值时，会变成相当大的数值，从而出现运算错误。
32位变址寄存器的写入实例
FNC 12
DMOV
K300
Z2
K300→（V2，Z2）
即使32位应用指令中使用的变址值没有超出16位数值范围，也应按照左图所示在对Z进行数值的写入时，使用DMOV指令等的32位运算指令，同时改写V（高位），Z（低位）。

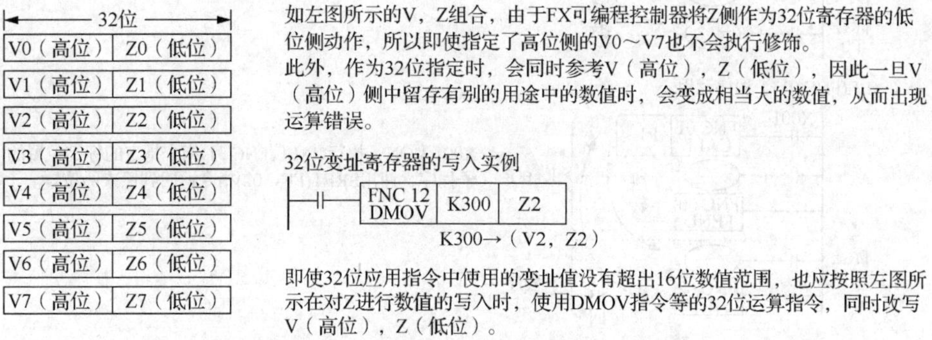

图 9.33　32 位变址寄存器的功能和结构说明

③ 软元件的修饰。十进制数软元件的数值：M、S、T、C、R、K*n*M、K*n*Y、K*n*S、P、K。

例如：V0=K5，执行 D20V0 时，对软元件编号为 D25（D20+5）的执行指令。此外，还可以修饰常数，指定 K30V0 时，被执行指令是作为十进制的数值 K35（30+5）。

八进制数软元件的数值：X、Y、K*n*X、K*n*Y。

例如：Z1=K8，执行 X0Z1 时，对软元件编号为 X10（X0+8：八进制数加法）的执行指令。对软元件编号为八进制数进行变址修饰时，V、Z 的内容也会被换算成八进制数后进行加法运算。因此，假定 Z1=K10，X0Z1 被指定为 X12，请务必注意此时不是 X10。

十六进制的数值：H。

例如：V5=K30，指定常数 H30V5 时，被视为 H4E（30H+K30）。

此外，V5=H30，指定常数 H30V5 时，被视为 H60（30H+30H）。

12. 指针[P]，[I]

（1）指针的编号。指针 P、I 的编号如表 9-11 所示。

表 9-11　　指针 P、I 的编号

系列	分支用	END 跳转用	输入中断 输入延迟中断用	定时器中断用	计数器中断用
FX_{3U} · FX_{3UC} PLC	P0～P62 P64～P4095 4095 点	P63 1 点	I00□(X000)I30□(X003) I10□(X001)I40□(X004) I20□(X002)I50□(X005) 6 点	I6□□ I7□□ I8□□ 3 点	I010　I040 I020　I050 I030　I060 6 点

此外，使用输入中断用指针时，分配给指针的输入编号，不能和使用相同输入范围的高速计数器及脉冲密度[FNC 56]等一起使用。

（2）分支用指针的功能和动作实例。

① 使用分支用指针 P 的应用指令。

② 分支用指针的作用和动作说明如图 9.34 所示。

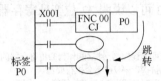

· CJ(FNC 00)条件跳转

X001为ON，跳转到CJ(FNC 00)指令指定的标签位置，执行之后的程序。

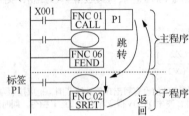

· CALL(FNC 01)子程序调用

X001为ON，执行CALL(FNC 01)指令指定的标签位置的子程序，使用SRET(FNC 02)指令返回到原来的位置。

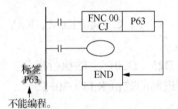

· END跳转用指针P63的作用

P63是表示使用CJ(FNC 00)指令时跳跃到END步的特殊指针。

因此，将P63作为标签编程时，程序会出错，请注意。

图 9.34　使用分支用指针的作用和动作示意图

（3）中断用指针。

① 中断用指针的编号。中断用指针包括应用指令 IRET(FNC 03)中断返回、EI(FNC 04)允许中断、DI(FNC 05)禁止中断 3 种，中断指针应和它们一起使用。

变址寄存器具有和数据寄存器相同的结构，可以在不受 PLC 扫描周期的影响下，接收来自特定的输入编号的输入信号，触发该输入信号，执行中断子程序。由于输入中断可以处理比扫描周期更短的信号，因此可在顺控过程中作为需要优先处理或短时脉冲处理控制时使用。

中断指针共 6 个点，其功能如表 9-12 所示。

表 9–12　　　　　　　　　　　　　中断指针的功能

输入	输入中断用指针		禁止中断标志位	输入信号 ON 脉宽或是 OFF 脉宽
	上升沿中断	下降沿中断		
X000	I001	I000	M8050[①]	
X001	I101	I100	M8051[①]	
X002	I201	I200	M8052[①]	5μs 以上
X003	I301	I300	M8053[①]	
X004	I401	I400	M8054[①]	
X005	I501	I500	M8055[①]	

注：①表示 RUN→STOP 时清除。

② 中断用指针的作用和动作如图 9.35 所示。

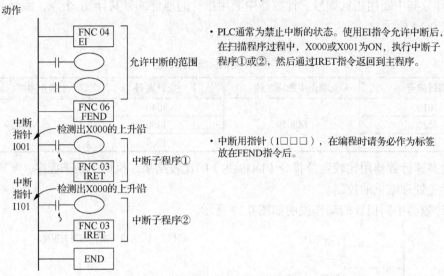

・PLC通常为禁止中断的状态。使用EI指令允许中断后，在扫描程序过程中，X000或X001为ON，执行中断子程序①或②，然后通过IRET指令返回到主程序。

・中断用指针（I□□□），在编程时请务必作为标签放在FEND指令后。

图 9.35　中断用指针的作用和动作示意图

（4）定时器中断用指针。

① 指针编号：I6～I8 共 3 个点，作用如表 9-13 所示。

表 9-13　　　　　　　　　　　　定时器中断用指针的作用

定时器中断用	中断周期/ms
I6□□	在指针名称的□□中，填写 10～99 的整数。例如：I610=每 10ms 的定时器中断
I7□□	
I8□□	

注意：中断时间设定在9ms以下时，有可能出现中断程序处理时间较长或主程序内使用了处理时间较长的应用指令的情况，而不能按照正确的周期处理定时器中断，所以建议在10ms以上使用。

② 定时器中断用指针的动作说明如图 9.36 所示。

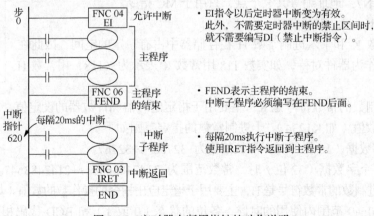

・EI指令以后定时器中断变为有效。此外，不需要定时器中断的禁止区间时，就不需要编写DI（禁止中断指令）。

・FEND表示主程序的结束。中断子程序必须编写在FEND后面。

・每隔20ms执行中断子程序。使用IRET指令返回到主程序。

图 9.36　定时器中断用指针的动作说明

（5）计数器中断用指针。

① 计数器中断用指针编号。计数器中断用指针的地址编号共计 6 个点，编号与相应的功能如表 9-14 所示。

表 9-14　　　　　　　　　　　　计数器中断用指针编号及功能

指针编号	禁止中断标志位	指针编号	禁止中断标志位
I010		I040	
I020	M8059	I050	M 8059
I030		I060	

根据高速计数器用比较置位指令（DGSCS）的比较结果，执行中断子程序，实现对高速计数器优先处理结果的控制。

② 计数器中断指针的动作说明如图 9.37 所示。

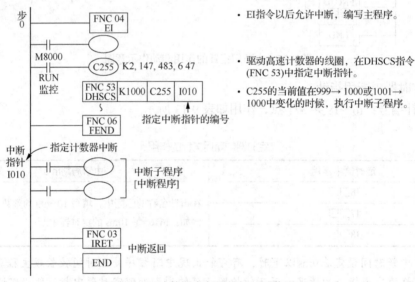

- EI指令以后允许中断，编写主程序。
- 驱动高速计数器的线圈，在DHSCS指令（FNC 53）中指定中断指针。
- C255的当前值在999→1000或1001→1000中变化的时候，执行中断子程序。

图 9.37　计数器中断用指针的动作说明

13. 嵌套 N

嵌套 N0～N7：地址编号共 8 个点，只用于 MC 指令。

14. 常数 K、H、E

十进制常数 K 和十六进制常数 H 在存储器中占有一定的空间，因此在 PLC 编程中也作为器件对待，如实数 118 用常数 K 表示为 K118，用常数 H 表示为 H76。

9.23　嵌套和常数

（1）十进制数的常数符号是 K，主要用于指定定时器和计数器的设定值，或是应用指令的操作数中的数值（如 K1234）。十进制常数的指定范围如下。

① 使用字数据（16 位）时，常数范围为-32768～+32767。

② 使用 2 个字数据（32 位）时，常数范围为-2147483648～+2147483647。

（2）十六进制数的常数符号是 H，主要用于指定应用指令的操作数的数值（如 H1234）。而且，各位数在 0～9 范围内使用的时候，各位的状态（0 或 1）和 BCD 代码相同，因此可以指定 BCD 数据（例如：H1234 以 BCD 指定数据时，请在 0～9 范围内指定十六进制数的各位数）。

十六进制常数的设定范围如下。

① 使用 16 位字数据时：常数范围为 H0～HFFFF。

② 使用 32 位位数据时：常数范围为 H0～HFFFFFFFF。

（3）常数 E：是表示浮点数实数的符号，主要用于指定应用指令的操作数数值（例如 E1.234 或是 E1.234+3）。

实数的指定范围为：$-1.0\times2^{128}\sim-1.0\times2^{-126}$，0，$1.0\times2^{-126}\sim-1.0\times2^{128}$。

普通表示方法：将设定的数值指定，例如 10.2345 就以 E10.2345 指定。

指数指定表示方法：设定的数值以数值乘以 10^n 指定，例如 E1.234+3 中的+3 表示 10 的 3 次方（10^3）。

（4）字符串：包括应用指令的操作数中直接指定字符串的字符串常数和字符串数据。

① 字符串常数：字符串是顺控程序中直接指定字符串的软元件。以框起来的半角字符指定，例如 ABCD1234。字符串中可以使用 JISB 代码。但是，字符串最多可以指定 32 个字符。

② 字符串数据：从指定软元件开始，到 NUL 代码 00H 为止以字节为单位被视为一个字符串。但是在指定位数的位软元件是体现字符串数据时，由于指令为 16 位长度，所以包含指示字符串数据结束的 NUL 代码 00H 的数据也需要是 16 位。

总之，在应用指令的源程序中指定的软元件编号以后，相应软元件范围内未设定 00H 情况，这时会出现扫描出错。

9.2.3 FX$_{3U}$ 系列 PLC 处理的数据及数值转换

FX$_{3U}$ 系列 PLC 的源操作数和目标操作数的指定方法中包括十进制数、十六进制数和实数的常数指定，位软元件的位数指定，特殊功能模块/单元的 BFM（缓冲存储区）的直接指定，并附加了变址寄存器的变址修饰。

1. PLC 处理的数据

FX$_{3U}$ 系列 PLC 处理的数据种类如下。

（1）定时器和计数器的设定值对象为辅助继电器 M、定时器 T、计数器 C、状态继电器 S 等。在应用指令的操作数中的数值指定和指令动作的指定均用十进制常数 K。

（2）十六进制数的应用指令的操作数中的数值指定和指令动作的指定用十六进制常数 H。

（3）二进制数在对定时器、计数器或是数据寄存器的数值指定是按照十进制数和十六进制数执行的。但是在 PLC 的内部则是以二进制数进行处理。

（4）八进制数在 PLC 中，用来对输入、输出继电器的软元件编号进行分配。

（5）BCD 码是将构成十进制数的各位上 0～9 的数值以 4 位的 BIN 进行表现的形式，适用于 BCD 输出型的数字式开关和 7 段码显示器等的控制。

（6）实数（浮点数）。FX$_{3U}$ 系列 PLC 中，具有能够执行高精度运算的浮点数运算功能。其中，采用二进制浮点数（实数）进行浮点运算，采用十进制浮点数（实数）进行监控。

2. 数值的转换

FX 系列 PLC 中处理的数值，可以按照表 9-15 的内容进行转换。

表9-15　　　　　　　　　　　　　　　　数值的转换

软元件		指令						
		LD，LDI，AND，ANI，OR，ORI	OUT	SET	RST	PLS，PLF	LDP，LDF ANDP，ANDF ORP，ORF	MC
位软元件	X000-X357	1	—	—	—	—	2	—
	Y000-Y357	1	1	1	1	2	2	3
	M0-M1535	1	1	1	1	2	2	3
	M1536-M3583	2	2	2	2	2	2	3
	M3548-M7679	3	3	3	3	3	3	4
	S0-S1023	1	2	2	2		2	—
	S1024-S4095	2	2	2	2		2	—
	T0-T191，T200-T245	1	3	—	2		2	
	T192-T199，T246-T511	1	3	—	2		2	
	C0-C199	1	3	—	2		2	
	C200-C255	1	5	—	2		2	
	特殊辅助继电器 M8000-M8255	1	2	2	2		2	
	特殊辅助继电器 M8256-M8511	2	2	2	2		2	
带变址的位软元件	X000-X357	3	—	—	—	—	—	—
	Y000-Y357	3	3	3	3	3	—	—
	M0-M7679	3	3	3	3	3	—	—
	T0-T511	3	4	—	—	—	—	—
	S0-S4095	—	—	—	—	—	—	—
	C0-C199	3	4	—	3	—	—	—
	C200-C255	—	—	—	—	—	—	—
	特殊辅助继电器 M8000-M8511	3	3	3	3	—	—	—
字软元件	D0-D7999，特殊数据寄存器 D8000-D8511	—	—	—	3	—	—	—
	R0-R32767	—	—	—	—	—	—	—
带变址的字软元件	D0-D7999，特殊数据寄存器 D8000-D8511，R0-R32767	—	—	—	—	—	—	—
字软元件的位指定	D□.b，特殊辅助继电器 D□.b	3	3	3	3	—	3	—

9.2.4　PLC 的编程规则

梯形图是使用得最多的图形编程语言，被称为 PLC 的第一编程语言。在梯形图的编程中，会用到以下 4 个基本概念。

1. 编程中用到的基本概念

（1）软继电器。PLC 梯形图中的某些编程元器件沿用了继电器这一名称，如输入继电器、输出继电器、内部辅助继电器等，但是 PLC 内部的这些继电器并不是真实的物理继电器，而是 PLC 内部存储器的一些存储单元，我们称之为软继电器。

（2）能流。图 9.38 中的触点 1、2 接通时，有一个假想的"概念电流"从左向右流动，我们把这个概念电流称为能流。能流流动的方向与执行用户程序时逻辑运算的顺序一致，即能流只能从左向右流动。

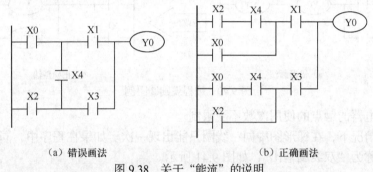

（a）错误画法　　　　　　　（b）正确画法

图 9.38　关于"能流"的说明

"能流"的概念可以帮助我们更好地理解和分析梯形图。图 9.38（a）中可能有两个方向的能流流过 X4 常开触点（经过触点 X0、X4、X3 至 Y0 或经过触点 X2、X4、X1 至 Y0），显然违背了能流只能从左向右流动的原则，为此图 9.38（a）的画法是错误的，应改为图 9.38（b）所示正确的梯形图形式。

（3）母线。梯形图两侧的垂直公共线称为母线。在分析梯形图的逻辑关系时，为了借用继电器电路图的分析方法，可以想象左、右两侧母线（左母线和右母线）是直流电源的正、负极，当左、右母线之间的梯级上所有触点都接通时，就会有一个能流从左母线经过梯级流动到右母线（实际操作时，右母线常常省略不画），该梯级上的软继电器线圈被驱动；如果左、右母线间的梯级上有触点断开构不成通路时，则该梯级中没有能流通过，该梯级上的线圈无法驱动。

（4）梯形图的逻辑解算。根据梯形图中各触点的状态和逻辑关系，求出与图中各线圈对应编程元器件的状态，称为梯形图的逻辑解算。梯形图中逻辑解算规定按从左至右、从上到下的顺序进行。梯形图每一梯级的解算结果马上可以被后面的梯级中的逻辑解算所利用。逻辑解算是根据输入映像寄存器中的值，而不是根据解算瞬时外部输入触点的状态来进行的。

2. FX 系列 PLC 梯形图的编程规则

尽管梯形图与继电器-接触器控制系统的电路图在结构形式、元器件符号及逻辑控制功能等方面相似，但它们又有许多不同之处，梯形图具有自己的编程规则。

（1）每一逻辑行总是起于左母线，然后是触点的连接，最后终止于线圈或右母线。注意，左母线与线圈之间一定要有触点，而线圈与右母线之间则不能有任何触点，如图9.39所示。

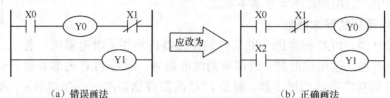

（a）错误画法 （b）正确画法

图9.39 编程规则①图例

（2）梯形图中的触点可以任意串联或并联，但继电器线圈只能并联、不能串联，如图9.40所示。

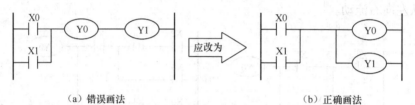

（a）错误画法 （b）正确画法

图9.40 编程规则②图例

（3）软继电器的触点的使用次数不受限制。

（4）一般情况下，在梯形图中同一线圈只能出现一次。如果在程序中，同一线圈使用了两次或多次，称为"双线圈输出"，如图9.41所示。

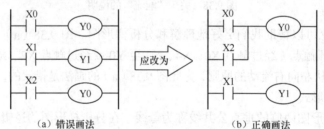

（a）错误画法 （b）正确画法

图9.41 编程规则④图例

对于"双线圈输出"，有些PLC将其视为语法错误，绝对不允许；有些PLC则将前面的输出视为无效，只有最后一次输出有效。

（5）有几个串联电路相并联时，应将串联触点多的回路放在上方，如图9.42（a）所示。在有几个并联电路相串联时，应将并联触点多的回路放在左方，如图9.42（b）所示。这样所编制的程序简洁明了。

（6）对于并联线圈电路，从分支点到线圈之间无触点的，线圈应放在上方。例如图9.43（b）和图9.43（a）相比，就省MPS和MPP两条指令，节省指令实际上就是节省了存储空间并缩短了运算周期。

（7）如果电路的结构比较复杂，用ANB或者ORB等指令难以解决，可重复使用一些触点画出它们的等效电路，然后再进行编程就比较容易了，如图9.44所示。

另外，在设计梯形图时输入继电器的触点状态最好按输入设备全部为常开更为合适，且不易出错。建议用户尽可能用输入设备的常开触点与PLC输入端连接，如果某些信号只能用常闭输入，可先按输入设备为常开来设计，然后将梯形图中对应的输入继电器触点取反：即常开改成常闭、常闭改成常开。

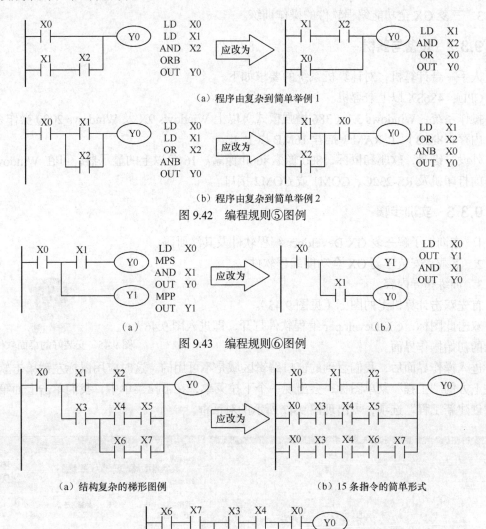

（a）程序由复杂到简单举例 1

（b）程序由复杂到简单举例 2

图 9.42 编程规则⑤图例

（a）　　　　　（b）

图 9.43 编程规则⑥图例

（a）结构复杂的梯形图例　　　　（b）15 条指令的简单形式

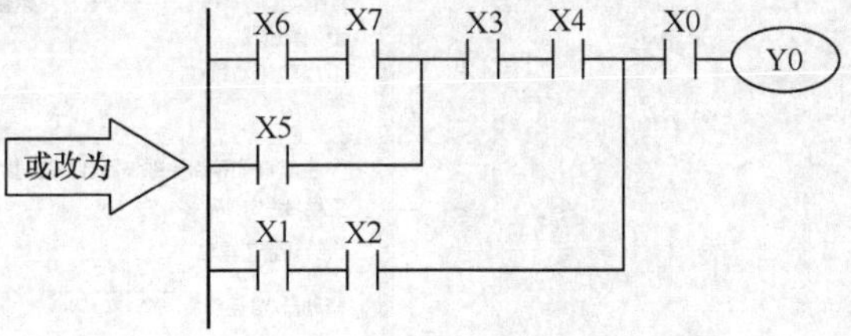

（c）10 条指令的简单形式

图 9.44 编程规则⑦图例

9.3 技能训练：三菱 GX 全功能编程软件的安装与使用

9.3.1 训练要求

1. 查询、下载三菱 GX Developer～Simulator 全功能编程软件。

2. 按应用项目中所说的 4 步安装法在计算机上安装 GX Developer～Simulator 全功能软件。

3. 三菱 GX 全功能编程软件的操作训练。

9.3.2　设备与器材

人手一台计算机，对计算机系统的要求如下。

CPU：486SX 以上兼容机。

操作系统：Windows 3.1（386 增强模式）以上 Windows 9X 及 Windows 2000 操作系统。

内存：8MB 以上 RAM（推荐 16MB 以上）。

外设：键盘，软驱和鼠标，800 像素×600 像素、16 色以上的显示器，可在 Windows 下工作的打印机及 RS-232C、COM1 或 COM2 接口。

9.3.3　实训步骤

1. 查询、了解三菱 GX Developer 编程软件及其注册码。

2. 下载和安装三菱 GX 全功能编程软件。

3. 训练指导内容。

首先双击计算机上的图标（见图 9.45）。

双击此图标，GX Developer 编程软件打开，即进入图 9.46 所示的初始操作界面。

图 9.45　安装好的桌面软件图标

进入操作界面后，我们看到的窗口编辑区域是不可用的。这时应用鼠标左键单击软件界面左上方的"工程"菜单图标，会出现一个下拉菜单，在下拉菜单中，我们单击上面第一行的"创建新工程"选项，可出现图 9.47 所示的对话框。

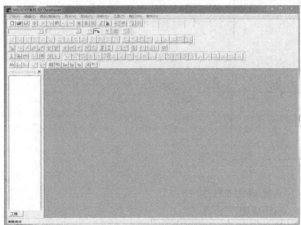

图 9.46　初始操作界面

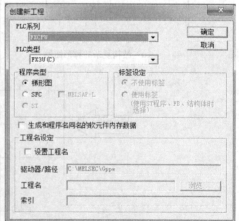

图 9.47　"创建新工程"对话框

在图 9.47 所示的对话框中，"PLC 系列"一栏选择"FXCPU"，"PLC 类型"根据自己所用的 FX 中的系列进行选择，如果用的是 FX_{3U} 系列 PLC，那么就选择 $FX_{3U（C）}$；如果用的是 FX_{2N} 系列，就选择 $FX_{2N}/FX_{2N（C）}$。之后单击"确定"按钮，GX Developer 编程软件的可操作界面就会出现，如图 9.48 所示。

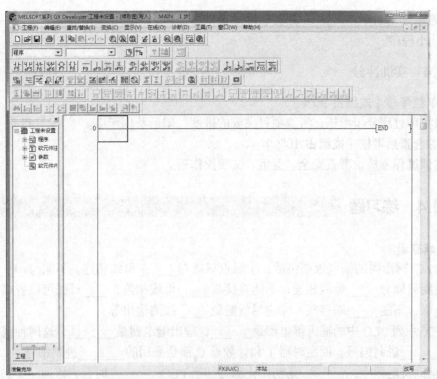

图 9.48　GX Developer 编程软件的可操作界面

GX Developer 编程软件的操作界面上的内容包括：显示执行各功能的菜单栏，显示执行各功能的工具按钮，进行编程、参数设置、监视等主要画面的工作窗口、折叠窗口，显示编辑中的工程相关信息的状态栏、导航栏、程序编辑区等。

GX Developer 编程软件的操作界面上的菜单栏包括如下菜单项。

（1）"工程"菜单项可创建新工程，打开、关闭、保存、删除工程，复印或打印工程等。

（2）"编辑"菜单项提供图形程序（或指令）编辑的工具，如复制、粘贴、行（列）插入、行（列）删除、画线写入、画线删除，以及读入模式和写入模式等。

（3）"查找/替换"菜单项主要用于软元件搜索、指令搜索、软元件替换、指令替换等。

（4）"变换"菜单项只在梯形图编程方式可见。当梯形图程序编制完毕，需要转换为指令语句让系统更好地识别，之后再对程序进行存储、传送等。

（5）"显示"菜单项中有注释显示、声明显示、注释显示形式、工具条和状态条等。

（6）"在线"菜单项主要用于实现计算机与 PLC 之间的程序传送、监视、调试及检测等。

（7）"诊断"菜单项主要用于 PLC 诊断、网络诊断及 CC-link 诊断等，当程序编制完毕，用此菜单项功能可检测程序中是否有错。

（8）"工具"菜单项主要用于程序检查、数据合并、参数检查、梯形图测试启动、显示色改变等。

（9）"窗口"菜单项主要用于多个操作窗口的排列显示方式。

（10）"帮助"菜单项主要用于查阅各种出错代码、特殊辅助继电器等。

自此，我们就可以在该操作界面上进行程序的编制了。GX Developer 编程软件的其余功能，需在计算机上实际操作练习，或在辅导教师的指导下认真独立操作方能掌握。

4. 熟悉三菱 GX Developer 编程软件的操作界面后，练习在操作界面下输入一些本项目中的 PLC 小程序。

9.3.4　实训评分

1.　单独考核（成绩占 90%）

按照实训过程分步考核，考查项目完成的进度、质量及创新点。

2.　综合素质考核（成绩占 10%）

按实训过程考核，考查安全、卫生、文明操作等。

9.4　练习题

一、填空题

1. PLC 梯形图的编程规则包括：①触点只能与_____母线相连，不能与_____母线相连；②线圈只能与_____母线相连，不能直接与_____母线相连，_____母线可以省略；③线圈可以____联，不能_____联连接；④应尽量避免_____线圈输出等。

2. FX 系列 PLC 中的输入继电器是_____，输出继电器是_____，这两种继电器都是采用的_____进制编号。而定时器 T 和计数器 C 都是采用的_____进制编号。

3. 辅助继电器中，_____是初始化脉冲，当 PLC_____时，它接通一个扫描周期；当 PLC 处于 RUN 状态时，M8000 辅助继电器一直为_____。

4. PLC 的位元件包括_____继电器 X、_____继电器 Y、_____继电器 M 和_____继电器 S，共计 4 种。

二、判断题

1. PLC 内部的输入继电器 X 是编程软元件，因此可以用程序驱动。　　　（　　　）

2. 三菱 FX_{3U} 系列 PLC 支持结构文本程序语言的编程方法。　　　（　　　）

3. 输出继电器 Y 不但可以并联，实际程序中也可以采用串联方式。　　　（　　　）

4. PLC 的软件指的就是 PLC 的编程元件。　　　（　　　）

5. 输入继电器 X 的线圈能与右母线相连，但不能与左母线相连。　　　（　　　）

6. 在 PLC 的编程过程中，允许其输出继电器采用双线圈输出。　　　（　　　）

7. PLC 内部的软继电器都是编程软元件，因此均可用程序来驱动。　　　（　　　）

8. PLC 的 I/O 地址编号可以任意设定。　　　（　　　）

三、单项选择题

1. FX 系列 PLC 的软继电器，地址编号采用八进制的是（　　　）。

　　A. 输入继电器 X　　　　　　　　　　B. 辅助继电器 M

　　C. 定时器 T　　　　　　　　　　　　D. 计数器 C

2. FX_{3U}-64M 可编程控制器的 I/O 总点数是（　　　）。

　　A. 24 点　　　　B. 64 点　　　　C. 12 点　　　　D. 32 点

3. PLC 程序中最直观、最受用户喜爱的编程语言是（　　　）。

　　A. C 语言　　　　B. 结构文本　　　　C. 梯形图　　　　D. 语句表

4. FX 系列 PLC 中唯一能驱动外部负载的软元件是（ 　　 ）。

    A. 输入继电器 X   B. 输出继电器 Y

    C. 辅助继电器 M   D. 定时器 T

5. FX_{3U} 系列 PLC 支持的 3 种编程语言是（ 　　 ）。

    A. 梯形图、指令表、SFC   B. 梯形图、指令表、结构文本

    C. 梯形图、结构文本、SFC   D. 梯形图、指令表、功能块图

6. FX 系列 PLC 中，T121 的设定值为 K30，则动作延迟时间为（ 　　 ）。

    A. 30s   B. 300s   C. 3s   D. 0.3s

四、简答题

1. 继电器–接触器控制系统中的硬件继电器与 PLC 控制系统中的软继电器的主要区别是什么？

2. PLC 的软件系统由哪些部分组成？各部分作用是什么？

模块四

PLC 控制技术的应用

    PLC 发展至今，其控制领域越来越广泛，从机械制造自动化、电力系统自动化、水处理自动化、楼宇自动化、汽车自动化生产线、码头自动化、机场自动化，到电梯控制、食品工业、娱乐业、健康和医疗、农业/渔业、交通控制，已渗入社会的方方面面，成为控制领域中的主要电气装置。

项目十 | 基本环节的 PLC 控制技术

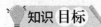 知识 目标

1. 通过 PLC 的程序实例, 理解 PLC 对电气控制中的基本环节进行程序设计的方法和步骤。
2. 了解 FX$_{3U}$ 系列 PLC 的基本指令, 理解基本指令的功能及使用方法。
3. 了解 PLC 的编程方法, 重点掌握 FX$_{3U}$ 系列 PLC 的经验设计法。

能力 目标

1. 具有初步的 GX 全功能编程软件的正确使用能力及对程序进行仿真的能力。
2. 具有初步运用 PLC 的编程方法进行简单程序的编程能力及调试能力。

10.1 项目导入: PLC 的基本指令及其程序实例

1. FX$_{3U}$ 系列 PLC 的基本指令 (29 条)
(1) 逻辑取指令 LD、LDI, 线圈驱动指令 OUT;
(2) 触点串联指令 AND、ANI, 触点并联指令 OR、ORI;
(3) 检测上升沿的触点指令 LDP、ANDP、ORP;
(4) 检测下降沿的触点指令 LDF、ANDF、ORF;
(5) 块或指令 ORB, 块与指令 ANB;
(6) 堆栈指令 MPS、MRD、MPP;
(7) 主控指令 MC、MCR;
(8) 逻辑取反指令 INV;
(9) 运算结果上升沿和下降沿脉冲化指令 MEP、MEF;
(10) 上升沿、下降沿微分指令 PLS、PLF;
(11) 置位指令 SET, 复位指令 RST;
(12) 空操作指令 NOP, 程序结束指令 END。

电气控制系统的基本环节较为简单, 可直接用 PLC 的基本指令进行编程。如何根据用户要求设计出符合要求的程序, 是 PLC 程序设计人员所要解决的问题。PLC 程序设计是指根据

被控对象的控制要求和现场，对照 PLC 的软元件画出梯形图，进而写出指令表程序的过程。

2．程序实例：红、黄、白、绿 4 盏 12V 彩灯循环点亮的 PLC 控制程序

控制要求：按下启动按钮 SB1，红灯、黄灯首先点亮；3s 后白灯相继点亮，同时红灯熄灭；再过 3s 绿灯点亮，同时黄灯熄灭；再过 3s 红灯点亮，同时白灯熄灭；再过 3s 黄灯点亮，同时绿灯熄灭，如此循环下去，直到按下停止按钮 SB2，彩灯全部熄灭。

10.1 PLC 基本环节的程序设计

因彩灯均按时间原则顺序点亮或熄灭，因此可用时间继电器控制，外部输入只用启动和停止两个按钮即可。I/O 分配如表 10-1 所示。

表 10–1　　　　　　　　　　　　I/O 分配

输入信号	输出信号
启动按钮 SB1→X20	红灯的驱动→Y20
停止按钮 SB2→X21	黄灯的驱动→Y21
	白灯的驱动→Y22
	绿灯的驱动→Y23

画出 PLC 的 I/O 端子接线示意图，如图 10.1 所示。

根据控制要求编制出的梯形图程序如图 10.2 所示。

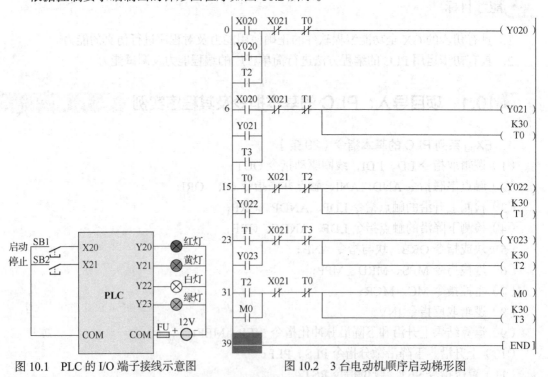

图 10.1　PLC 的 I/O 端子接线示意图　　　　图 10.2　3 台电动机顺序启动梯形图

 10.2　相关知识

若要根据系统控制要求合理、有序地编程，首先须了解编程方法和熟悉 FX$_{3U}$ 系列 PLC

的 29 条基本指令的功能和用途，掌握它们的编程规则。

10.2 编程方法

10.2.1 编程方法

PLC 编程方法有多种，常用的有经验法、转换法、逻辑法及步进顺控法等。我们以经验法为例介绍 PLC 的编程方法。

经验法是设计者在掌握了大量典型程序的基础上，充分理解实际控制要求，将实际的控制问题分解成若干典型控制程序，再在典型控制程序的基础上不断修改拼凑而成的。程序需要经过多次反复的调试、修改和完善，最后才能得到一个较为满意的结果。用经验法编程时，可以参考一些基本电路的梯形图或以往的一些编程经验。

用经验法编制程序虽然没有普遍的规律，但通常可按以下步骤进行。

（1）在准确了解控制要求后，合理地为控制系统中的信号分配 I/O 接口，并画出 I/O 分配图。

（2）对于一些控制要求比较简单的输出信号，可直接写出它们的控制条件，然后依据启、保、停程序完成相应输出信号的编程；对于控制条件较复杂的输出信号，可借助辅助继电器编程。

（3）对于较复杂的控制，要正确分析控制要求，确定各输出信号的关键控制点。在以时间为主的控制中，关键点是引起输出信号状态改变的时间点（即时间原则）；在以空间位置为主的控制中，关键点是引起输出信号状态改变的位置点（即空间原则）。

（4）确定了关键点后，用启、保、停程序的编程方法或常用基本电路的梯形图，画出各输出信号的梯形图。

（5）在完成关键点梯形图的基础上，针对系统的控制要求，画出其他输出信号的梯形图。

（6）检查所设计的梯形图，更正错误，补充遗漏的功能，最后对整个程序进行优化。

10.3 取指令、与指令、或指令和线圈驱动指令

10.2.2 FX₃ᵤ 系列 PLC 基本指令及使用说明

1. 逻辑取指令、线圈驱动指令的使用说明

（1）取指令 LD：用于电路开始的常开触点，适用对象有 X、Y、M、T、C 及 S。LD 指令通常表示将一个常开触点与梯形图中的左母线相连，如图 10.3 所示。

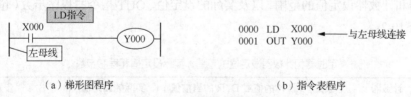

（a）梯形图程序   （b）指令表程序

图 10.3 LD 指令的使用说明

（2）取反指令 LDI：用于电路开始的常闭触点，同样适用于 X、Y、M、T、C 及 S。LDI 指令通常表明将一个常闭触点与梯形图中的左母线相连，如图 10.4 所示。

（3）线圈驱动指令 OUT：适用于 Y、M、T、C 及 S。线圈驱动指令不能用于 X。OUT 指令应放在梯形图的最右边，与梯形图中的右母线相连，如图 10.5 所示。

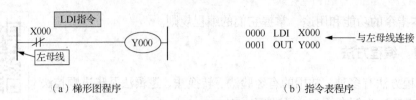

（a）梯形图程序　　　　　　　　　　（b）指令表程序

图 10.4　LDI 指令的使用说明

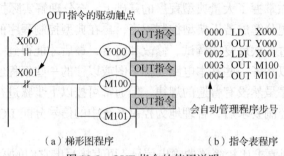

（a）梯形图程序　　　　　　（b）指令表程序

图 10.5　OUT 指令的使用说明

使用定时器和计数器时，在针对定时器的计时线圈和计数器的计数线圈的 OUT 指令后需要加上设定值。设定值可以使用十进制常数 K 直接指定，也可以用数据寄存器 D 或文件寄存器 R 间接指定。以十进制数设定定时器、计数器的直接指定说明如图 10.6 所示。间接指定说明如图 10.7 所示。

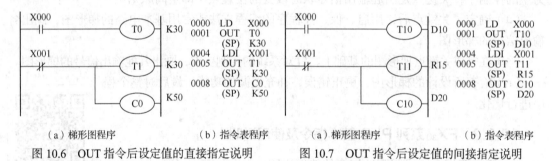

（a）梯形图程序　　　　（b）指令表程序　　　　（a）梯形图程序　　　　（b）指令表程序

图 10.6　OUT 指令后设定值的直接指定说明　　　图 10.7　OUT 指令后设定值的间接指定说明

间接指定时，数据寄存器 D 和文件寄存器 R 的当前值即为定时器的设定值。在驱动定时器或计数器之前，需要事先通过 MOV 指令或 DSW 指令、人机界面等将设定值写入作为设定值使用的数据寄存器 D 和文件寄存器 R 中。

定时器和计数器设定值的范围，以及实际的设定值、OUT 指令的程序步数（包含设定值）都应参照表 10-2。

表 10-2　　　　　　　　　　定时器和计数器设定值的范围，实际设定值和程序步数

定时器，计数器	设定范围（K 的值或 D,R 的当前值）	实际的设定值	步数
1ms 定时器	1～32767	0.01～32.767s	3
10ms 定时器	1～32767	0.01～327.67s	3
100ms 定时器		0.1～3276.7s	
16 位计数器	1～32767	同左	3
32 位计数器	−2147483648～+2147483647	同左	5

梯形图中软继电器的线圈只能与右母线相连，线圈后不能再出现触点。但在实际梯形图的编程过程中，往往可以像图 9.16 那样，把右母线省略不画。

2. 触点串联指令及其使用说明

（1）与指令 AND：用于在梯形图电路中某分支上串联一个常开触点的指令，串联触点的数量不限，其目标元器件包括 X、Y、M、T、S、C。指令使用说明如图 10.8 所示。

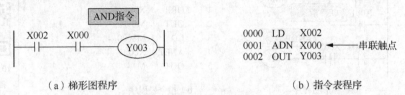

（a）梯形图程序   （b）指令表程序

图 10.8 AND 指令的使用说明

（2）与非指令 ANI：用于在梯形图电路中某分支上串联一个常闭触点的指令，串联触点的数量不限，其目标元器件包括 X、Y、M、T、S、C。指令使用说明如图 10.9 所示。

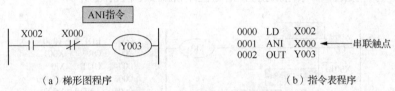

（a）梯形图程序   （b）指令表程序

图 10.9 ANI 指令的使用说明

3. 触点并联指令及其使用说明

（1）或指令 OR：用于在梯形图电路中并联一个常开触点。并联触点的数量在编程中不限，OR 指令的目标元器件有 X、Y、M、T、S 和 C。指令使用说明如图 10.10 所示。

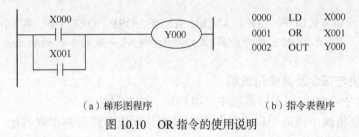

（a）梯形图程序   （b）指令表程序

图 10.10 OR 指令的使用说明

（2）或非指令 ORI：用于在梯形图电路中并联一个常闭触点。并联触点的数量在编程中不限，其目标元器件包括 X、Y、M、T、S 和 C。ORI 指令的使用说明如图 10.11 所示。

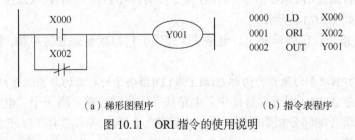

（a）梯形图程序   （b）指令表程序

图 10.11 ORI 指令的使用说明

需要强调的是，OR、ORI 指令仅适用于单个触点与以 LD 指令开始的部分相并联。

4. 检测上升沿和下降沿的触点指令

（1）检测上升沿的触点指令 LDP、ANDP、ORP：仅在指定位软元件的上升沿（从 OFF 改变到 ON）时，接通一个扫描周期。指令使用说明如图 10.12 所示。

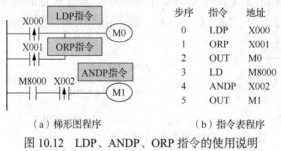

步序	指令	地址
0	LDP	X000
1	ORP	X001
2	OUT	M0
3	LD	M8000
4	ANDP	X002
5	OUT	M1

（a）梯形图程序　　　　　（b）指令表程序

图 10.12　LDP、ANDP、ORP 指令的使用说明

10.4　检测上升沿和下降沿的触点指令

（2）检测下降沿的触点指令 LDF、ANDF、ORF：仅在指定位软元件的下降沿（从 ON 改变到 OFF）时，接通一个扫描周期。指令使用说明如图 10.13 所示。

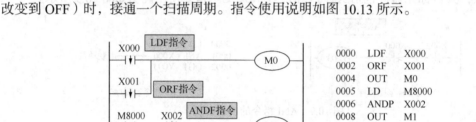

0000	LDF	X000
0002	ORF	X001
0004	OUT	M0
0005	LD	M8000
0006	ANDP	X002
0008	OUT	M1

（a）梯形图程序　　　　　（b）指令表程序

图 10.13　LDF、ANDF、ORF 指令的使用说明

注意：同一步编写的LDP、LDF、ANDP、ANDF、ORP、ORF指令，在1个扫描周期中被多次执行的情况下，第1次在ON下执行；第2次以后和执行上一次指令时的软元件状态相同时，在OFF下执行。

5. 块或、块与指令及其使用说明

（1）块或指令 ORB：用于梯形图中"电路块"的并联连接。

"电路块"是指两个或两个以上的触点串联或并联或串联后再串联其他触点或并联后再串联其他触点的梯形图分支。每个"电路块"的操作均从 LD 或 LDI 指令开始。当"电路块"完成连接后要与其他触点或其他"电路块"相并联时，后面要用 ORB 指令。ORB 指令没有操作目标元器件。ORB 指令的使用说明如图 10.14 所示。

10.5　块或、块与指令及其使用说明

显然，ORB 指令仅仅表示某个"电路块"完成了它与其他部分的并联，没有操作目标元器件。

注意：每个ORB指令的操作指向都是以LD或LDI指令开始之前的分支组合部分。

（2）块与指令 ANB：用于梯形图中"电路块"的串联连接。当一个"电路块"需与它前面由触点或分支组合的部分相串联时，此"电路块"的起始操作要用 LD 或 LDI 指令，当完成块与操作后要用 ANB 指令。ANB 指令和 ORB 指令相同，没有操作目标元器件。

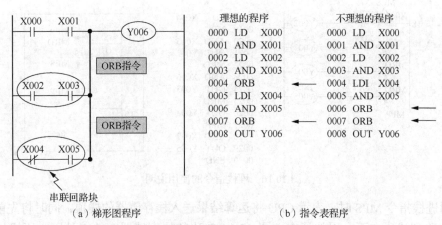

（a）梯形图程序 　　　　　　　　（b）指令表程序

图 10.14　ORB 指令的使用说明

在编程时，在每个要串联的"电路块"后面均需加 ANB 指令，在这种分散使用 ANB 指令的方法中，其"电路块"的个数没有限制，下面以图 10.15 为例对 ANB 指令的使用进行说明。

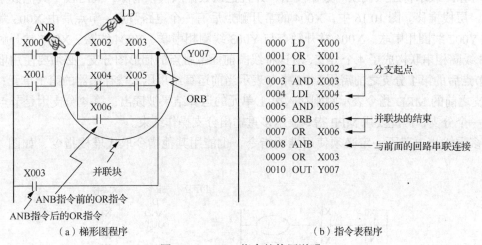

（a）梯形图程序 　　　　　　　　（b）指令表程序

图 10.15　ANB 指令的使用说明

注意：ANB 指令的使用次数没有限制，允许成批使用 ANB 指令，但是注意和 ORB 指令相同，LD、LDI 指令的使用次数有限制（8次以下），每个 ANB 指令的操作指向都是以 LD 或 LDI 指令开始之前的分支组合部分。

6. 堆栈指令及其使用说明

堆栈是编程的基本手法。堆栈按照先进后出的原则在 PLC 的用户存储器中组织一个区域，该区域一端固定，另一端活动，固定端称为栈底，活动端称为栈顶。往堆栈中存入或取出信息都在栈顶进行。堆栈指令是 FX 系列中后来增添的基本指令，用于多重输出电路，为编程带来一定的便利。堆栈指令又称为多重输出指令，它包括 MPS、MRD 和 MPP 指令，堆栈指令的使用说明如图 10.16 所示。

10.6 堆栈指令及其使用说明

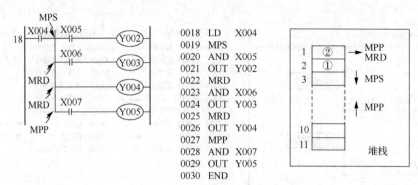

图 10.16　堆栈指令的使用说明

使用进栈指令 MPS 时，表示 CPU 将运算结果送入栈存储器的栈顶，同时将先前送入的数据依次移到栈顶向下一层的栈中，图 10.16 右边的栈存储器中的①是原来压栈的数据，②是当前压栈的数据。使用 MPS 指令时，栈中原来的数据依次向下一层推移；读栈指令 MRD 是最上层存储单元所存数据的读出专用指令，即由 MRD 指令读出的数据为最新存储的运算结果，即都是栈存储器最上一层的数据，在应用指令 MRD 时，栈内数据不发生移动；出栈指令 MPP 表示将压入栈顶的数据读出，并且把该数据从栈顶清除，同时栈中其他数据依次向上一层栈推移。图 10.16 中，X004 的常开触点后有一个电路节点，节点后由 X005 常开触点与 Y002 线圈相串联、X006 常开触点与 Y003 线圈相串联、Y004 线圈、X007 常开触点与 Y005 线圈相串联构成了 4 个分支，对这种线圈前面带触点的梯形图分支，必须要使用堆栈指令。节点后的第 1 分支之前需用 MPS 指令表示当前运算结果压入栈存储器的第 1 单元；第 2、3 分支之前的 MRD 指令表示刚刚存入第 1 单元的运算结果被读出；第 4 分支因是节点后的最后一个分支，因此要用 MPP 指令表示多重输出分支操作结束。

多重输出电路不一定必须使用堆栈指令，也能用其他指令取代堆栈指令，如图 10.17 所示。

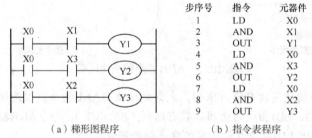

（a）梯形图程序　　　　　　　　（b）指令表程序

图 10.17　用其他指令取代堆栈指令

使用堆栈指令必须注意以下事项。

（1）堆栈指令 MPS、MRD 和 MPP 均无操作目标元器件。

（2）多重输出开始时，必须使用 MPS 指令，多重输出结束时必须使用 MPP 指令，MPS 和 MPP 指令必须成对配合使用。

（3）MPS 和 MPP 指令之间的 MRD 指令在只有 2 层堆栈输出时不用，只有在输出的层数为 3 层或 3 层以上时才使用。

堆栈指令和块操作指令 ANB、ORB 并用的程序实例如图 10.18 所示。

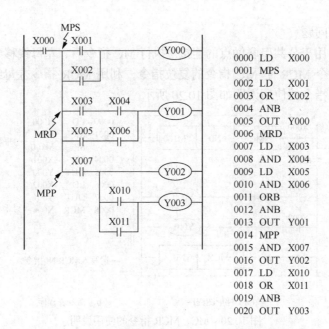

（a）梯形图程序　　　　（b）指令表程序

图 10.18　堆栈指令和块操作指令 ANB、ORB 并用的程序实例

堆栈指令还可以嵌套使用，如图 10.19 所示。

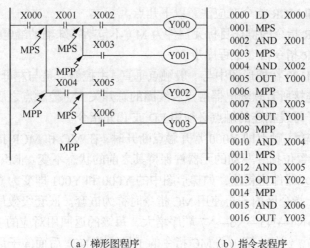

（a）梯形图程序　　　　（b）指令表程序

图 10.19　堆栈指令的嵌套使用说明

图 10.19 中，步序 1 的 MPS 指令和步序 9 的 MPP 指令相对应，为同一个堆栈，在这个堆栈中，嵌套了两个子堆栈：步序 3 的 MPS 指令和步序 6 的 MPP 指令相对应；步序 11 的 MPS 指令和步序 14 的 MPP 指令相对应。在 FX 系列 PLC 中，由于堆栈存储单元只有 11 个，所以堆栈嵌套使用的次数最多不能超过 11 次。

7. 主控指令及其使用说明

在编程时，经常会遇到许多线圈同时受一个或一组触点控制的情况，如果在每个线圈的控制电路中都串入同样的触点，就会占用较多存储单元，主

10.7 主控指令及其使用说明

控指令可解决这个问题。

主控指令 MC 用于公共串联触点的连接。执行 MC 指令后，左母线移到 MC 指令触点的后面。主控复位指令 MCR 是 MC 指令的复位指令，利用 MCR 指令左母线可恢复到原来的位置。MC、MCR 指令的使用说明如图 10.20 所示。

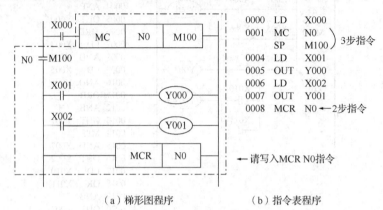

（a）梯形图程序　　　　　　（b）指令表程序

图 10.20　MC、MCR 指令的使用说明

图 10.20 中，MC 指令表示利用辅助继电器 M100 的常开触点作为公共触点，实现了将左母线右移，开辟了一条新的子母线 N0。在 N0 子母线上，Y000、Y001 都在 M100 的控制之下。利用 MCR 指令可把 N0 恢复到原来左母线的状态。

使用 MC 指令和 MCR 指令时应注意以下几点。

（1）MC 和 MCR 指令的操作目标元器件为 M（不包括特殊辅助继电器）和 Y。MC 指令占 3 个程序步，MCR 指令占 2 个程序步。

（2）主控触点 M100 在梯形图中与一般触点垂直。主控触点是与左母线相连的常开触点，是控制子母线上所连接所有软继电器触点和线圈的总开关。主控触点之后相当于新建立了一个子母线，因此与子母线相连的触点必须用 LD 或 LDI 指令。

（3）MC 指令的输入触点即 X000 常开触点断开时，在 MC 和 MCR 指令之内的积算定时器、计数器、用复位/置位指令驱动的元器件保持其之前的状态不变。非积算定时器和计数器、用 OUT 指令驱动的元器件将复位，如梯形图中的 Y000 和 Y001 即变为 OFF。

（4）在一个 MC 指令区内若再使用 MC 指令时称为嵌套。嵌套级数最多为 8 级，编号按 N0→N1→N2→N3→N4→N5→N6→N7 顺序增大，每级的返回用对应的 MCR 指令，从编号大的嵌套级开始复位。例如，第 1 条 MC 指令的子母线是 N0，后面的子母线依次是 N1、N2、N3，返回原来的母线时，MCR 指令的顺序应该是 N3→N2→N1→N0，编程实例如图 10.21 所示。

在有嵌套的场合使用 MC 指令时，嵌套等级 N 的编号依次增大；返回时，采用 MCR 指令，从大的嵌套等级开始解除。

8. 逻辑取反指令及其使用说明

当执行到 INV 指令时，将 INV 指令之前的运算结果如 LD、LDI 变为相反的状态。图 10.22 中的小斜杠即为 INV 指令的标志：当 X000 为 ON 时，Y000 为 OFF；当 X000 为 OFF 时，Y000 为 ON。

10.8　逻辑取反指令及其使用说明

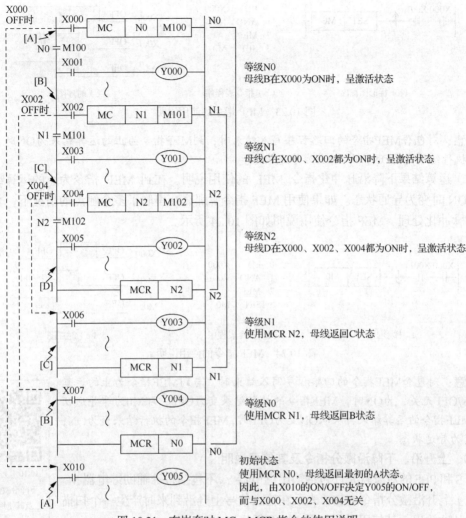

图 10.21 有嵌套时 MC、MCR 指令的使用说明

```
X000                    0  LD   X000
 ├┤├─────────( Y000 )    1  INV
                         2  OUT  Y000
```

（a）梯形图程序　　（b）指令表程序

图 10.22 INV 指令的使用说明

注意： INV指令是一个无操作目标元器件的指令，该指令不能直接与左母线相连接，也不能像指令表中的OR、ORI、ORP、ORF指令那样单独使用，它只对INV指令前面的X触点指令取反。

9. 运算结果上升沿和下降沿脉冲化指令 MEP、MEF

MEP、MEF 指令是使运算结果脉冲化的指令，不需要指定软元件编号。

（1）运算结果上升沿脉冲化指令 MEP 的使用说明。在到 MEP 指令为止的运算结果从 OFF→ON 时变为导通状态。如果使用 MEP 指令，那么在串联了多个触点的情况下，非常容易实现脉冲化处理。MEP 指令的使用说明如图 10.23 所示。

10.9 运算结果上升沿和下降沿脉冲化指令及其使用说明

（a）梯形图程序　　　（b）指令表程序　　　（c）时序图

图 10.23　MEP 指令的使用说明

注意：对包含MEP指令的回路程序写入结束时，到MEP指令为止的运算结果为ON时，MEP指令的执行结果变为ON，即M0变为导通状态。

（2）运算结果下降沿脉冲化指令 MEF 的使用说明。在到 MEF 指令为止的运算结果从 OFF→ON 时变为导通状态。如果使用 MEF 指令，那么在串联了多个触点的情况下，非常容易实现脉冲化处理。MEF 指令使用说明如图 10.24 所示。

（a）梯形图程序　　　（b）指令表程序　　　（c）时序图

图 10.24　MEF 指令的使用说明

注意：对包含MEF指令的回路程序写入结束时，与到MEF指令为止的运算结果ON/OFF无关，为ON时，MEF指令的执行结果变为OFF，即M0为非导通状态；到MEF指令的运算结果再次从ON变为OFF时，MEF指令的执行结果变为ON，即M0变为导通状态。

10.10　上升沿、下降沿微分指令及其使用说明

10. 上升沿、下降沿微分指令及其使用说明

PLS 和 PLF 的对象软元件包括输出继电器 Y，不包括特殊辅助继电器 M。

（1）上升沿微分指令 PLS：表示在输入信号上升沿到来时产生一个扫描周期的脉冲输出，其使用说明如图 10.25 所示。

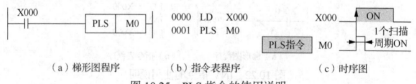

（a）梯形图程序　　　（b）指令表程序　　　（c）时序图

图 10.25　PLS 指令的使用说明

注意：对包含上升沿微分指令PLS的程序写入结束时，如果是上升沿微分指令的对象软元件、动作条件的软元件为ON状态时，则执行指令。

（2）下降沿微分指令 PLF，表示在输入信号下降沿到来时产生一个扫描周期的脉冲输出。其使用说明如图 10.26 所示。

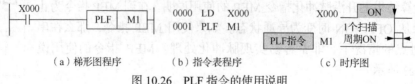

（a）梯形图程序　　　（b）指令表程序　　　（c）时序图

图 10.26　PLF 指令的使用说明

注意：对包含PLF指令的程序写入结束时，下降沿微分指令软元件在ON/OFF任一状态下都不执行；此外，在下降沿微分指令PLF的情况下，作为动作条件的软元件在ON/OFF状态下都不执行。当对象软元件、动作条件再次从ON变为OFF时，执行下降沿PLF指令。

11. 置位、复位指令及其使用说明

置位、复位指令 SET、RST 的对象软元件包括输出继电器 Y、定时器 T、通用型辅助继电器 M。置位指令 SET 的作用是使被操作目标元器件置位并保持；复位指令 RST 则是使被操作目标元器件复位并保持清零状态。其使用说明如图 10.27 所示。

10.11 置位、复位指令及其使用说明

（a）梯形图程序　　　（b）指令表程序　　　（c）时序图

图 10.27　SET、RST 指令的使用说明

SET 指令是对输出继电器 Y、通用型辅助继电器 M、通用型状态继电器 S 及数据寄存器 D 的指定位进行线圈驱动的指令。并联的 SET 指令可以连续使用多次；使用 RST 指令可以复位计数器和积算定时器。

注意：在同一扫描周期内，对输出继电器Y执行SET和RST指令时，会输出距END指令近的那条指令的结果。

12. 空操作指令及其说明

空操作指令 NOP 不执行操作，但占一个程序步。

执行 NOP 指令时并不做任何操作，写在程序中时，PLC 会无视其存在而继续运行；更改现有的程序，并写成 NOP 时，等同于执行删除指令的操作。其使用说明如图 10.28 所示。

10.12 空操作指令和程序结束指令的说明

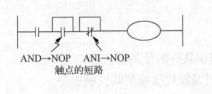
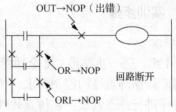

图 10.28　NOP 指令的使用说明

注意：如果将已经写入的指令换成NOP指令，则回路会发生变化，请务必注意。

13. 程序结束指令及其说明

任何一个程序编制完成后都要写入 END 指令来结束。否则，不管实际用户程序有多长，PLC 都视为此程序没有编制完成，即无法写入 PLC。所以，用户程序编制完成后，最后都要加上 END 指令。而且，在程序调试时，可在程序中插入若干个 END 指令，把程序划分为若干段，一小段一小段地调试，确定前面程序段无误后，依次删除 END 指令，直至整个程序调试结束，可简化调试过程。

注意：程序编写时，程序中间不能写入END指令；通过编程工具传送时，END指令以后都成为NOP指令。

10.3 技能训练：3组彩灯循环点亮的 PLC 控制系统程序设计

10.3.1 对程序设计的要求

1. 按下启动按钮 SB1 时，彩灯按规定组别进行循环点亮：①→②→③→④→⑤→①…，循环次数 n 及点亮时间 T 由指导教师规定。

2. 彩灯组别的规定见表 10-3。

表 10-3   彩灯组别的规定

组别	红	绿	黄
1	灭	灭	亮
2	亮	亮	灭
3	灭	亮	灭
4	灭	亮	亮
5	灭	灭	灭

3. 具有急停功能。

10.3.2 设备与器材

1. PLC 应用技术综合实训装置 1 台。
2. 指示灯 1 组（内含发光二极管 3 个）。
3. 按钮开关 2 个。
4. 计算机 1 台，与 PLC 相连的电缆 1 根。

10.3.3 实训步骤

1. 训练要求

（1）2 人 1 组，进一步熟悉 GX 全功能编程软件的使用方法。

（2）理解彩灯循环点亮的控制要求，按照编程规则编制其控制程序。

（3）对程序进行静态调试：在仿真软件上进行调试。

（4）对程序进行动态调试：正确连接好 PLC 的 I/O 端子设备，进行系统调试，观察彩灯能否按控制要求动作。

2. 理解彩灯循环点亮的 PLC 控制要求，分配 I/O 端子，画出 PLC 控制系统接线图，如图 10.29 所示。

3. 按照编程规则和彩灯循环点亮系统的控制要求，设计 PLC 控制程序。

4. 对程序进行静态调试。

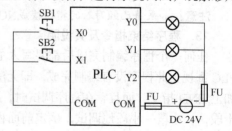

图 10.29 彩灯循环点亮的 PLC 控制系统接线图

5. 连接 PLC 控制系统，对程序进行动态调试。

6. 若程序不符合要求，修改程序，直至程序符合要求。

7. 实训总结，写出实训报告。

10.3.4　实训评分

1. 分组考核（成绩占 50%）

按实训步骤分步考核，考查实训任务完成的进度、质量及创新点。

2. 单独考核（成绩占 40%）

按实训内容考核，考查相关技能是否掌握。

3. 综合素质考核（成绩占 10%）

按实训过程考核，考查安全、卫生、文明操作及团队协作精神。

10.4　练习题

一、填空题

1. OUT 指令不能用于_____继电器。

2. 与主控触点下端相连的常闭触点应使用_____或_____指令。

3. 堆栈指令后面紧接着的常开触点指令是_____，堆栈指令后面紧接着的常闭触点指令是_____；其中_____指令和_____指令必须成对出现。

4. 将编写好的程序写入 PLC 时，PLC 必须处在_____模式，而 PLC 运行起控制作用时，PLC 则应处于_____模式。

5. LD 与 LDI 指令对应的触点一般与_____相连。

6. 两个以上触点串联连接的电路称为_____电路块，两个这样的电路块并联连接时使用_____指令。

7. 两个以上触点并联的电路称为_____电路块；两个这样的电路块与前面电路块串联连接时使用_____指令。

8. FX 系列 PLC 的置位指令是_____，复位指令是_____。

二、判断题

1. RST 指令可以将数据寄存器 D、变址寄存器 Z 和 V 的内容清零。　　（　　）

2. 多重输出指令 MPS、MRD 和 MPP 必须同时出现、缺一不可。　　（　　）

3. MC 指令可以用于输入继电器、输出继电器和辅助继电器。　　（　　）

4. 无论是什么形式的继电器，都能用作 PLS 或 PLF 的操作元件。　　（　　）

5. FX 系列 PLC 的程序中，线圈可以直接与左母线相连。　　（　　）

6. PLC 系统突然停电，此时计数器将自动复位。　　（　　）

7. AND 或 ANI 指令用于单个触点与左边电路串联，串联触点最多 10 个。（　　）

8. OR 或 ORI 指令用于单个触点与前面电路的并联，并联触点数不限。（　　）

三、单项选择题

1. AND 指令的作用是（　　）。

A. 用于单个常闭触点与前面的触点串联连接

B. 用于单个常闭触点与上面的触点并联连接

C. 用于单个常开触点与前面的触点串联连接

D. 用于单个常开触点与上面的触点并联连接

2. FX 系列 PLC 中的单个常开触点，与左母线相连接时使用的指令是（　　　）。

    A. ANI　　　　　　B. AND　　　　　　C. LD　　　　　　D. LDI

3. FX_{3U} 系列 PLC 的基本指令共有（　　　）

    A. 24 条　　　　　B. 29 条　　　　　C. 27 条　　　　　D. 26 条

4. FX_{3U} 系列 PLC 中，T1 的设定值为 K30，则动作延迟时间为（　　　）。

    A. 30s　　　　　　B. 3s　　　　　　C. 0.3s　　　　　D. 300s

5. FX 系列 PLC 中的某个串联电路块与其他部分相并联时使用的指令是（　　　）。

    A. ANB　　　　　B. ORB　　　　　C. SET　　　　　D. RST

四、把下面的指令表程序用梯形图程序表示。

0	LD	X000		11	ORB	
1	MPS			12	ANB	
2	LD	X001		13	OUT	Y001
3	OR	X002		14	MPP	
4	ANB			15	AND	X007
5	OUT	Y000		16	OUT	Y002
6	MRD			17	LD	X010
7	LDI	X003		18	ORI	X011
8	AND	X004		19	ANB	
9	LD	X005		20	OUT	Y003
10	ANI	X006		21	END	

五、把图 10.30 所示的梯形图程序转换成指令表。

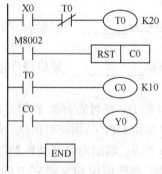

图 10.30　梯形图

项目十一 顺序控制的 PLC 应用技术

知识 目标

1. 了解顺序控制中的单序列、选择序列和并行序列。
2. 深刻理解顺序控制中的步（状态）、转移条件、转移方向及驱动等相关概念。
3. 通过单序列、并行序列和选择序列的程序实例，理解它们的编程要点和不同点。
4. 掌握步进指令的使用方法，熟悉运用状态继电器进行顺序控制的程序设计。

能力 目标

1. 具有正确识别实用顺序控制属于哪种序列的能力。
2. 具有运用状态继电器进行顺序控制的状态转移图设计的能力。
3. 具有状态转移图转换为步进梯形图的能力。

11.1 项目导入：不同序列的 PLC 应用实例

按照生产工艺预先规定的顺序，在各个输入信号的作用下，根据内部状态和时间的顺序，各个执行机构自动地、有秩序地进行生产过程的操作，称为顺序控制。

一个复杂的生产工艺流程用经验法设计程序时，需用大量的中间单元来完成记忆、联锁和互锁等功能，考虑的因素较多，这些因素又相互交织在一起，分析起来较为困难。为解决上述问题，采用了 IEC（国际电工委员会）标准的顺序功能图（SFC）语言，SFC 以流程图的形式表示生产工艺流程中的各个机械动作，用于编制复杂的顺序控制程序，使编程与调试大为简化。

11.1.1 单序列 PLC 程序实例：机械手动作控制

机械手的上升、下降、左移、右移动作分别由 4 个电磁阀来控制，线圈通电则执行相应的动作；机械手的夹紧、松开由一个电磁阀控制，线圈通电则夹紧工件，线圈断电则松开工件；机械手的每个工作臂上都有上、下、左、右极限位置开关，夹持装置不设限位开关。机械手动作控制示意图如图 11.1 所示。

11.1 单序列的
机械手动作控制

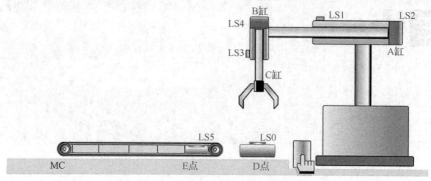

图 11.1　机械手动作控制示意图

1.　机械手的工序流程

机械手的极限开关 LS0 是工件的初始位置，由人工控制将工件放到 LS0 的 D 点。当工件位于 D 点时，按下启动按钮 SB1，机械手就会按照程序控制动作。

（1）按下启动按钮 SB1，B 缸控制的下降电磁阀线圈得电，驱动机械手向下运行。

（2）当机械手向下运行至压动极限开关 LS3 的触点时，机械手向下运行停止，C 缸控制的夹紧电磁阀线圈得电，驱动机械手夹紧工件。

（3）夹紧持续 1s 后，B 缸控制的上升电磁阀线圈得电，驱动机械手上升。

（4）当机械手臂向上运行至压动极限开关 LS4 的触点时，机械手上升运动停止，A 缸控制的左行电磁阀线圈得电，驱动机械手左行。

（5）当机械手左行至压动极限开关 LS1 的触点时，机械手左行停止，B 缸控制的下降电磁阀线圈得电，机械手再次向下运动。

（6）机械手下行到压动极限开关 LS3 的触点时，机械手到达 E 点，下行运动停止，C 缸夹紧电磁阀复位松开工件。

（7）松开工件持续 1s 后，B 缸的上升电磁阀线圈得电，驱动机械手再次上行。

（8）机械手向上运行至压动极限开关 LS4 的触点时停止，A 缸的右行电磁阀得电，驱动机械手右行到初始位置。

至此，机械手的工序流程共经历了 8 "工步"。

图 11.1 中的 A、B、C 缸均为单作用气缸，使用电磁阀控制。控制要求：为确保工件可靠夹紧和松开，C 缸抓取或松开工件的过程需设置 1s 的间隔；当工件位于 E 点时，压动 LS5 的触点（或在 LS5 处设置感应传感器）时，传送带电动机转动以运走工件，经 2s 后传送带电动机自动停止。

2.　机械手的状态流程设置

根据机械手的动作 "步"，可设置如下状态流程。

首先，设置状态继电器 S0 为机械手的初始状态：PLC 利用特殊辅助继电器 M8002，使状态继电器 S0 置位，为机械手动作流程做好准备。

（1）S0 状态下程序控制夹紧电磁阀驱动 Y1、向下运行电磁阀 Y1 复位。转移条件是压动上极限开关 LS4 的触点，驱动 PLC 输入继电器 X1 常开触点闭合，为机械手向下运行做好准备。满足转移条件后，即可由初始状态 S0 转移到工步 1 的状态 S20。

（2）在工步 1 的 S20 状态下，手动按下外部按钮 SB1，控制 PLC 的输入继电器 X0 常开触点接通，使输出继电器 Y0 线圈得电，B 缸电磁阀驱动机械手向下运行。

当 B 缸行至下极限开关 LS3 处压动其触点使输入继电器 X2 常开触点闭合，则满足转移条件，机械手转移到下一个状态 S21。

（3）S21 状态为工步 2，在 S21 状态下，输出继电器 Y1 置位，驱动 C 缸电磁阀夹紧工件，为保证夹紧的可靠性，夹紧工件的过程设置为 1s，由定时器 T0 控制。延时 1s 则满足转移条件，机械手转移到状态 S22。

（4）S22 状态为工步 3，在 S22 状态下，输出继电器 Y2 线圈得电，驱动 B 缸上升电磁阀线圈得电，机械手上行。机械手上行至压动上极限开关 LS4 的触点时，输入继电器 X1 常开触点闭合，机械手上行停止，转移到状态 S23。

（5）S23 状态是工步 4，在 S23 状态下，输出继电器 Y3 线圈得电，驱动 A 缸左行电磁阀线圈得电，机械手向左运行。机械手左行至压动左极限开关 LS1 的触点时，输入继电器 X3 常开触点闭合，机械手左行停止，转移到状态 S24。

（6）S24 状态是工步 5，在 S24 状态下，输出继电器 Y0 线圈得电，驱动 B 缸下降电磁阀线圈得电，机械手再次向下运行。当机械手下行至压动下极限开关 LS3 的触点时，机械手下行停止到达 E 点，转移到状态 S25。

（7）S25 状态是工步 6，在 S25 状态下，输出继电器 Y1 复位，驱动 C 缸电磁阀松开工件，为保证机械手工作的可靠性，松开过程设定为 1s，由定时器 T1 控制。当延时时间 1s 到，机械手转移到状态 S26。

（8）S26 状态是工步 7，在 S26 状态下，输出继电器 Y2 线圈得电，驱动 B 缸上升电磁阀线圈得电，机械手向上运行。当机械手上行至压动上极限开关 LS4 的触点时，输入继电器 X1 常开触点闭合，机械手上行停止，转移到状态 S27。

（9）S27 状态是工步 8，在 S27 状态下，输出继电器 Y4 线圈得电，驱动 A 缸右行电磁阀线圈得电，机械手向右运行。当机械手右行至压动右极限开关 LS2 的触点时，输入继电器 X4 常开触点闭合，机械手右行停止，回到初始位置。

至此，机械手工序流程中的 8 个工步全部结束。按照上述过程可设计出机械手的状态转移图如图 11.2（a）所示。

机械手是一个典型的单序列

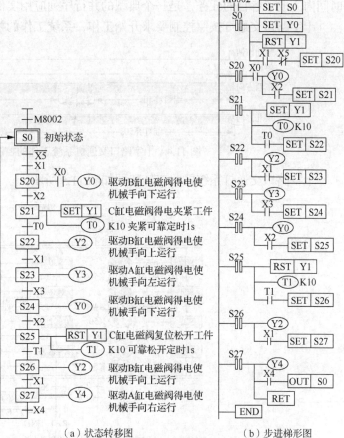

（a）状态转移图　（b）步进梯形图

图 11.2　机械手动作的状态转移图和步进梯形图

结构。对照机械手的状态转移图可较为方便地编制出相应的步进梯形图程序，如图 11.2（b）所示。

11.1.2 并行序列 PLC 程序实例：交通灯控制

图 11.3 所示是一个十字路口交通灯控制示意图。

11.2 并行序列的
十字路口交通灯
控制

图 11.3 十字路口交通灯控制示意图

控制要求如下。

按下启动按钮 S1 时，系统东西方向绿灯亮，南北方向红灯亮。东西方向绿灯亮 40s 时开始闪烁，闪烁持续 5s 黄灯亮，黄灯亮 5s 后东西方向红灯亮 50s；启动按钮 S1 按下的同时，南北方向首先是红灯亮，50s 后变为南北绿灯亮，亮 40s 后开始闪烁，绿灯闪烁 5s 后，黄灯亮 5s。东西方向和南北方向交通灯按照上述控制不断循环，直到按下停止按钮 S2，系统工作结束，东西、南北两方向交通灯均熄灭。

由十字路口交通灯的控制要求可知，该系统东西方向交通灯和南北方向交通灯在相同的时间内完成了各自的任务，是一个典型的并行序列应用实例。

十字路口交通灯按照控制要求开始工作，系统工作的控制要求如图 11.4 所示。

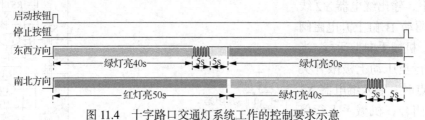

图 11.4 十字路口交通灯系统工作的控制要求示意

十字路口交通灯系统的状态转移图如图 11.5 所示。

图 11.5 十字路口交通灯自动控制系统的状态转移图

根据状态转移图编制出的梯形图如图 11.6 所示。

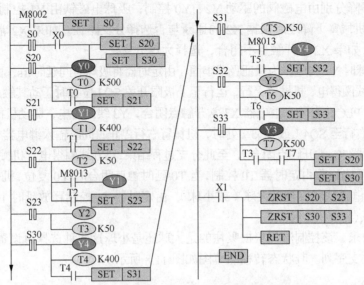

图 11.6 十字路口交通灯自动控制系统的梯形图

11.1.3 选择序列 PLC 程序实例：分拣大小球

大小球分类选择搬运装置是一个选择序列的典型实例，机械手位于原点处，当搬运装置开始工作时，机械手下降，当机械手吸住大球（或小球）后，开始按上升、右行、下降、上升、左行的顺序动作。其选择搬运装置如图 11.7 所示。

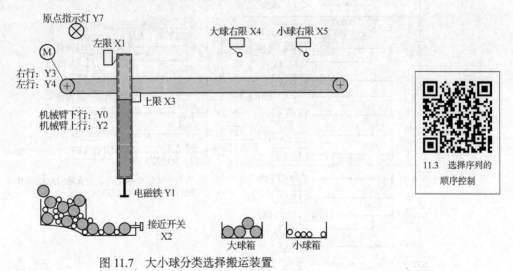

图 11.7 大小球分类选择搬运装置

控制要求如下。

① PLC 上电时，机械臂处于原点，当机械臂内汽缸的下降电磁阀得电向下运行至电磁铁 Y1 吸住大球时，由于电磁铁未行至下限接近开关处，所以 X2 不动作；若吸住的是小球，电磁铁下行至下限接近开关处，使 X2 触点动作。用接近开关的动作与否来判断电磁铁 Y1 吸住的是大球还是小球。

② 机械臂的左行、右行由异步电动机 M 驱动，程序中对应 PLC 软元器件 Y4、Y3；机械臂的上升、下降分别由电磁阀的驱动 Y2、Y0 控制；吸球电磁铁由 Y1 控制。

③ 分支在机械臂下降之后根据 X2 的通断与否选择分支路径。如果 X2 常开触点闭合，选择小球分支，如果 X2 常开触点不闭合，选择大球分支。

④ 电磁吸球时 Y1 得电，为保证吸球牢固，由定时器将吸球时间延时 1s，由定时器延时触点的闭合使 Y2 线圈得电，机械臂上行，运行至上极限开关 SQ3 位置时压动其触点动作，机械臂上行停止；同时 PLC 内部输入继电器 X3 常开触点闭合，Y3 线圈得电，驱动机械臂右行。

⑤ 机械臂右行至 SQ4（或 SQ5）处时，机械臂右行停止；同时输入继电器 X4 常开触点闭合（或输入继电器 X5 常开触点闭合），至此分支过程结束，Y0 线圈得电，机械臂开始下降。

⑥ 机械臂下降行程由定时器 T0 控制，当 T0 延时触点闭合时 Y0 复位，机械臂下行停止，同时 Y1 复位，电磁铁释放被吸大球（或小球），由定时器 T1 控制释放延时 1s，之后机械臂上升、左移到原点。

依照工艺要求，该控制流程根据吸住的是大球还是小球这两种选择可设置两个分支，因此属于选择性分支序列。其状态转移图草图如图 11.8 所示。

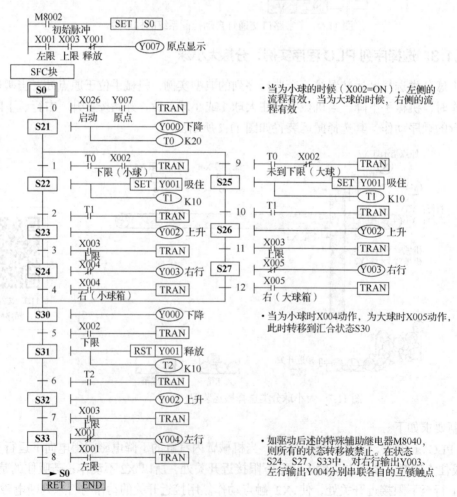

图 11.8 大小球分类选择搬运装置的状态转移图草图

根据图 11.8 所示状态转移草图编制步进梯形图程序。

编制梯形图程序时，还要根据控制要求仔细斟酌，不断修改，直到完全符合控制要求为止。编制好的大小球分类选择搬运装置的 PLC 梯形图程序如图 11.9 所示。

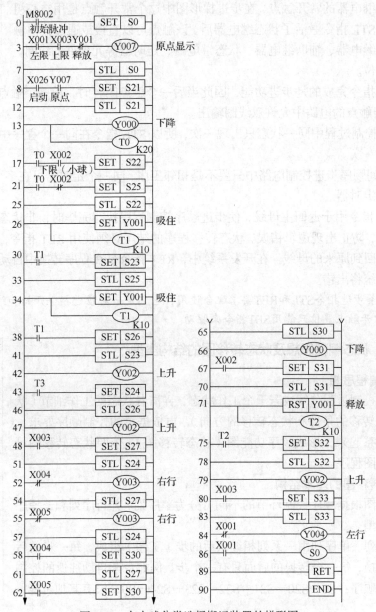

图 11.9　大小球分类选择搬运装置的梯形图

11.2　相关知识

11.2.1　步进指令

FX 系列 PLC 的步进指令有两条：步进接点指令 STL 和步进返回指令 RET。正确使用步进指令必须掌握以下几点。

（1）STL 指令在梯形图上体现为从主母线上引出的状态接点，STL 指令有建立子母线的功能，以使该状态的所有操作均在子母线上进行。STL 指令用于状态继电器的常开触点，在步进梯形图中这个常开触点是用空心粗线画出的，当 STL 指令激活了状态继电器后，该触点可以直接或通过其他触点去驱动输出继电器、辅助继电器、状态继电器、定时器等元器件的线圈，使之置位或复位。

11.4 步进指令

（2）STL 指令完成的是步进功能，因此当后一个触点闭合时，前一个触点便自动复位，所以 STL 所指触点的电路中允许双线圈输出。

（3）由于控制过程中同一状态只出现一次，所以 STL 指令在同一个程序中对同一状态继电器只能使用一次。

（4）在时间顺序步进控制电路中只要不是相邻工序，同一个定时器可在多个步序中使用，这样可以节省定时器。

（5）RET 指令用于返回主母线，使步进顺序控制程序执行完毕时，非状态程序的操作在主母线上完成，防止出现逻辑错误。状态转移程序的结尾必须使用 RET 指令，表示步进指令功能结束，返回到原来的母线。在开发系统中，RET 指令是在程序转换中自动加入的，直接输入时开发系统将出错。

注意： 两条步进指令STL和RET要求配合使用，它们是一对步进指令开始和结束的指令。状态继电器S的常开触点置位只能用SET指令来驱动。

11.2.2　状态编程思想及状态转移图的结构类型

1. 状态编程思想

将复杂的控制过程分解成若干个工作状态，弄清各状态的工作细节（状态功能、状态转移的条件和状态转移的方向），再依据总的控制顺序要求，将这些状态联系起来，形成顺序功能图（状态转移图），依照状态转移图可进而编制梯形图程序。

11.5 状态编程思想和状态元件

2. 状态转移图的基本结构

状态转移图根据顺序控制环节的不同可分为单序列、并行序列和选择序列 3 种结构类型。

（1）单序列。单序列由一系列相继激活的步（工序）组成，每一步的后面仅有一个转换，每一个转换的后面只有一个步。例如台车自动往返的控制过程只有一种顺序：S0→S20→S21→S22→S23→S24→S0，没有其他可能，所以叫单序列。

11.6 状态转移图的基本结构

单序列的状态转移图如图 11.10 所示。

（2）并行序列。并行序列中，多个流程全部同时进行的分支称为并行分支；多个分支流程的动作全部结束后汇合到同一状态称为汇合。图 11.11 所示为并行序列中分支汇合流程的状态转移图。

图 11.11 中，状态继电器 S30 处于置位动作状态时，若满足

S20
┤├ X001
S21
┤├ X002
S22

图 11.10　单序列的状态转移图

X003 常开触点闭合的条件，则状态继电器 S31、S32、S33 同时置位，3 个分支流程开始动作；各分支流程的动作全部结束，且满足 X005 的常开触点闭合条件时，汇合状态继电器 S34 置位，同时转移源 S31、S32、S33 停止动作。

（3）选择序列。选择序列的开始称为分支，每一个分支都可看作是一个单序列。选择序列中一般只允许同时选择一个分支序列，即选择序列中的各分支序列相互排斥，任何两个分支序列都不应同时执行。图 11.12 所示为选择序列中分支汇合流程的状态转移图。

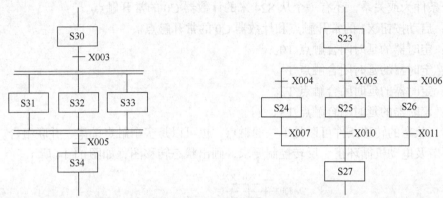

图 11.11　并行序列的状态转移图　　　　图 11.12　选择序列的状态转移图

11.2.3　状态转移图实例：电动机循环正、反转控制

图 11.13 所示为一个电动机循环正、反转控制的工作流程图。

图 11.13 实际上是状态转移图的雏形。工作流程图看上去并不复杂，但是让工作流程图成为 PLC 编程语言，则要用到状态转移图。状态转移图是用状态继电器 S 表示工作流程的顺序功能图，也是 FX 系列 PLC 专门用于编制顺序控制程序的一种方式。

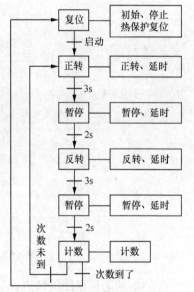

图 11.13　电动机循环正、反转控制的工作流程图

（1）状态继电器 S 的状态分配。

以电动机循环正、反转控制的工作流程图为依据，将电动机循环正、反转控制整个控制过程按任务要求分解成工步，一个工步对应一个状态，共 6 个状态。

按状态分配状态继电器 S：复位→S0，正转→S20，暂停→S21，反转→S22，暂停→S23，计数→S24。

① S0：PLC 中计数器 C0 的清零及状态继电器 S20～S24 清零功能。

② S20：电动机正转功能，同时驱动 Y1、T0 的线圈，使电动机正转延时 3s。

③ S21：正转暂停功能，同时驱动 T1 的线圈，使电动机暂停延时 2s。

④ S22：电动机反转功能，同时驱动 Y2、T2 的线圈，使电动机反转延时 3s。

⑤ S23：反转暂停功能，同时驱动 T3 的线圈，使电动机暂停延时 2s。

⑥ S24：计数功能，驱动 C0 的线圈，对循环进行计数。

状态的功能是通过状态继电器驱动各种负载进而完成的，负载可由状态元器件直接驱动，也可由其他软继电器触点的逻辑组合驱动。

按照控制要求，找出每个状态的转移条件和转移方向，知晓什么条件下可把下一个状态"激活"。

（2）电动机循环正、反转控制的各状态转移条件。

S0：初始脉冲 M8002、电动机回到起始点按钮的常开触点 X0、热继电器的常开触点 X2，上述 3 个条件为或关系，还有一个从 S24 来的计数器 C0 的常开触点。

S20：启动按钮 X1 的常开触点和计数器 C0 的常开触点。

S21：定时器的延时闭合触点 T0。

S22：定时器的延时闭合触点 T1。

S23：定时器的延时闭合触点 T2。

S24：定时器的延时闭合触点 T3。

显然，状态的转移条件可以是单一的触点，也可以是多个触点的串、并联组合。根据以上 3 个环节及电动机循环正、反转控制要求，画出状态转移图，如图 11.14 所示。

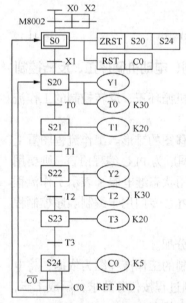

图 11.14 电动机循环正、反转控制的状态转移图

（3）状态转移图的特点。

状态转移图是由状态、状态转移条件及转移方向构成的流程图，状态转移图的特点可归纳为如下几点。

① 可将复杂的控制过程分解为若干个状态，有利于程序的结构化设计。

② 对某一个具体的状态而言，控制任务简单明了，为局部程序的编制带来了方便。

③ 整体程序是局部程序的综合，只要搞清楚各状态的功能、转移条件和转移方向这 3 个要素，即可进行状态转移图的设计。

④ 状态转移图容易理解，可读性强，能够清楚地反映全部控制的工艺过程。

11.7 状态转移图中的三要素

11.2.4　状态转移图与梯形图的转换

顺序控制的设计中，通常要先设计系统的"步"状态转移图，然后再将状态转移图转换成梯形图，还可以根据梯形图写出相应的指令表，如图 11.15 所示。

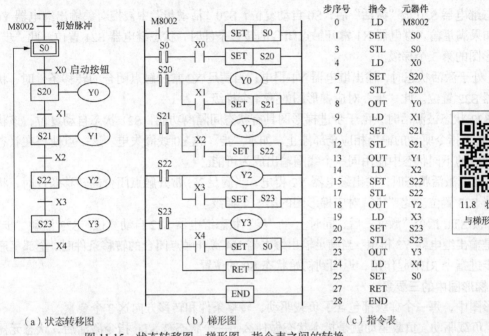

（a）状态转移图　　　　　　　　　（b）梯形图　　　　　　　（c）指令表

图 11.15　状态转移图、梯形图、指令表之间的转换

1. 状态转移图转换成梯形图

将图 11.15（a）所示的状态转移图转换成图 11.15（b）所示的梯形图时，首先要注意初始步的进入条件。通常初始步由系统结束步控制进入，以实现顺序控制系统连续循环动作的要求。但是在 PLC 初次上电时，必须采用其他的方法预先驱动初始步，使之处于工作状态。由图 11.15 可看出，编程时一般用特殊辅助继电器 M8002 实现初始步 S0 的置位。

状态转移功能图中的初始条件及后面的每一个状态均对应梯形图中的一个梯级，在梯形图中的每一个梯级同样包含了负载驱动、转移条件和转移方向三要素。因此，只要十分明确状态转移图中每一个状态的三要素，将其转换成相应的梯形图并非难事。

状态转移图中，"步"与"步"之间用有向线段连接，如果进行方向是从上到下或从左到右，则线段上的箭头可以省略不画。状态转移图中"步"活动状态的进展是按照有向、连续、规定的线路进行的，通过实现转换条件来完成。

例如，在图 11.15（a）的状态转移图中，PLC 只要满足特殊辅助继电器 M8002 来一个初始脉冲，即可进入初始状态 S0。对应梯形图的第一梯级，表示只要 M8002 常开触点接通，则状态继电器 S0 立即置位（SET）。

因 S0 表示顺序控制中的初始状态，要求状态转移图中 S0 的方框一定要用双线框，以区别于其他状态。由初始状态转移到下一"步"必须满足输入继电器 X0 常开触点闭合这个条件。这一"步"对应梯形图中的第 2 个梯级。第 2 个梯级中 S0 常开触点用空心粗线表示，并对其使用 STL 指令，表示 S0 状态被"激活"，只有被激活的状态才能够扫描执行，而且被激活的状态具有自动关闭上一个状态的能力，从而实现了状态的互相隔离。

当"步"处于激活状态时，相应动作被执行；处于不活动状态时，动作不执行。当 S0 处于活动状态时，只要满足输入继电器 X0 常开触点闭合的条件时，则下一"步"状态继电器 S20 被置位（SET）。

状态继电器 S20 被"激活"后，S0 自动复位，S20 "活动步"中被控对象输出继电器 Y0 得电；如果满足输入继电器 X1 常开触点闭合的转移条件时，状态继电器 S21 置位。此"步"对应梯形图的第 3 个梯级。

S21 处于激活状态时，输出继电器 Y1 得电；当满足 X2 常开触点闭合的转移条件时，状态继电器 S22 置位。此"步"对应梯形图的第 4 个梯级。

当 S22 状态被激活时，由于步进梯形图具有状态间隔离功能，S21 状态自动复位，该状态中以 OUT 指令驱动的输出相应全部停止，如本"步"的 Y0 线圈失电。这一点使得在状态编程区域内的不同状态中使用同一个线圈输出成为可能。

S22 处于激活状态时，输出继电器 Y2 得电；当满足 X3 常开触点闭合的转移条件时，状态继电器 S23 置位。此"步"对应梯形图的第 5 个梯级。

S23 被 STL 指令"激活"后，同时上一"步"状态继电器 S22 自动复位。S23 活动"步"的状态是输出继电器 Y3 得电，当满足输出继电器 X4 常开触点闭合的转移条件时，全部工序结束，步进指令 RET 起作用，返回到初始状态 S0 的位置。

2. 梯形图中的三要素

梯形图中，每一个梯级都包含了负载驱动、转移条件和转移方向这 3 个要素。

（1）负载驱动。负载驱动就是指本状态做什么。一个状态被 STL 指令激活后，状态元器件由空心粗线构成常开触点后面所连接的线圈即为本"活动步"的驱动对象，采用 OUT 指令驱动。

（2）转移条件。一个状态向下一个状态转移时必须满足一定的条件。状态转移图中与垂直线相交的短横线及它旁边所标明的元器件地址就是转移条件。转移条件在步进梯形图中一般用触点表示。当这些常开触点闭合时，该触点将有能流通过，后面 SET 指令即可执行，从而实现状态转移。

（3）转移方向。状态转移图中，一般用箭头表明转移的方向（如果转移方向是从上到下或从左到右的单流程，线段上的箭头可以省略）。对应梯形图时，则通常在转移条件后用 SET 指令后面的状态继电器编号表明转移方向。

在状态转移图转换成梯形图的过程中，充分掌握上述三要素，并且在最后一个工序后写入 RET 指令，程序结束写入 END 指令即可。

显然，只要十分明确状态转移图中每一个状态的三要素，将其转换成相应的梯形图并非难事。梯形图和指令表之间的转换请读者对照、理解并总结其方法。

11.2.5 电磁阀

电磁阀是用电磁控制的工业设备，是用来控制流体的自动化基础元件，属于执行器，并不限于液压、气动。用在工业控制系统中调整介质的方向、流量、速度和其他的参数。电磁阀可以配合不同的电路来实现预期的控制，而控制的精度和灵活性都能够保证。电磁阀有很多种，不同的电磁阀在控制

11.9 电磁阀

系统的不同位置发挥作用，最常用的是单向阀、安全阀、方向控制阀、速度调节阀等。图 11.16 所示为各种类型电磁阀产品实物图。

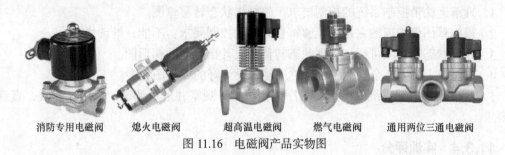

消防专用电磁阀　　熄火电磁阀　　超高温电磁阀　　燃气电磁阀　　通用两位三通电磁阀

图 11.16　电磁阀产品实物图

电磁阀里有密闭的腔，在不同位置开有通孔，每个孔连接不同的油管，腔中间是活塞，两面是两块电磁铁，哪面的磁铁线圈通电，阀体就会被吸引到哪边，通过控制阀体的移动来开启或关闭不同的排油孔，而进油孔是常开的，液压油就会进入不同的排油管，然后通过油的压力来推动油缸的活塞，活塞又带动活塞杆，活塞杆带动机械装置。这样通过控制电磁铁的电流通断就可控制机械运动。

 ## 11.3　技能训练：运输带控制系统设计

11.3.1　设计要求和训练要求

1. 设计一个如图 11.17 所示的运输带控制系统。

2. 控制要求：3 条运输带顺序相连，为了避免运送的物料在 2 号和 3 号运输带上堆积，启动时应先启动 3 号运输带，再启动 2 号运输带，最后启动 1 号运输带。按下启动按钮后，3 号运输带开始启动运行，延时 5s 后 2 号运输带自动启动，再过 5s 后 1 号运输带自动启动运行。

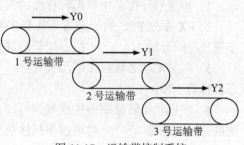

图 11.17　运输带控制系统

停机时为了避免物料的堆积，并尽量将皮带上的余料清理干净，使下一次可以轻载启动，停机的顺序与启动的顺序应相反。即按停止按钮后，先停 1 号运输带，延时 5s 后停止 2 号运输带，再过 5s 后停止 1 号运输带。

试用选择序列的编程方法编制该系统的 PLC 梯形图程序。

3. 训练要求：按运输带控制系统的控制要求，设计其选择性分支汇合流程的顺序控制状态转移图、相应的梯形图；在计算机上已经安装好的 GX 全功能编程软件上对设计好的程序时行输入、调试、修改。

11.3.2　设备与器材

每人配备计算机一台（计算机中应安装了三菱 GX 全功能编程软件和仿真软件）。

11.3.3 实训步骤

1. 理解运输带控制系统的控制要求，先画出状态转移草图。

2. 根据草图仔细斟酌它是否能够符合系统的控制要求；不能，继续修改。

3. 如果状态转移图可行，根据状态转移图设计出相应的梯形图。

4. 在微机上的 GX 全功能编程软件中输入设计好的梯形图程序。

5. 对运输带控制系统的梯形图程序进行仿真，观察并进行调试、诊断、修改，直到符合要求。

11.3.4 实训评分

1. 单独考核（成绩占 90%）

按项目考核，考查相关技能是否掌握。

2. 综合素质考核（成绩占 10%）

按实训过程考核，考查安全、卫生、文明操作及团队协作精神。

11.4 练习题

一、填空题

1. 步进顺序控制中状态转移图的三要素是指_____、_____和_____。

2. FX 系列 PLC 的步进指令共有 2 条，分别是_____和_____，其中_____用于步进程序的开始，_____指令用于步进指令的结束。

3. 常见的状态转移图的形式有：_____状态转移图、_____状态转移图和_____状态转移图 3 种。

4. 根据状态转移图的构成规则可知：图中"步"与"步"之间要用_____连接，当系统的控制顺序是_____时可以不标注箭头，若控制顺序是_____时则必须标注箭头。

二、单项选择题

1. 下列说法正确的是（　　　）。

    A. 顺序控制只能用顺控指令来编程

    B. 用步进指令编制顺控程序时，需先编制状态转移图

    C. 顺控步进梯形图程序需用 STL 指令开始，无须用 RET 指令也可结束

    D. 步进顺控程序中，各状态不用状态继电器也可以

2. 绘制顺序控制的状态转移图时（　　　）。

    A. 状态与状态不能相连，必须用转移分开

    B. 转移和转移可以相连

    C. 状态与转移之间不用线段连接

    D. 状态转移图可以没有初始状态

3. 步进指令共有（　　　）。

    A. 6 条　　　　　　B. 10 条　　　　　　C. 2 条　　　　　　D. 4 条

4. 步进顺序控制中的三要素的顺序是（　　　）。

    A. 负载驱动、转移条件、转移方向　　B. 转移条件、转移方向、负载驱动

    C. 负载驱动、转移目标、转移方向　　D. 负载驱动、转移方向、转移条件

三、简答题

1. STL 指令和 LD 指令有哪些不同？

2. 说明顺序控制的状态转移图中所指的单序列、选择序列、并行序列有何不同。

3. 试述状态转移图和梯形图中的三要素是什么。

4. 为什么在梯形图中允许双线圈输出？

5. 步进指令的编程中，初始状态的元件地址和编程过程中的元件地址有区别吗？同一状态继电器在一个程序中能使用多次吗？

6. 顺序控制的编程中，状态三要素的顺序能互换吗？

7. 顺序控制系统使用步进指令编程时，能否只用 STL 指令而不用 RET 指令？

四、将图 11.18 所示单序列的状态转移图转换成梯形图的形式，并写出指令语句。

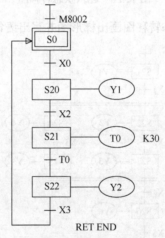

图 11.18　题四状态转移图

五、有一选择序列的状态转移图，如图 11.19 所示，试对其编程。

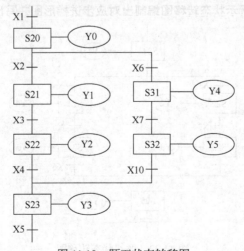

图 11.19　题五状态转移图

六、有一并行序列的状态转移图，如图 11.20 所示，试对其编程。

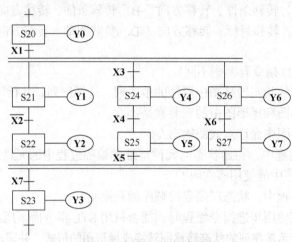

图 11.20　题六状态转移图

七、试根据图 11.21 所示状态转移图画出梯形图并写出语句表。

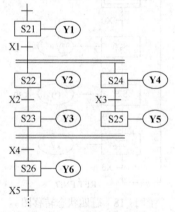

图 11.21　题七状态转移图

八、试根据图 11.22 所示状态转移图编制出对应步进梯形图并写出相应的指令语句。

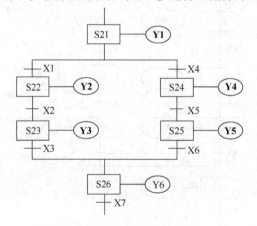

图 11.22　题八状态转移图

九、图 11.23 所示为小车运料过程控制示意图。设小车的初始位置处于图中左端，小车在初始位置压下后限位开关，当闭合启动开关 X0 的常闭触点时，小车向右前进，直到前进限位开关闭合后，料斗门开关 Y1 打开装料，装料时间设置为 8s，8s 后小车向后运行，直到后限位开关闭合时，打开小车底门卸料，卸料时间设定为 6s，至此完成一次运行的全过程。要求在小车启动后，能实现连续往返动作的自动装、卸料循环控制。

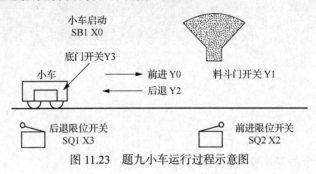

图 11.23　题九小车运行过程示意图

项目十二 应用指令的 PLC 控制技术

知识 目标

1. 了解应用指令的基本格式及使用要素。
2. 理解应用指令所具有的功能及在工程实例中的应用。
3. 初步掌握运用应用指令进行 PLC 编程的方法。

能力 目标

1. 具有对应用指令编写的程序进行分析的能力。
2. 具有依靠应用指令对一些控制环节进行编程的能力。

12.1 项目导入：应用指令编程实例

FX$_{3U}$ 型 PLC 中，既准备了数据的传送和比较、四则运算、逻辑运算、数据的循环和移位等基本应用指令，还具有输入输出刷新、中断、高速计数器等专用比较指令及高速脉冲输出等的高速处理指令等，应用指令多达 209 种，使 PLC 成为真正意义上的工业计算机。

FX$_{3U}$ 型 PLC 的编程手册中列出了 295 条应用指令，其中许多条应用指令具有很强大的功能，往往一条就可以实现几十条基本指令才可以实现的功能；还有一些功能指令具有基本指令难以实现的功能，如 RS 指令、FROM 指令等。

12.1.1 传送指令 MOV 编程实例：电动机的Y-△降压启动的 PLC 控制

控制要求：按下电动机启动按钮 SB1，主回路通断控制接触器和电动机Y连接控制接触器 KM1、KM2 得电，电动机Y启动，Y启动时间定为4s，4s 后Y连接控制接触器 KM2 失电；KM2 失电后延时 1s，△连接控制接触器 KM3 得电，电动机△全压运行；按下停止按钮 SB2，电动机△停止运行。

12.1 传送指令 MOV 的应用

用 FX$_{3U}$ 型 PLC 控制的电动机Y-△降压启动的梯形图如图 12.1 所示。

图 12.1 中，梯形图的 X0 由外部启动按钮 SB1 驱动，X1 由外部停止按钮 SB2 驱动；Y0 用来驱动外部主电源接触器 KM1 的线圈，Y1 用来驱动Y接法接触器 KM2 的线圈，Y2 用来驱动△接法接触器 KM3 的线圈。

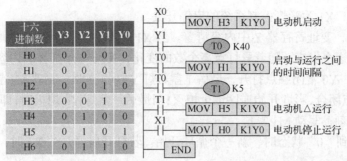

图 12.1 十六进制数与目标操作数的关系及电动机Y-△降压启动的梯形图

梯形图分析：当按下启动按钮 SB1 时，输入继电器 X0 常开触点接通，把十六进制常数 H3 传送到目标操作数中，对照图 12.1 中左边表可知，源操作数 H3 对应目标操作数中有 Y0、Y1 为 "1" 态（得电），电动机Y连接启动状态开始；该状态延续时间长短由定时器 T0 控制，定时器 T0 延时 4s 时间到，源操作数 H1 被传送到目标操作数中，对照图 12.1 中左边表可知，十六进制数 H1 对应的目标操作数中只有 Y0 为 "1" 态，该状态是Y连接启动结束和△连接运行开始之间的时间间隔，间隔时间长短由定时器 T1 控制；定时器 T1 延时时间到，Y连接启动和△连接运行之间的时间间隔结束，源操作数 H5 被传送到目标操作数中，对照图 12.1 中左边表可知，目标操作数中十六进制数 H5 对应的是 Y0、Y2 为 "1" 态（得电），此时电动机进入△连接运行状态；按下停止按钮 SB2，输入继电器 X1 常开触点闭合，源操作数 H0 被传送到目标操作数中，对照图 12.1 中左边表可知，目标操作数中十六进制数 H0 对各输出继电器的状态全是 "0"（失电），电动机停止运行。

12.1.2 运算指令 INC、DEC 编程实例：12 盏彩灯正序点亮、逆序熄灭的控制

共有彩灯 12 盏——Y0～Y13（没有 Y8 和 Y9），试用 FX$_{3U}$ 型 PLC 中的 INC、DEC 指令及变址寄存器、定时器实现正序点亮至全点亮、逆序熄灭至全熄灭的再循环控制。要求：无论正序点亮还是逆序熄灭，相隔时间均为 1s，用秒脉冲 M8013 实现相隔时间控制。

彩灯正序点亮、逆序熄灭的梯形图及说明如图 12.2 所示。

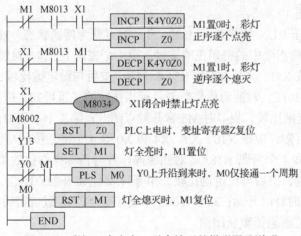

12.2 逻辑运算指令 INC、DEC 的应用

图 12.2 彩灯正序点亮、逆序熄灭的梯形图及说明

在梯形图中，X1 为彩灯控制系统的启停开关。

PLC 上电时，变址寄存器 Z 中内容清零。当 X1→ON，且 M1 置 0 时，第 1 梯级的 INC 指令使彩灯正序逐个点亮，随着彩灯点亮个数的变化，变址寄存器 Z 的内容随之变化；当第 1 盏彩灯点亮时，Y0 常闭触点打开，最后 1 盏彩灯 Y13 点亮时，驱动 M1 置 1，使其常闭触点打开、常开触点闭合，彩灯开始逆序逐个熄灭；当最后一盏灯 Y0 熄灭时，即 Y0 由 ON→OFF 的下降沿到来时刻，驱动 M1 复位。

当 M1 又回到"0"状态时，新一个循环开始。若打开启停开关 X1 时，驱动 M8034，彩灯禁止点亮。

12.1.3　比较指令 CMP 编程实例：密码锁的设定

12.3　比较指令 CMP 的应用

密码锁系统有 12 个按钮，分别接入 X0～X13（没有 X8、X9），其中 X0～X3 代表 3 位十六进制数的最低位，X4～X7 代表 3 位十六进制数的第 2 位，X10～X13 代表十六进制数的最高位。

设计要求：开锁时，每次同时按 4 个键，分别代表 3 个十六进制数，共按 4 次，如果与密码锁设定值都相符时，3s 后密码锁打开。打开 10s 后密码锁重新锁定。

密码锁设置：设置 H2A4、H01E、H151、H18A 为密码，假如从源操作数 K3Y0 上送入的数据与 H2A4、H01E、H151、H18A 相等（通过比较确定）时，密码锁打开。

密码锁的源操作数与目标操作数的关系如表 12-1 所示。

表 12-1　密码锁的源操作数与目标操作数的关系

十六进制数	X13	X12	X11	X10	X7	X6	X5	X4	X3	X2	X1	X0
0	0	0	0	0	0	0	0	0	0	0	0	0
H2A4	0	0	1	0	1	0	1	0	1	0	0	0
H01E	0	0	0	0	0	0	0	1	1	1	0	1
H151	0	0	1	1	1	0	0	1	0	0	0	1
H18A	0	0	1	1	0	0	0	1	0	1	0

密码锁的梯形图程序如图 12.3 所示。

程序分析：只要 PLC 处于 RUN 的状态，M8000 常开触点就为接通状态。在此状态下，开锁人只要按照 M8000 后功能指令中的密码正确按键：第 1 个密码 H2A4，对照源操作数与目标操作数的关系可知，应按 X11、X7、X5 和 X3 1 4 个键，按后与设定键比较，相等时 M2 常开触点闭合；第 2 个密码 H01E，对照源操作数与目标操作数的关系可知，应按 X4、X3、X2 和 X0 4 个键，按后与设定键比较，相等时 M5 常开触点闭合；第 3 个密码 H151，对照源操作数与目标操作数的关系可知，应按 X10、X7、X4 和 X0 等 4 个键，按后与设定键比较，相等时 M8 常开触点闭合；第 4 个密码 H18A，对照源操作数与目标操作数的关系可知，应按 X10、X7、X3 和 X1 4 个键，按后与设定键比较，相等时 M11 常开触点闭合。4 次按键全部正确时，定时器 T0、T1 延时计时开始，3s 后 T0 常开触点闭合，Y0 置位密码锁打开；10s 后 T1 常开触点闭合，Y0 复位密码锁重新闭锁。

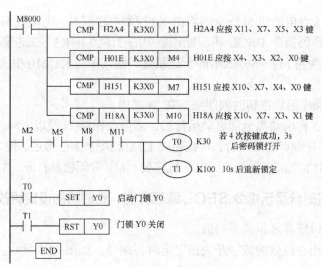

图 12.3 密码锁的梯形图程序

12.1.4 译码指令 DECO 编程实例：5 台电动机的顺序控制

12.4 译码指令 DECO 的应用

用 DECO 指令实现单按钮控制的 5 台电动机的顺序启动和停止。

控制要求：由外部按钮 SB 驱动 X0 控制 5 台电动机的顺序启动。5 台电动机分别由 Y0～Y4 驱动控制。按启动按钮 1 次，所按号码与一台电动机编号相同，该台电动机启动，两台电动机启动时间保持 1s 以上。按钮按动 5 次，5 台电动机全部启动完毕。

设计的梯形图与说明如图 12.4 所示。

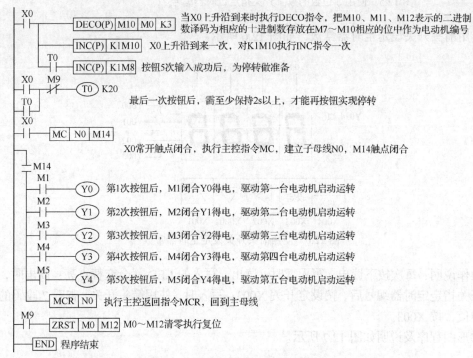

图 12.4 译码指令 DECO 的应用举例

167

在图 12.4 中，5 台电动机 M1～M5 均由 X0 控制顺序启动。电动机编号使用 INC 指令记录在 K1M10 中，译码指令 DECO 将源操作数中的 3 位（n=K3）二进制数据 M12、M11、M10 中的内容译码为由 M7～M0 表示的十进制数，使其中与 K1M10 中二进制数据相同的十进制数码置 1。

5 台电动机的顺序启动按钮时间间隔应在 2s 之内。

当按钮数次使 5 台电动机全部启动运行后，需至少保持 2s 及以上时间，这时 T0 延时时间已到，T0 延时常开触点已经闭合，再按钮时 K1M8 执行 INC 指令，使 M9 置位，M9 常开触点闭合，M0～M12 全部清零复位，电动机停转；M9 常闭触点打开，T0 复位。

12.1.5　7 段时分显示指令 SEGL 编程实例：定时器的设定更改及显示

更改定时器的设定并显示其当前值。

控制要求：使用 3 位数的数字开关指定定时器编号，如图 12.5 所示。

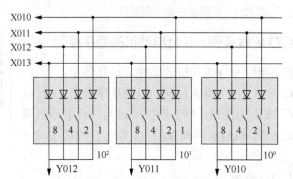

12.5　7 段时分显示指令 SEGL 的应用

图 12.5　使用 3 位数的数字开关指定定时器编号

使用箭头开关设定定时器常数，如图 12.6 所示。

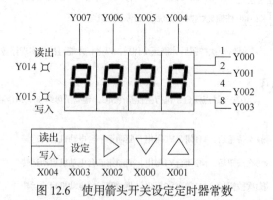

图 12.6　使用箭头开关设定定时器常数

操作说明：每次按下读出、写入键时，读出、写入的 LED 就会交替点亮：读出时，使用数值开关指定定时器编号后，按设定开关 X003；写入时，使用箭头开关，查看 7 段码的同时设定数值，按 X003。

梯形图程序及说明如图 12.7 所示。

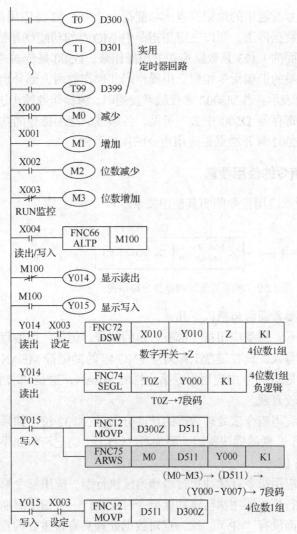

图 12.7 7 段时分显示指令的应用举例

12.2 相关知识

FX 系列 PLC 应用指令和基本逻辑指令的形式不同,一条基本逻辑指令只完成一个特定的操作,而一条应用指令却能完成一系列的操作,相当于执行了一个子程序。应用指令用于运动控制、模拟量控制等场合时功能更强大、编程过程更精练。

12.6 应用指令的基本格式

12.2.1 应用指令的基本格式

PLC 的应用指令都遵循一定的规则,表示形式也是一致的:应用指令一般都按功能编号 FNC 00～FNC 295 编排。

FX 系列 PLC 的应用指令在梯形图中用功能框表示。图 12.8 即为应用指令的基本格式。

| M8002 | FNC 12 MOV | K123 | D500 |

图 12.8 应用指令的基本格式

功能框中用功能号或通用的助记符表示功能指令：FNC 12 是应用指令编号，英文 MOV 翻译为中文的意思是数据传送，所以在应用指令中 MOV 的功能就是数据传送，因此 MOV 是"传送"指令。后面的 K123 是数据传送的源操作数，D500 是传送的目标操作数的地址。显然，应用指令同一般的汇编指令相似，由操作码和操作数两大部分组成。

图 12.8 中的指令表示：当 M8002 常开触点接通时，源操作数的十进制常数 K123 就被送到目标操作数的数据寄存器 D500 中去。可见，各编号的应用指令的功能代码，直接表达了该指令能做什么。M8002 常开触点是应用指令的执行条件。

12.2.2 应用指令的使用要素

下面以图 12.9 所示应用指令阐明其使用要素。

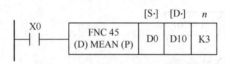

图 12.9 求平均值的功能指令梯形图

应用指令的使用要素通常包括以下几条。

（1）应用指令编号：每条应用指令都有一定的编号，但是，用编程器输入应用指令时，应用指令的编号不需写入，只在键盘上敲对应 FNC 45 的助记符 MEAN 即可。

（2）助记符：就是图 12.9 中应用指令第 1 栏的 MEAN，这是"求平均值"的英文缩写，这样能见名知义，比较直观。

（3）数据长度：应用指令依处理数据的长度分 16 位和 32 位。如果所处理数据的长度为 32 位时，应用指令第 1 栏的助记符前面要加写"（D）"，助记符前如果没有此符号，则说明处理数据的长度为 16 位。

（4）执行形式：应用指令有脉冲执行型和连续执行型。应用指令第 1 栏中助记符后面的"（P）"表示为脉冲执行型，即在执行该功能指令时仅执行一个扫描周期；如果是连续执行功能指令，则助记符后面没有"（P）"。这一点对数据处理具有很重要的意义。

（5）操作数：是应用指令涉及或产生的数据，由不会因通过执行指令而使内容变化的源操作数[S·]、通过执行指令其内容发生变化的目标操作数[D·]及数据个数 m 或 n 组成。在图 12.9 中，由数据个数 n=K3 可知源操作数[S·]有 3 个，即 D0、D1 和 D2，程序中通常只写首地址 D0。目标操作数[D·]的存放地址是 D10。当一条应用指令中有多个源操作数或多个目标操作数时，可用[S1·]、[S2·]或[D1·]、[D2·]表示。

图 12.9 中这条应用指令表示：当 X0 接通时，从 D0、D1 和 D2 中取出它们所存储的 3 个数，把它们加起来后除以 3，求出其算术平均值，并把这个平均值送到 D10 寄存器中，如果 X0 断开，则该指令不执行。

操作数的排列次序是有要求的：源操作数在前，目标操作数随后，操作数据个数在最后。

注意：有的应用指令只需指定功能，因此可不需要操作数，但更多的应用指令要求多个操作数。

（6）变址功能。操作数可具有变址功能，当操作数旁边加有"·"时，即为具有变址功能的操作数。如图 12.9 中功能指令第 2 栏和第 3 栏的[S·]和[D·]。

应用指令的第 1 栏助记符占一个程序步，每个操作数占 2～4 步，其中 16 位操作数占 2 步，32 位操作数占 4 步；如果图 12.9 中没有"（D）"，为 16 位操作数时，该应用指令占 7 个程序步，如果有"（D）"，则为 32 位操作数，该应用指令占 13 个程序步。

12.2.3 应用指令的变址操作

变址寄存器 V 和 Z 除了和通用数据寄存器一样用于数据的读/写外，主要在传送、比较指令中用来修改操作对象的元件号，其操作方式与普通数据寄存器一样。

变址操作方法是将 V、Z 放在各种寄存器后面，充当操作数地址的偏移量。操作数的实际地址就是寄存器的元器件号和 V 或 Z 内容相加的和。当源操作数和目标操作数中的数据寄存器都为 32 位数据时，就可进行变址操作。操作时，V 为高 16 位，Z 为低 16 位，但只需指定低位的 Z，就可代表 V 和 Z，即 32 位指令中 V、Z 自动组对使用。变址操作梯形图示例如图 12.10 所示。

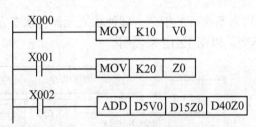

图 12.10 变址操作梯形图示例

在图 12.10 所示的梯形图中，第 1 条 MOV 传送指令的含义为：将 K10 送到 V0 中；第 2 条 MOV 传送指令的含义为：将 K20 送到 Z0 中，因此，变址寄存器 V、Z 的内容分别为十进制数 10 和 20。第 3 条 ADD 加法指令的含义为将 D5V0（变址为 D15）+D15Z0（变址为 D35）的结果送到 D40Z0 中（变址为 D60）。

例如，Z0=5，则 D5Z0=D10，T6Z0=T11，K1Y0Z0=K1Y5。即：改变 Z0、V0 的数值，可完成不同数据寄存器的求和运算，可见，变址寄存器可以使程序简单化。

12.2.4 条件跳转指令 CJ 的使用说明

12.8 条件跳转指令 CJ 的使用说明

FX_{3U} 系列 PLC 的应用指令中，程序流程控制指令都是 10 条，功能号是 FNC00～FNC09。通常 PLC 的控制程序是顺序逐条执行的，但在许多场合下有要求改变控制程序的执行流程，这时就可以采用流程控制指令来实现。程序流程控制指令可以影响程序执行的流向及内容，对合理安排程序的结构、有效提高程序的功能、实现某些技巧性运算有着十分重要的意义。

程序流程控制中的条件跳转指令 CJ，可以使 CJ 指令开始到 CJ 指针为止的顺控程序不执行，还可以缩短循环时间和执行使用双线圈的程序。

1. 条件跳转指令的要素和功能

（1）条件跳转指令的要素。

① 条件跳转指令的助记符为 CJ。

② CJ 指令的代码为 FNC 00。

③ CJ 指令的操作数：FX_{3U} 及其更高系列的条件跳转指令的操作数指针为 P0-P4095（其

中 P63 表示向 END 步跳转，因此程序中不能对 P63 编程）。

④ 程序步：CJ 指令是 16 位指令，占 3 步，操作数 P 占 1 步。

（2）CJ 指令的操作功能。

① 当跳转条件成立时跳过一段程序，跳转至指令中所标明的标号处执行，以图 12.11 说明。

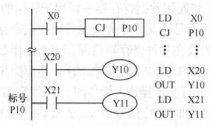

图 12.11　CJ 指令的操作功能①说明

② 跳过的程序段中均为不执行的指令，即使输入元器件状态发生改变，不执行指令的输出元器件状态也维持不变，以图 12.12 来说明。

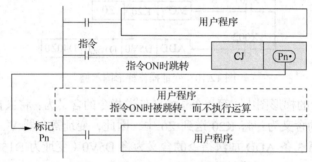

图 12.12　CJ 指令的操作功能②说明

③ 如果跳转条件不成立，则按顺序执行。

2. CJ 指令的使用说明

下面以图 12.11 所示梯形图为例说明 CJ 指令在程序中的应用。

在图 12.11 中，当 X0 接通为 ON 时，程序跳过 X0 梯级～X20 梯级，直接转到指针 P10 处执行；但在 X0 断开为 OFF 时，跳转指令不执行，程序按原顺序执行。

3. 使用 CJ 指令时的注意事项

（1）处于被跳过程序段中的 Y、M、S，由于该段程序不再执行，即使梯形图中涉及的工作条件发生变化，它们仍将保持跳转发生前的工作状态不变。

（2）被跳过程序段中的 T、C，无论它们是否具有掉电保持功能，跳转后它们的计时值和计数值保持不变，当跳转中止、程序继续执行时，计时、计数继续进行。且 T、C 的复位指令具有优先权，即使复位指令位于被跳过的程序段中，只要满足执行条件，复位工作马上执行。

（3）由于 CJ 指令具有选择程序段的功能，因此同一程序中位于因跳转而不会被同时执行的程序段中的同一线圈不被视为双线圈。

（4）同一程序中一个指针标号只能使用一次，不能在两处或多处使用同一指针。

（5）指针 P63 标号比较特殊，它表示程序直接跳转到 END。

（6）CJ 指令的执行条件如果为 M8000，则为无条件跳转，因为 PLC 运行时 M8000 为 ON。

4．CJ 指令的应用

工业控制中经常将 CJ 指令用于手动自动操作状态的转换，有时也用于有选择地执行一定的程序段。图 12.13 所示就是一段手动/自动程序选择的梯形图。

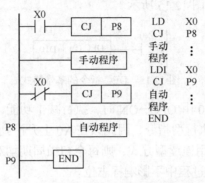

图 12.13　手动/自动程序选择的梯形图

为了提高设备的可靠性及满足调试的需要，许多设备要建立手动控制和自动控制两种工作方式。这时就需要在程序中编排两段子程序，一段用于手动控制，另一段用于自动控制，然后设立一个手动/自动的转换开关，根据实际需要对程序段进行选择。图 12.13 中的 X0 是手动/自动转换开关。当 X0→ON 时，程序跳过手动程序区域，由指针标号 P8 执行自动工作方式；当 X0→OFF 时，程序直接跳到 END。

12.2.5　加 1、减 1 指令

在 FX$_{3U}$ 系列的 PLC 中，包含了四则运算和逻辑运算指令 FNC 20～FNC 29，共计 10 条。其中 INC 为加 1 指令，DEC 为减 1 指令。

1．加 1 指令

加 1 指令 INC 的功能号是 FNC 24，助记符为 INC，助记符加前缀（D）为 32 位，否则为 16 位，加后缀（P）时为脉冲执行型，否则为连续执行型。

INC 指令的操作数[D·]的数据范围为 KnY、KnM、KnS、T、C、D、V、Z。

在程序中，16 位 INC 指令占 3 个程序步，32 位 INC 指令占 5 个程序步。

加 1 指令 INC 的基本格式如图 12.14 所示。

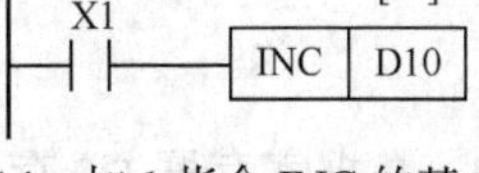

```
        X1        [D·]
   ┤ ├──────┤ INC │ D10 │
```

图 12.14　加 1 指令 INC 的基本格式

INC 指令的功能：当 X1→ON 时，执行加 1 功能，即 D10 中的二进制数加 1。梯形图为连续执行型指令，因此，每个扫描周期都要执行对 D10 中数据加 1 的操作。

INC 指令在运算过程中不影响标志位。假如有影响，16 位运算时，由于符号位的问题，

+32767 再加 1 就变成-32768，运算就出错了。

2. 减 1 指令

减 1 指令（DEC）的功能号是 FNC 25，助记符为 DEC，助记符加前缀（D）为 32 位，否则为 16 位，加后缀（P）时为脉冲执行型，否则为连续执行型。

DEC 指令的操作数[D·]的数据范围为 KnY、KnM、KnS、T、C、D、V、Z。

在程序中，16 位 DEC 指令占 3 个程序步，32 位 DEC 指令占 5 个程序步。

DEC 指令的基本格式如图 12.15 所示。

```
       X0              [D·]
   ─┤ ├─────┤ DEC (P) │ D10 │
```

图 12.15　DEC 指令的基本格式

DEC 指令的功能：当 X0 由 OFF→ON 时，执行减 1 功能，即 D10 中的二进制数减 1。图 12.15 所示梯形图为脉冲执行型指令，因此只在 X0 上升沿到来时执行一次 DEC 指令，即对 D10 中的数据减 1。如果用连续型方式，则每个扫描周期均对 D10 中的数据减 1。

同样，DEC 指令在运算过程中不影响标志位。

加 1 指令和减 1 指令的应用可参看前面的 12.1.2 中案例的梯形图程序。

12.2.6　应用循环指令编写求和程序

求算式 0+1+2+3+…+100 的和，如果仅使用加法指令，则需要 100 个 ADD 指令，程序就会非常烦琐。由于该算式的构成为：后 1 个加数均比前一个加数大 1，所以可以用加 1 指令 INC 来实现加数的变化。在编写程序时，对于这样大量重复但有规律性的运算，最适合使用循环指令。

12.9　循环指令的
使用说明

FX_{3U} 系列 PLC 的循环指令中，循环开始指令的功能号是 FNC8，助记符是 FOR，操作数有 K、H、KnY、KnM、KnS、T、C、D、V、Z，占 3 个程序步；循环结束指令的功能号是 FNC9，助记符是 NEXT，无操作数，占 1 个程序步。

1. 使用循环指令时的注意事项

（1）循环指令 FOR、NEXT 必须成对使用，缺一不可。位于 FOR、NEXT 之间的程序称为循环体。在一个扫描周期内，循环体反复被执行。

（2）FOR 指令的操作数用于指定循环的次数，循环的次数范围为 1～32767，如循环次数小于 1 时，被当作 1 处理，只循环一次。只有执行完循环次数后，才执行 NEXT 的下一条指令语句。

（3）如果在循环体内又包含了另外一个循环体，称为循环嵌套。循环指令最多允许 5 级循环嵌套。

2. 求和循环的梯形图程序

如图 12.16 所示，梯形图程序中，数据寄存器 D0 存储运算结果，D10 作为循环增量。由于有 100 个加数，所以循环次数为 100，循环体为加法计算。每循环 1 次，D10 中的数据自动加 1，D10 与 D0 相加，计算结果存入 D0 中，循环结束后，D0 中存储的数据为 0+1+2+3+…+100=5050。输入继电器 X000 是计算控制端，X1 是清零控制端。

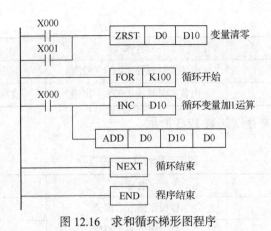

图 12.16　求和循环梯形图程序

 12.3　技能训练：马路照明灯的 PLC 控制系统

12.3.1　控制要求和训练要求

1. 控制要求

设马路照明灯由 PLC 输出端口 Y0、Y1 各控制一半，每年夏季（7 月～9 月）每天 19 时 0 分至次日 0 时 0 分灯全部开，0 时 0 分至 5 时 30 分开一半灯。其余季节每天 18 时 0 分至次日 0 时 0 分全部开，0 时 0 分至 7 时 0 分开一半灯。

2. 训练要求

① 使用 FNC 11 区间比较指令 ZCP 进行梯形图程序的编程，并在仿真软件上运行，验证控制程序是否满足控制要求。

② 将编制好的控制程序下载到 PLC 中运行，验证程序是否满足控制要求。

③ 训练用梯形图工具编制用户程序的技能。

12.3.2　设备与器材

每组 2 人，配三菱 FX$_{3U}$ 系列 PLC 一台，计算机一台（计算机中应安装了三菱 GX 全功能编程软件和仿真软件），传输电缆一根。

12.3.3　实训步骤

1. 理解马路照明灯系统的控制要求，了解并熟悉区间比较指令的功能。

2. 了解和掌握时钟信息的设定方法、时钟专用特殊辅助继电器和特殊数据寄存器。

时钟专用特殊辅助继电器如表 12-2 所示。

表 12-2　　　　　　　　　　时钟专用特殊辅助继电器

特殊辅助继电器	名称	功能
M8015	时钟停止和改写	=1 时钟停止，改写时钟数据
M8016	时钟显示停止	=1 停止显示
M8017	秒复位清零	上升沿时修正秒数

续表

特殊辅助继电器	名称	功能
M8018	内装实时时钟（PTC）检测	平时为1
M8019	内装实时时钟（PTC）出错	改写时间数据超出范围时=1

时钟专用特殊数据寄存器如表 12-3 所示。

表 12-3　　　　　　　　　　　　时钟专用特殊数据寄存器

特殊辅助寄存器	名称	范围
D8013	秒设定值或当前值	0～59
D8014	分设定值或当前值	0～59
D8015	时设定值或当前值	0～23
D8016	日设定值或当前值	1～31
D8017	月设定值或当前值	1～12
D8018	年设定值或当前值	公历 4 位
D8019	星期设定值或当前值	0～6（星期日～星期六）

3. 设置时钟信息：设置时钟信息的程序如图 12.17 所示。

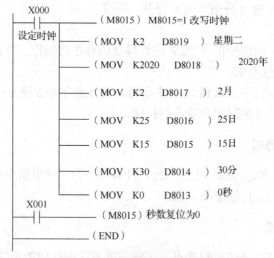

图 12.17　设置时钟信息的程序

图 12.17 中，当 X000 触点闭合时，把即时时钟信息"2020 年 2 月 25 日 15 时 30 分 0 秒和星期二"写入 PLC 的特殊数据寄存器 D8013～D8019；当 X000 触点断开后 PLC 按设置的时间信息运行。当 X001 触点闭合瞬间，D8013 中的秒数复位为零，可以用来精确地调整时间。

4. 控制马路照明灯时钟的梯形图程序与说明如图 12.18 所示。

梯形图程序中：0～9 步，应用区间比较指令 ZCP 划分月份段，1～6 月，M0=1；7～9 月，M1=1；10～12 月，M2=1。

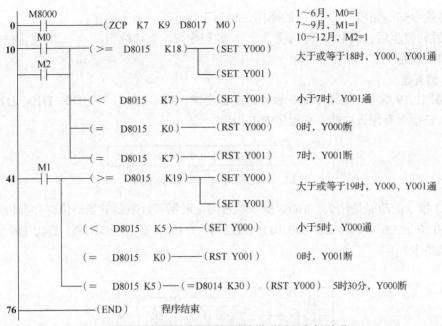

图 12.18　控制马路照明灯时钟梯形图程序与说明

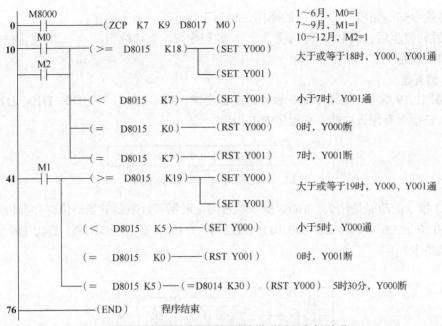

程序步 10～40，除夏季以外的时钟控制段，当时钟等于或大于 18 时，Y000、Y001 通电，全部灯亮；到次日 0 时 0 分，Y0 断电，只有一半灯亮；到次日 7 时 0 分，Y001 断电，全部灯灭。指令语句 "AND< D8015 K7" "SET Y001" 是为了保证 PLC 在 0 时以后断电重新启动后在规定的亮灯时间段内灯亮。

程序步 41～75，是夏季的时钟控制段，请读者根据上面的分析方法自行分析。

5. 对马路照明灯时钟控制系统的步进梯形图程序进行仿真、观察并进行调试、诊断、修改，直到符合要求。

6. 把图 12.18 所示程序写入 PLC，将 PLC 处于运行状态，对程序进行仿真。

12.3.4　实训评分

1. 分组考核（成绩占 50%）
按实训步骤分步考核，考查各步骤掌握情况。

2. 单独考核（成绩占 40%）
按项目考核，考查相关技能是否掌握。

3. 综合素质考核（成绩占 10%）
按实训过程考核，考查安全、卫生、文明操作及团队协作精神。

12.4　练习题

一、填空题

1. 应用指令的基本格式中一般都包括_____、_____和_____这 3 个内容。

2. 功能指令和基本逻辑指令的形式不同，一条基本逻辑指令只完成_____的操作，而一条功能指令却能完成_____的操作，相当于执行了一个子程序。

3. 跳转发生后，CPU 不再扫描_____的程序段，直接跳到_____的位置扫描，使扫描周期得以缩短。

二、简答题

1. 图 12.19 所示应用指令的一级梯形图程序中，X0、(D)、（P）、D0、D10、D12 分别表示什么？该指令有什么功能，在程序中占几步？

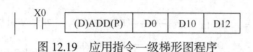

图 12.19　应用指令一级梯形图程序

2. CJ 指令的功能是什么？MOV 指令能否向定时器和计数器的当前值寄存器传送数据？

3. 在图 12.20 中，若 D0=00010110，D2=00111100，在 X→ON 时，D4、D6、D8 的结果分别是多少？

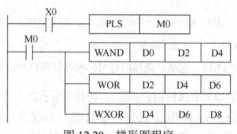

图 12.20　梯形图程序

三、用功能指令设计一个 7 段数码管构成的 0～9 数字循环点亮的控制系统。

控制要求：手动控制时，每按一次按钮数码管数字显示加 1，由 0～9 依次点亮，并实现循环；自动控制时，每隔 1s 数码管显示数字显示加 1，由 0～9 依次点亮，并实现循环。

四、用 CMP 指令实现下面功能：X0 为脉冲输入，当脉冲数小于 5 时，Y0 为 ON；当脉冲数大于 5 时，Y1 为 ON，编写梯形图程序。

五、有 3 台电动机相隔 3s 启动，各运行 10s 停止，重复循环。试用比较指令编制出梯形图控制程序。

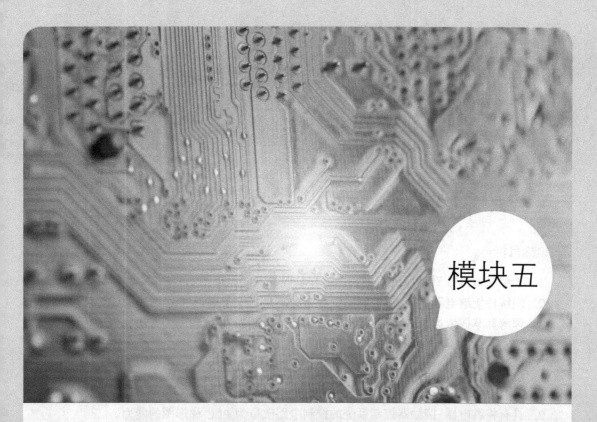

模块五

PLC 的工程应用及程序设计

随着 PLC 性价比的不断提高，PLC 的应用范围也在不断扩大：开关逻辑和顺序控制在组合机床、自动化生产线中得到了广泛的应用；模拟控制在锅炉、冷冻、水处理和电动机的速度控制中应用越来越普遍；实现了多重的检出元器件和联锁系统的逻辑运算；在工业自动化生产线上对机器人进行控制；在上位机和下位机之间完成数据的处理和信息交换，进而实现对整个生产过程的信息控制和管理等。因此，了解 PLC 在工程实际中的应用，初步运用 PLC 基本指令和一般应用指令对一般电气控制系统进行梯形图设计编程，掌握和提高 PLC 控制系统的程序设计、设备安装及应用维护能力，已经成为电气工程技术人员的必需。

项目十三 继电器-接触器控制系统的 PLC 改造

知识 目标

1. 了解 Z3050 摇臂钻床的应用，理解和掌握其电气原理图的分析。
2. 理解传统继电器-接触器控制系统存在的不足，以及进行 PLC 改造的必要性。
3. 理解和掌握依据原继电器-接触器控制环节改造为 PLC 程序的方法和步骤。

能力 目标

1. 具有分析典型设备电气原理图的能力。
2. 具有将继电器-接触器控制系统的控制电路改造为 PLC 梯形图的能力。

13.1 项目导入:Z3050 摇臂钻床继电器-接触器控制系统的 PLC 改造

目前，PLC 在机床的电气控制中应用越来越多，很多企业纷纷尝试应用 PLC 对机床原有的电气控制系统进行 PLC 改造并取得成功。Z3050 摇臂钻床适用于单件或批量生产带有多孔的大型零件，在机械加工行业中得到了广泛的应用。由于传统的继电器-接触器控制的摇臂钻床存在电路接线复杂、触点多、噪声大、可靠性差、故障诊断与排队困难等缺点，对 Z3050 摇臂钻床原有电气控制系统进行 PLC 技术改造非常必要。

13.1 继电控制
系统的 PLC 改造

13.1.1 Z3050 摇臂钻床电气原理分析

1. Z3050 摇臂钻床电力拖动特点

（1）由于摇臂钻床的运动部件较多，为简化传动装置，需使用 4 台电动机拖动：主轴电动机承担主钻削及进给任务，摇臂升降、夹紧放松和冷却泵各用一台电动机拖动。

（2）为适应多种加工方式的要求，主轴及进给应在较大范围内调速：调速采用机械调速，主轴变速机构与进给变速机构在一个变速器内，用手柄操作变速器调速，由主轴电动机拖动。

（3）加工螺纹时要求主轴电动机能够正、反转。摇臂钻床的正、反转一般用机械方法实现，电动机只需单方向旋转。

2．Z3050 摇臂钻床的控制要求

（1）摇臂的升降由单独一台电动机拖动，并要求能够实现正、反转。

（2）摇臂的夹紧与放松和立柱的夹紧与放松由一台异步电动机配合液压装置来完成。要求这台电动机能够正、反转。摇臂的回转和主轴箱的径向移动在中小型摇臂钻床上通常都采用手动。

（3）钻削加工中，对刀具或工件进行冷却时，需要一台冷却泵电动机拖动冷却泵输送冷却液。

（4）各部分电路之间应有必要的保护和联锁。

（5）具有机床安全照明电路与信号指示电路。

3．Z3050 摇臂钻床控制系统的电气原理图

Z3050 摇臂钻床控制系统的电气原理图如图 13.1 所示。图中的 M1 是主轴电动机，M2 是摇臂升降电动机，M3 是液压泵电动机，M4 为冷却泵电动机。

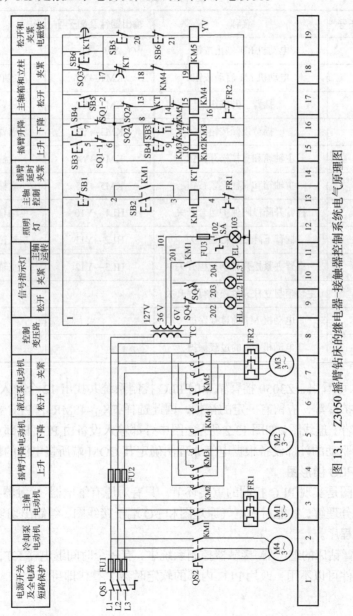

图 13.1　Z3050 摇臂钻床的继电器-接触器控制系统电气原理图

13.1.2　Z3050 摇臂钻床继电器–接触器控制系统的 PLC 改造过程

1. 由继电器-接触器控制原理图确定 PLC 的 I/O 点数及 PLC 选型

在充分理解 Z3050 摇臂钻床的继电器-接触器控制系统电气原理图的同时，确定哪些条件可以定为 PLC 的输入信号，哪些对应于 PLC 的输出信号，从而确定 PLC 的 I/O 点数。

对图 13.1 所示电气原理图中的 I/O 器件进行分类，并对其进行 I/O 端子分配，之后罗列于表 13-1 中。

表 13–1　　　　　　　　　　I/O 器件分类及端子分配

输入器件及端子号	名称	输出器件及端子号	名称
SB1→X1	电动机 M1 停止按钮	YV→Y0	二位六通电磁阀
SB2→X2	电动机 M1 启动按钮	KM1→Y1	主轴电动机控制接触器
SB3→X3	摇臂上升按钮	KM2→Y2	摇臂上升控制接触器
SB4→X4	摇臂下降按钮	KM3→Y3	摇臂下降控制接触器
SB5→X5	主轴箱和立柱松开按钮	KM4→Y4	立柱松开控制接触器
SB6→X6	主轴箱和立柱夹紧按钮	KM5→Y5	立柱夹紧控制接触器
SQ1→X7	摇臂升降极限保护组合开关	HL1→Y10	主轴箱和立柱松开指示灯
SQ2→X10	摇臂下降限位行程开关	HL2→Y11	主轴箱和立柱夹紧指示灯
SQ3→X11	摇臂夹紧松开自动行程开关	HL3→Y12	主轴旋转工作指示灯
SQ4→X12	主轴箱与立柱夹紧松开行程开关		
FR1→X13	电动机 M1 的过载保护		
FR2→X14	电动机 M3 的过载保护		

从表 13-1 可看出，Z3050 摇臂钻床的 PLC 控制系统共找出 12 个输入点、9 个输出点。考虑到今后的扩展等，应留有一定的裕量，因此选择 FX_{3U}-48MR 的 PLC 机型。

画出 I/O 端子连线图，如图 13.2 所示。图中外部输入设备由 PLC 内部 DC24V 电源驱动。PLC 输出直接驱动的外部设备根据电气原理图确定其 COM 端所接电源的性质和数值。

2. 绘制 PLC 梯形图

绘制梯形图是实现 PLC 控制的重要环节。只有对原有继电器-接触器控制系统的电气原理图读懂且充分理解，才能对照电气原理图和 I/O 端子接线图，编制出切实可行的 PLC 控制系统的梯形图程序。

Z3050 摇臂钻床的继电器-接触器控制系统中，有一个时间继电器 KT，在 PLC 改造时该时间继电器硬件可以不用，改用 PLC 内部的软定时器 T 替代即可。

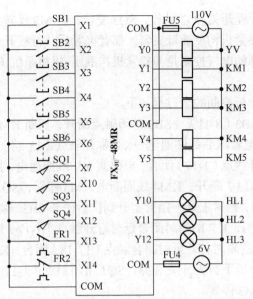

图 13.2 Z3050 摇臂钻床 PLC 控制系统的 I/O 接线图

注意：在对继电器–接触器控制系统进行PLC改造的过程中，原控制系统中的中间继电器、时间继电器等硬件设备，都可以用PLC内部的编程软元件进行替换。

绘制 PLC 梯形图的过程，实际上就是保持原来的逻辑控制关系，把继电器、接触器的硬接线改造成 PLC 内部软元件的软接线（程序）。因此 PLC 的梯形图程序中，各个控制环节都要参考原继电器–接触器控制系统的电气原理图，对继电器–接触器控制系统中的各条支路逐条进行转换。

（1）主轴电动机的控制

继电器–接触器控制系统中，主轴电动机的控制是一个典型的启、保、停电路。让外部按钮 SB2、SB1 驱动 PLC 内部的 X2 和 X1，Y1 驱动接触器线圈 KM1，指示灯 HL3 由 Y12 驱动，由此可编制出主轴电动机 M1 的 PLC 控制系统的梯形图程序如图 13.3 所示。

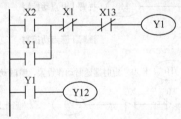

图 13.3 主轴电动机 M1 的 PLC 控制系统的梯形图程序

（2）摇臂升降及夹紧、放松控制

Z3050 摇臂钻床摇臂的升降由 M2 拖动，SB3 和 SB4 分别为摇臂的升、降点动按钮，由 SB3、SB4 和 KM2、KM3 组成具有双重联锁的 M2 正、反转点动控制电路。因为摇臂平时是夹紧在外立柱上的，所以在摇臂升降之前，先要把摇臂松开，再由 M2 驱动升降。摇臂升降到位后，再重新把它夹紧。

Z3050 摇臂钻床摇臂的放松和夹紧是由液压系统完成的。在电磁阀 YV 线圈通电吸合的条件下，液压泵电动机 M3 正转，正向供出压力油进入摇臂的松开油腔，推动松开机构使摇臂松开。摇臂松开后，行程开关 SQ2 动作，SQ3 复位；若 M3 反转，则反向供出压力油进入摇臂的夹紧油腔，推动夹紧机构使摇臂夹紧。摇臂夹紧后，行程开关 SQ3 动作、SQ2 复位。

由此可见，摇臂升降的电气控制是与松紧机构液压-机械系统（M3 与 YV）的控制配合进行的。

以摇臂上升为例，分析控制的全过程如下。

按住摇臂上升按钮 SB3（8-11）→SB3 常闭触点断开，切断 KM3 线圈支路；SB3 常开触点（1-5）闭合→时间继电器 KT 线圈通电→KT 常开触点（13-14）闭合，KM4 线圈通电，M3 正转；KT 的延时常开触点（1-17）闭合，电磁阀 YV 线圈通电，摇臂松开→行程开关 SQ2 动作→SQ2 常闭触点（6-13）断开，KM4 线圈断电，M3 停转；SQ2 常开触点（6-8）闭合，KM2 线圈通电，M2 正转，摇臂上升→摇臂上升到位后松开 SB3→KM2 线圈断电，M2 停转；KT 线圈断电→延时 1～3s，KT 的瞬时闭合延时打开触点（1-17）断开，YV 线圈通过 SQ3（1-17）→仍然通电；KT 的瞬时打开延时闭合触点（17-18）闭合，KM5 线圈通电，M3 反转，摇臂夹紧→摇臂夹紧后，压下行程开关 SQ3，SQ3 常闭触点（1-17）打开，二位六通阀线圈断电；KM5 线圈断电，M3 停转。

摇臂的下降由 SB4 控制 KM3 使 M2 反转来实现，其过程读者自行分析。时间继电器 KT 的作用是在摇臂升降到位，M2 停转后，延时 1～3s 再启动 M3 将摇臂夹紧，其延时时间视从 M2 停转到摇臂静止的时间长短来定。KT 为断电延时型，在对控制环节分析时应注意。

摇臂松开由 SQ2 发出信号，摇臂夹紧后由行程开关 SQ3 发出信号。如果夹紧机构的液压系统出现故障，摇臂夹不紧；或者因 SQ3 位置安装不当，在摇臂已经夹紧后 SQ3 仍不能动作，即 SQ3 常闭触点（1-17）长时间不能断开，使液压泵电动机 M3 出现长期过载，因此 M3 应有热继电器 FR2 实现过载保护。

摇臂升降的极限保护由行程开关 SQ1 实现，SQ1 有两对常闭触点，SQ1-1（5-6）实现上限位保护，SQ1-2（7-6）实现下限位保护。

摇臂升降控制环节改造成 PLC 控制的梯形图程序如图 13.4 所示。

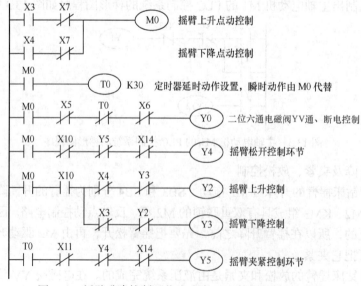

图 13.4　摇臂升降控制环节改造成 PLC 控制的梯形图程序

其中，控制摇臂上升和下降的点动按钮 SB3、SB4 作为 PLC 的输入设备，驱动 PLC 内部的输入继电器 X3 和 X4；主轴箱和立柱松开与夹紧的点动按钮 SB5、SB6 驱动 X5 和 X6；摇臂升降电动机 M2 的正、反转接触器 KM2 和 KM3 由 PLC 内部的输出继电器 Y2 和 Y3 驱动；液压泵电动机 M3 的正、反转接触器 KM4 和 KM5 由 PLC 内部的输出继电器 Y4 和 Y5 驱动；电磁阀 YV 的线圈由 Y0 驱动；摇臂升降的限位保护 SQ1 驱动 X7，SQ2 驱动 X10，SQ3 驱动 X11，SQ4 驱动 X12；FR1 驱动 X13，FR2 驱动 X14；时间继电器 KT 的瞬时动作由辅助继电器 M0 代替，T0 的触点代替了时间继电器 KT 的延时动作。

（3）主轴箱和立柱的夹紧、松开控制

主轴箱和立柱的松紧是同时进行的，SB5 和 SB6 分别为松开与夹紧的控制按钮，由它们点动控制 KM4、KM5，从而控制 M3 的正、反转，由于 SB5、SB6 的常闭触点串联在电磁阀 YV 线圈支路中，所以在操作 SB5、SB6 点动控制 M3 正、反转的过程中，电磁阀 YV 的线圈是不能通电的。液压泵供出的压力油进入主轴箱和立柱的松开、夹紧油腔，推动松、紧机构实现主轴箱和立柱的松开、夹紧。夹紧时，行程开关 SQ4 的常开触点闭合，控制指示灯 HL2 点亮，SQ4 常闭触点断开，HL1 熄灭。反之，在松开时，SQ4 复位，控制指示灯 HL2 熄灭，HL1 点亮。

充分理解了上述继电器-接触器控制系统的主轴箱和立柱的松开、夹紧控制过程，按照该环节的电气控制原理图，编制出 PLC 梯形图程序如图 13.5 所示。

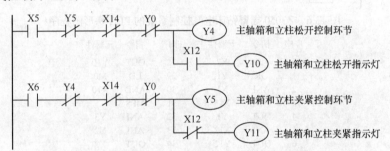

图 13.5　主轴箱和立柱的夹紧、松开控制梯形图程序

至此，Z3050 摇臂钻床各个控制环节的 PLC 改造完成，最后把各个控制环节的梯形图编汇到一起，就完成了 Z3050 摇臂钻床电气控制系统的 PLC 梯形图程序，如图 13.6 所示。

显然，在 Z3050 摇臂钻床电气控制部分的 PLC 梯形图中，并不是把前面所做的几部分控制环节的梯形图全部按（1）、（2）、（3）的顺序移植在一起，而是将各部分综合在一起进行整合，把其中重复的部分去掉，尽量让程序简单化。

3. 写出梯形图程序指令表

针对设计完成的 PLC 梯形图，用计算机编程软件可以较方便地写出对应的程序指令表，如图 13.7 所示。

4. 进行程序调试与设备安装

把写出的用户程序用计算机软件或编程器写入 PLC，进行调试和修改。在调试和修改的过程中，主要是检查程序是否有错，或是观察能否满足生产现场的要求，如发现错误及时改正。当程序无误后，写入 PLC 内部 EPROM 或 EEPROM 芯片，并按照 I/O 端子接线图进行输入、输出设备的连线，进行现场调试，调试成功后即可投入生产现场使用。

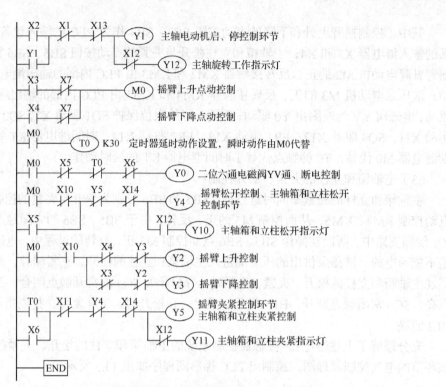

图 13.6　Z3050 摇臂钻床电气控制系统的 PLC 梯形图程序

步序	指令	元器件	步序	指令	元器件
0	LD	X2	28	OUT	Y10
1	OR	Y1	29	LD	M0
2	ANI	X1	30	AND	X10
3	ANI	X13	31	MPS	
4	OUT	Y1	32	ANI	Y3
5	ANI	X12	33	ANI	Y2
6	OUT	Y12	34	OUT	X2
7	LD	X3	35	MPP	
8	ANI	X7	36	ANI	X3
9	LD	X4	37	ANI	Y2
10	ANI	X7	38	OUT	Y3
11	ORB		39	LD	T0
12	OUT	M0	40	OR	X6
13	LD	M0	41	ANI	X11
14	OUT	T0	42	ANI	Y4
15	K	30	43	ANI	X14
16	LD	M0	44	OUT	Y5
17	ANI	X5	45	ANI	X12
18	ANI	T0	46	OUT	Y11
19	ANI	X6	47	END	
20	OUT	Y0			
21	LD	M0			
22	ANI	X10			
23	OR	X5			
24	ANI	Y5			
25	ANI	X14			
26	OUT	Y4			
27	AND	X12			

图 13.7　指令表

对 Z3050 摇臂钻床的继电器–接触器控制系统的分析和 PLC 改造方案的设计，必定对其他机床的改造也具有一定的参考价值。

 ## 13.2　相关知识

大多数电气工程技术人员对继电器–接触器控制系统较为熟悉，在对继电器–接触器控制系统进行 PLC 改造的过程中，由于不太理解 PLC 梯形图程序与继电器–接触器控制系统的控制电路图之间一些细节上的区别，往往会在这些细节上出现处理不当而造成程序出错。为此，继电器–接触器控制系统转换成 PLC 控制的常见问题及处理方法值得研究。

13.2　PLC 改造中常见问题的处理

13.2.1　常闭触点的处理

图 13.8 为单台电动机的启、保、停电路，以此为例进行说明。

在图 13.8（a）所示的电气控制线路图中，SB1 和 SB2 是电

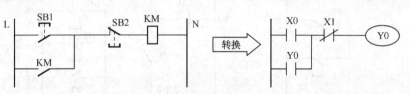

（a）电气控制线路图　　　　　　　　　　　（b）PLC 梯形图

图 13.8　常闭触点处理示意

动机启动与停止的控制按钮，KM 是接触器线圈及其辅助常开触点。这是一个最典型的启、保、停电路，接在火线 L 和零线 N 之间。当按下启动按钮 SB1 时，接触器线圈 KM 得电，它连接在电动机主回路中的 3 个主触点闭合，电动机启动运转，同时控制电路中的辅助常开触点闭合自锁，保证松开启动按钮 SB1 后电动机仍然保持运转；直到按下停止按钮 SB2 时，接触器线圈 KM 失电，3 个主触点打开，电动机停转。上述启、保、停电路改为 PLC 控制时，可画出图 13.8（b）所示的梯形图程序。图中输入继电器 X0 和 X1 分别对应电气控制线路图中的 SB1 和 SB2，输出继电器 Y0 对应 KM，显然梯形图和电气控制线路图非常相似。

但是，如果我们仍然把 SB2 选择为停止按钮时，效果如图 13.9（a）所示。

在 PLC 改造过程中若仍选择 SB2 用常闭触点按钮时，就会发现 PLC 只要一上电，X1 常闭触点就会断开而造成电动机无法启动。究其原因，因 SB2 仍用按钮的常闭触点，所以 PLC 一上电，SB2 就会驱动 X1 得电，其常闭触点就会打开。此类问题处理的方法如图 13.9（b）所示，即在 I/O 接线图的输入端子上使 SB2 选择其常开触点即可。

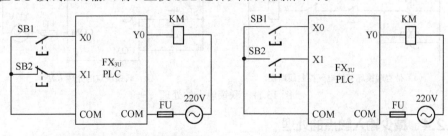

（a）I/O 接线图中 SB2 仍用常闭触点按钮　　　　（b）I/O 接线图中 SB2 改用常开触点按钮

图 13.9　启、保、停电路中停止按钮的处理

13.2.2 电动机过载保护信号的处理

如果电动机控制电路中存在过载保护，通常的处理方法是：把过载保护的热继电器 FR 常闭触点连接在 PLC 的 I/O 接线图输出端子一侧。

在继电器–接触器控制系统中，热继电器 FR 的常闭触点是串联在输出控制回路中的，当电动机因为过载而造成 FR 常闭触点断开时，接触器线圈就会立刻失电使电动机停转，从而起到过载保护作用；若要电动机再启动，必须重新按启动按钮方能运行。但是在 PLC 控制中不一样。如果把 FR 常闭触点串接在 PLC 输出回路，如图 13.10（a）所示，从动作的角度看，它同样能使电动机停止运转，但是由于 PLC 并没有停止工作，Y0 仍然有电流通过，一旦 FR 常闭触点冷却或因其他原因触点复位接通，电动机就会立即重新启动，这样极易造成事故。正确的接法应该如图 13.10（b）所示。

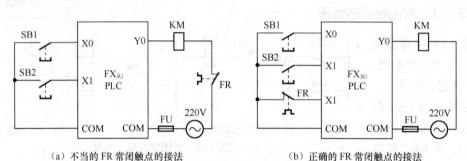

（a）不当的 FR 常闭触点的接法 　　　　（b）正确的 FR 常闭触点的接法

图 13.10　电动机过载保护信号的处理

13.2.3 联锁触点的处理

电动机正、反转控制电路或Y-△启动运行电路中，为防止因触点或相间电弧引起的短路，常加入电气联锁控制环节。这一环节在继电器–接触器控制系统的 PLC 改造过程中，除了梯形图中加入软继电器的联锁外，在 I/O 接线图中也应加入接触器硬件常闭触点的联锁，如图 13.11 所示。

这样处理可确保电动机的正常切换。

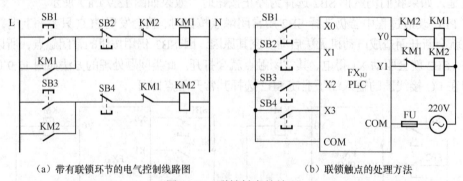

（a）带有联锁环节的电气控制线路图 　　　　（b）联锁触点的处理方法

图 13.11　联锁触点的处理

13.2.4 减少输入触点的处理

多地控制触点的处理主要是停止按钮的处理，即把连接在 PLC 输入端子上的常闭触点按钮换成常开触点按钮，才能保证梯形图触点和电气控制线路中触点的一致性，另外，为尽量减少输入点数，可采用图 13.12 中 I/O 接线图的方法，这种方法的梯形图程序也相对简单。

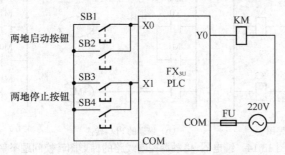

图 13.12　两地控制减少输入触点的处理

13.2.5　减少输出触点的处理

实际应用中，当两组负载不会同时工作时，可以通过外部转换开关或通过受 PLC 控制的软继电器触点进行切换，这样 PLC 的每个输出点可以控制两个不会同时工作的负载，如图 13.13 所示。

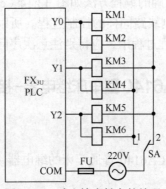

图 13.13　减少输出触点的处理

图 13.13 所示的端子接线图中，KM1、KM3 和 KM5 为一组，KM2、KM4 和 KM6 为一组，两组执行元器件不会同时接通，采用外部转换开关 SA，根据控制要求进行切换，可减少输出触点数。

13.2.6　梯形图编程次序的处理

从工作方式上看，当继电器-接触器控制线路电源接通时，电路中所有继电器都处于受制约状态，即该吸合的继电器都同时吸合，不该吸合的继电器受某种条件限制而不能吸合，这种工作方式称为并行工作方式。而 PLC 的用户程序是按"顺序扫描，不断循环"的串行工作方式执行的，PLC 中的软继电器都处于周期性循环扫描接通中，受同一条件制约的软继电器的动作次序决定于程序扫描顺序。

由于继电器-接触器控制线路与 PLC 的工作方式截然不同，如果在对电气控制线路进行 PLC 改造的过程中不加注意，就有可能造成某些设备的工作状态不正常。以图 13.14 为例进行说明。

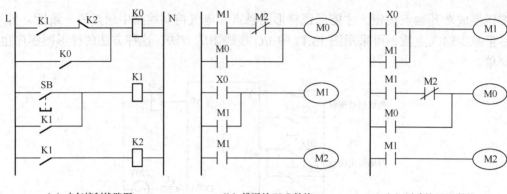

(a) 电气控制线路图　　　　　(b) 错误的PLC转换　　　　　(c) 正确的PLC转换

图 13.14　继电器-接触器控制线路的梯形图转换问题举例

图 13.14（a）所示电气控制线圈的控制过程为：按下按钮 SB 后，K1 得电并自锁，K0、K2 相继得电。如果直接按原样顺序不变转换为图 13.14（b）所示的梯形图，根据 PLC 串行扫描顺序可知：当按下外部按钮 SB 时，相应输入继电器 X0 常开触点闭合，M1 得电并自锁，接着 M2 得电，在这一循环扫描过程中，M2 没有动作；新的一个循环开始时，上一个扫描周期中 M2 已经得电，所以其 M2 常闭触点打开，则 M0 无法得电，显然这样设置 PLC 程序顺序，M2 将永远不会导通。正确的编程方法如图 13.14（c）所示，即把梯形图梯级的顺序换一下，就可得到与原电气控制线路同样的控制过程。所以，在对继电器-接触器控制系统进行 PLC 改造时，在梯形图编程过程中，应特别注意次序问题。

13.3　技能训练:CA6140型车床继电器-接触器控制系统的PLC改造

13.3.1　训练要求

1. 4 人 1 组，读懂和理解 CA6140 普通车床的继电器-接触器控制系统，看懂其电气控制原理图。

2. 按照车床的电气控制原理图，进行 PLC 控制系统的改造。

3. 改造中应认真对待各个控制环节，每个环节都应进行仿真检测。

13.3.2　设备与器材

1. PLC 应用技术综合实训装置 1 台。

2. CA6140 普通车床的继电控制盘 1 个。

3. 计算机 1 台及与 PLC 相连的电缆 1 根。

13.3.3　实训步骤

1. 小组成员都要首先读懂和理解 CA6140 普通车床的电气控制原理图，并展开讨论。

2. 按 CA6140 普通车床继电器-接触器控制系统的环节进行分配，小组成员每人分配任务明确，开始进行 PLC 控制系统的改造与设计。

3. 每个成员编制的 PLC 梯形图程序均要在编程软件上进行仿真，可行时，进行整合。

4. 把整合后的 PLC 控制程序写入 PLC 中。

5. 把连接好的 CA6140 普通车床的配电盘上的输入、输出设备与 PLC 的 I/O 端子连接，观察运行情况。

6. 分析实训效果和总结经验。

13.3.4 实训评分

1. 分组考核（成绩占 50%）

按实训步骤分步考核，考查实训任务完成的进度、质量及创新点。

2. 单独考核（成绩占 40%）

按实训内容考核，考查相关技能是否掌握。

3. 综合素质考核（成绩占 10%）

按实训过程考核，考查安全、卫生、文明操作及团队协作精神。

13.4 练习题

1. 继电器-接触器控制系统转换成 PLC 控制系统时，应注意哪些常见问题？

2. 图 13.15 所示为异步电动机延边三角形降压启动的继电器-接触器控制主回路和控制回路。电动机降压启动过程如下。

合上隔离开关 QS，按下启动按钮 SB2，延边三角形降压启动的接触器 KM1、KM3 及时间继电器 KT 线圈同时得电，降压启动主电路闭合；同时 KM1 常开触点闭合自锁。

当电动机转速达到一定值时，时间继电器 KT 动作→延时打开的常闭触点断开，KM3 失电；延时闭合的常开触点闭合，KM2 得电，电动机主电路从延边三角形降压启动切换为三角形全压运行；同时 KM2 常闭触点打开，KT 线圈失电。

要求把该继电器-接触器控制系统改造为 PLC 控制方式。根据图 13.15 分配 I/O 端子，画出 I/O 接线图，编制梯形图，写出相应指令表。

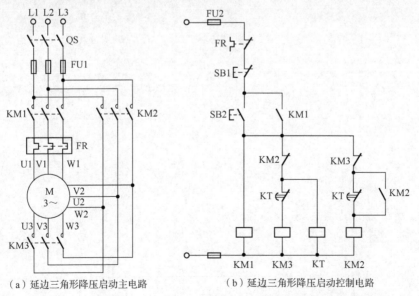

（a）延边三角形降压启动主电路 （b）延边三角形降压启动控制电路

图 13.15 异步电动机的延边三角形降压控制

3. 图 13.16 所示为双速异步电动机从低速转换成高速的继电器-接触器控制系统的主回路及手动控制、自动加速控制的原理图（控制原理读者自己解读）。

把此控制电路进行 PLC 改造，要求根据图 13.16 分配 I/O 端子，画出 I/O 接线图，编制梯形图，写出相应指令表。

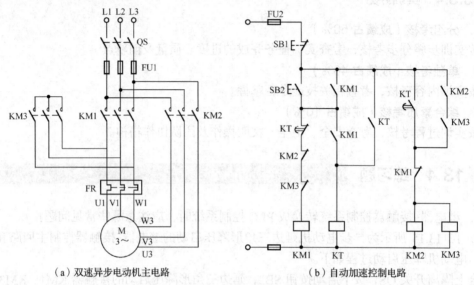

（a）双速异步电动机主电路   （b）自动加速控制电路

图 13.16 双速异步电动机从低速转换成高速的控制方式

项目十四 PLC 的程序设计

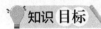

知识目标

1. 了解电梯的机械结构及功能，理解电梯控制系统的各项具体控制要求。
2. 通过电梯控制系统的 PLC 程序设计，了解和熟悉 PLC 程序设计的方法和步骤。
3. 熟悉 PLC 控制系统设计的基本原则和设计内容。
4. 了解 PLC 控制系统的设计步骤，初步掌握 PLC 的软件设计方法。

能力目标

1. 具有对不太复杂的控制系统进行 PLC 程序设计的能力。
2. 具有对一个控制系统进行类型鉴别的能力。
3. 具有对不同类型的控制系统进行 PLC 控制系统设计的能力。

14.1 项目导入：电梯控制系统的 PLC 程序设计实例

随着城市建设的不断发展，高层建筑不断增多，电梯作为高层建筑中不可缺少的运输设备，与人们的日常生活已经密不可分。电梯是一种机电合一的大型复杂产品，机械部分相当于人的躯体，电器部分相当于人的神经，机与电的高度合一，使电梯成了现代科学技术的综合产品。

14.1.1 电梯的机械结构及功能

为了更好地控制电梯运动，设计出理想的 PLC 控制的电梯程序，首先要了解电梯本身的机械部分结构和功能。

14.1 电梯的机械
结构及功能

1. 曳引系统

曳引系统的主要功能是输出与传递动力，使电梯运行。曳引系统主要由曳引钢丝绳、导向轮、反绳轮组成。

2. 导向系统

导向系统的主要功能是限制轿厢和对重装置活动的自由度，使轿厢和对重装置只能沿着导轨做升降运动。导向系统主要由导轨、导靴和导轨架组成。

3. 轿厢

轿厢是运送乘客和货物的电梯组件，是电梯的工作部分，轿厢由轿厢架和轿厢体组成。

4. 门系统

门系统的主要功能是封住层站入口和轿厢入口，门系统由轿厢门、层门、开门机、门锁装置组成。

5. 重量平衡系统

系统的主要功能是相对平衡轿厢重量，在电梯工作中能使轿厢与对重间的重量差保持在限额之内，保证电梯的曳引传动正常。系统主要由对重和重量补偿装置组成。

6. 电力拖动系统

电力拖动系统的功能是提供动力，实行电梯速度控制。电力拖动系统由曳引电动机、供电系统、速度反馈装置、电动机调速装置等组成。

7. 电气控制系统

电气控制系统的主要功能是对电梯的运行实行操纵和控制。电气控制系统主要由操纵装置、位置显示装置、控制屏（柜）、平层装置和选层器等组成。

8. 安全保护系统

安全保护系统用于保证电梯的安全使用，防止一切危及人身安全的事故发生。电梯的安全保护系统通常由限速器、安全钳、缓冲器、端站保护装置组成。

14.1.2 电梯控制系统的具体控制要求

传统的电梯控制由继电器-接触器控制系统组成。继电器-接触器控制系统所有的控制功能及信号均由硬件实现，且线路直观易于理解和掌握。多年以来，我国一直在生产这类电梯，因此该项技术成熟、资料图纸齐全，掌握的电气工程技术人员较多。但是，在电梯的继电器-接触器控制系统中，

14.2 电梯控制系统的具体控制要求

存在触点繁多、接线复杂、电磁型计算机构及触点动作速度较慢、机械和电磁惯性较大、能耗高、机械动作噪声大等难以克服的缺陷，使得电梯的可靠性和安全性大大降低。为提高电梯的可靠性和安全性，近年来电梯控制技术上基本淘汰了继电器-接触器控制方式，普遍采用了另外两种控制方式：第一种是采用微型计算机作为信号控制单元，完成电梯信号的采集、运行状态和功能设定，实现电梯的自动调度及集选运行功能，拖动控制则由变频器来完成；第二种控制方式就是采用PLC实现电梯的自动调度、集选运行功能及拖动控制。两种方法虽然与原来的继电器-接触器控制系统相比，可靠性和安全性大大提高，但相比来讲，PLC的抗干扰能力更强，程序设计更加方便灵活，目前广泛应用于电梯控制技术中。

1. 电梯控制系统

电梯是一个人机交互式的控制系统，电梯控制系统采用随机逻辑控制方式，其主要由信号控制系统和拖动控制系统两部分构成，其组成框图如图14.1所示。

2. 对电梯控制的具体要求

（1）电梯内部应具备的部件及功能。以3层楼为例，在电梯内部，当乘客进入电梯后，电梯内应有能让乘客操作的、代表乘客要去目的楼层的3个按钮，称为内召唤按钮；电梯到达目的楼层时，具有自动开门功能，且延时5s能够自动关门，同时电梯内也应有手动的开门按钮和关门按钮，使乘客在电梯停下时随时控制电梯的开门、关门；电梯内部还应配有楼层

显示、电梯上行显示器及电梯下行显示器，让乘客清楚地知道自己所处的位置，距离目的楼层还有多远及电梯是上行还是下行。

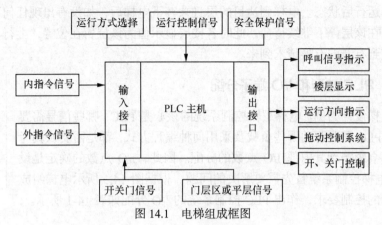
图 14.1　电梯组成框图

（2）电梯外部应具备的部件及功能。电梯外部每层都应该有外召唤按钮，底层只有上行外召唤按钮，顶层只有下行外召唤按钮，而中间层则上行、下行外召唤按钮都具备，供乘客进电梯前召唤电梯用；召唤指示灯在完成相应召唤请求之前应一直保持显示，和上行指示灯、下行指示灯、楼层显示一样用来显示电梯所处状态。

（3）信号控制系统。电梯的信号控制系统基本由 PLC 软件实现。

输入 PLC 的控制信号包括三大类：有无司机、检修、消防等运行方式选择信号；轿内指令、开门、关门信号，限位信号，门区和平层信号等运行控制信号；安全保护信号。为便于对上述信号的观察，对电梯的运行方向及电梯所在的楼层均采用 LED 7 段发光二极管进行显示，而对楼层和轿厢的呼叫信号以指示灯显示。

（4）电梯控制系统的功能。

① 开始时，电梯处于任意一层。

② 当乘客按下某层召唤按钮时，该层召唤指示灯亮，轿厢响应该召唤信号，达到该楼层时，轿厢停止运行（轿厢门打开，延时 5s 后自动关门）。

③ 当有内召唤电梯信号到来时，轿厢响应该召唤信号，达到该楼层时，轿厢停止运行（轿厢门打开，延时 5s 后自动关门）。

④ 电梯运行时遵照不换向原则。如电梯上行目的地为 3 层，在处于一层、二层之间运行时，若二层有向上三层的召唤请求时，电梯可先在二层停下，等乘客上电梯后继续向三层运行；如果二层有向下一层的召唤，电梯则不予理睬，继续上行至三层；电梯从三层下行时，如果目的层是一层，但在三层和二层之间运行，二层有向下召唤请求时，电梯可行至二层停下，待二层乘客进电梯后继续下行；但二层召唤请求如果是向上时，电梯则不予理睬，继续下行至一层。

⑤ 各楼层显示随电梯移动而改变，各层指示灯也相应变化。

⑥ 运行中电梯门始终关闭，只有到达目的层且停稳后，门才打开。在电梯运行过程中支持其他召唤。

⑦ 电梯具有最远反向外召唤电梯功能。例如，电梯轿厢在一楼，而同时有二层向下召唤电梯信号和三层向下召唤电梯信号时，电梯轿厢首先响应三层向下外召唤电梯信号。

⑧ 电梯运行还未平层时，开门按钮和关门按钮均不起作用。平层且电梯轿厢停止运行后，按开门按钮轿厢开门，按关门按钮轿厢关门。

（5）电梯运行后状态。电梯到达目的层且乘客下电梯后，如没有出现任何召唤请求的情况下，电梯则在该层停下继续待命，此时各楼层显示值为该层所在位置，上行、下行指示灯均不显示，直到有新的召唤请求到来。

14.1.3　PLC选型和I/O端子分配

14.3　PLC选型和 I/O端子分配

以3层电梯设计为例。电梯逻辑控制系统的核心是PLC，哪些信号需要输入至PLC，PLC需要驱动哪些负载及采用何种编程方式，都是需要认真考虑的问题，都会影响到其内部I/O点数的分配。因此，I/O点数的确定是设计整个PLC电梯控制系统首先需要解决的问题。根据图14.1所示电梯组成框图及对电梯的控制要求，作出PLC控制系统的I/O分配如表14-1所示。

表 14-1　　　　　　　　　　　　3层电梯的 PLC 控制系统 I/O 分配表

输入端子号	输入信号	输出端子号	输出信号
X0	一层向上外召唤按钮	Y0	上行接触器 KM1
X1	二层向上外召唤按钮	Y1	下行接触器 KM2
X2	二层向下外召唤按钮	Y2	开门接触器 KM3
X3	三层向下外召唤按钮	Y3	关门接触器 KM4
X4	内召唤按钮去一层	Y10	上行指示灯
X5	内召唤按钮去二层	Y11	下行指示灯
X6	内召唤按钮去三层	Y20	一层向上外召唤指示灯
X10	一楼平层光电信号开关	Y21	二层向下外召唤指示灯
X11	二楼平层光电信号开关	Y22	二层向上外召唤指示灯
X12	三楼平层光电信号开关	Y23	三层向下外召唤指示灯
X20	一层接近开关	Y24	内召唤去一层指示灯
X21	二层接近开关	Y25	内召唤去二层指示灯
X22	三层接近开关	Y26	内召唤去三层指示灯
X23	开门极限行程开关	Y30	7段数码管显示 A 段
X24	关门极限行程开关	Y31	7段数码管显示 B 段
X25	关门安全触板（左）	Y32	7段数码管显示 C 段
X26	关门安全触板（右）	Y33	7段数码管显示 D 段
X30	电梯上行启动按钮	Y34	7段数码管显示 E 段
X31	电梯下行启动按钮	Y35	7段数码管显示 F 段
X32	开门按钮	Y36	7段数码管显示 G 段
X33	关门按钮		
X40	热继电器		

电机上行、下行由一台电动机驱动，电动机正转时为上行，电动机反转时为下行。电梯

开门、关门由另一台电动机驱动，电动机正转时为电梯开门，电动机反转时为电梯关门。根据所选电梯的 I/O 端子数量及电梯层数增加发生变化时的裕量，我们选择 FX₃ᵤ-48MR，实用中如果 I/O 点数还不够时，可增加 FX₃ᵤ-□□ER 扩展单元。

画出 I/O 端子接线图，如图 14.2 所示。

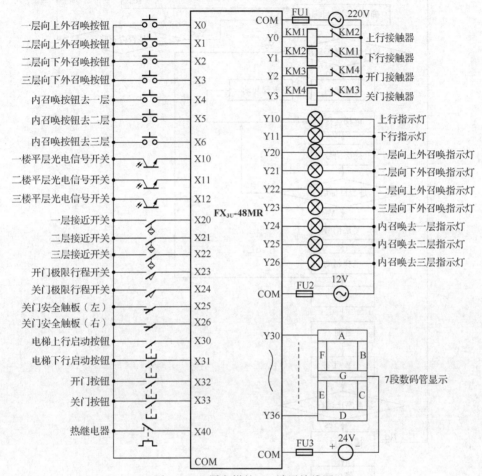

图 14.2　3 层电梯的 I/O 端子接线图

14.1.4　设计电梯的 PLC 梯形图程序

设计电梯 PLC 控制梯形图实际上也是软件开发过程。前面我们已经详细讨论了电梯控制系统的功能，在充分理解电梯所有功能及控制环节的基础上应先绘制出 3 层电梯 PLC 控制的流程图，如图 14.3 所示。

根据流程图，进一步编制出 PLC 梯形图程序。但在编制电梯的 PLC 控制梯形图时，为了检测和调试的方便，可对各个控制环节分开进行编程。

14.4　3 层电梯的 PLC 梯形图程序设计

1. 电梯的开门、关门程序

（1）手动开门：电梯运行到位，处于平层状态时，按下手动开门按钮 X32，输出 Y3 有效，开门接触器线圈 KM4 得电并自锁，电梯开门。开门到位时压下开门极限开关，X23 常闭触点断开，KM4 线圈失电，开门过程结束。

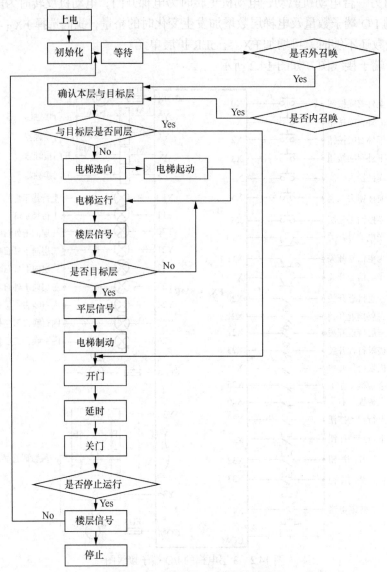

图 14.3　3 层电梯 PLC 控制流程图

（2）手动关门：电梯开门过程结束到位后，按手动关门按钮 X33，输出 Y2 有效，关门接触器线圈 KM3 得电并自锁，电梯关门。关门到位时压下关门极限开关，X24 常闭触点断开，关门过程结束。

（3）自动开门：电梯运行到达目标楼层后，相应楼层的接近开关（X20、X21 或 X22）闭合，开门延时定时器 T0 开始计时，计时时间（K 值根据实际需要设定）到，T0 常开触点闭合，Y3 输出有效，开门接触器线圈 KM4 得电并自锁，电梯开门。开门到位时压下开门极限开关，X23 常闭触点断开，KM4 线圈失电，开门过程结束。

（4）自动关门：电梯开门到位后，由定时器 T1 控制关门延时时间（根据用户需要设定 K 值）。延时时间到，T1 常开触点闭合，Y2 输出有效，关门接触器线圈 KM3 得电并自锁，电梯关门。关门到位时压下关门极限开关，X24 常闭触点断开，关门过程结束。

当自动关门过程中碰到人或物品时,关门安全触板被推入,使 X25 或 X26 常开触点闭合,KM3 立即失电关门停止,并使门随即打开,以免挤伤人或挤坏物品。

电梯的手动开门、关门 PLC 控制梯形图如图 14.4 所示。

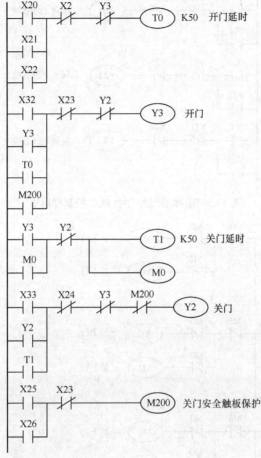

图 14.4 电梯的手动开门、关门 PLC 控制梯形图

2. 电梯的层外召唤控制程序

当乘客在厅门外按下外召唤按钮（X0～X3）时,这 4 个按钮的常开触点之一就会闭合,相应指示灯亮,显示有人呼梯。召唤信号一直保持到电梯运行到该层由相应楼层接近开关将召唤信号关闭为止。电梯的层外召唤 PLC 控制梯形图如图 14.5 所示。

3. 轿厢内召唤去楼层控制程序

当乘客进入轿厢内且关门到位,去一层时按内召唤按钮 X4,去二层时按内召唤按钮 X5,去三层时按内召唤按钮 X6,则 Y0（或 Y1）有效,电梯上行或下行到目的楼层,在此过程中,相应上行（或下行）指示灯亮,当相应楼层接近开关和平层光电信号动作时,上行（或下行）停止,相应上行（或下行）指示灯灭。轿厢内召唤去楼层 PLC 控制梯形图如图 14.6 所示。

4. 7 段数码管的楼层指示程序

当轿厢在运行过程中或停止运行的过程中,7 段数码管显示相应楼层的数字,只有在电梯断电时数字显示消失。7 段数码管显示的楼层指示 PLC 控制梯形图如图 14.7 所示。

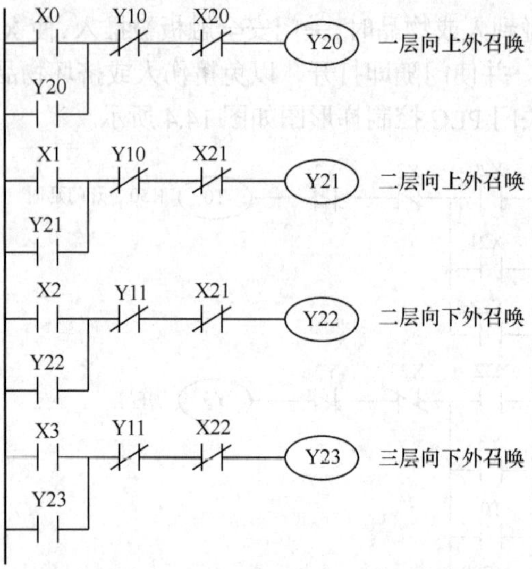

图 14.5　电梯的层外召唤 PLC 控制梯形图

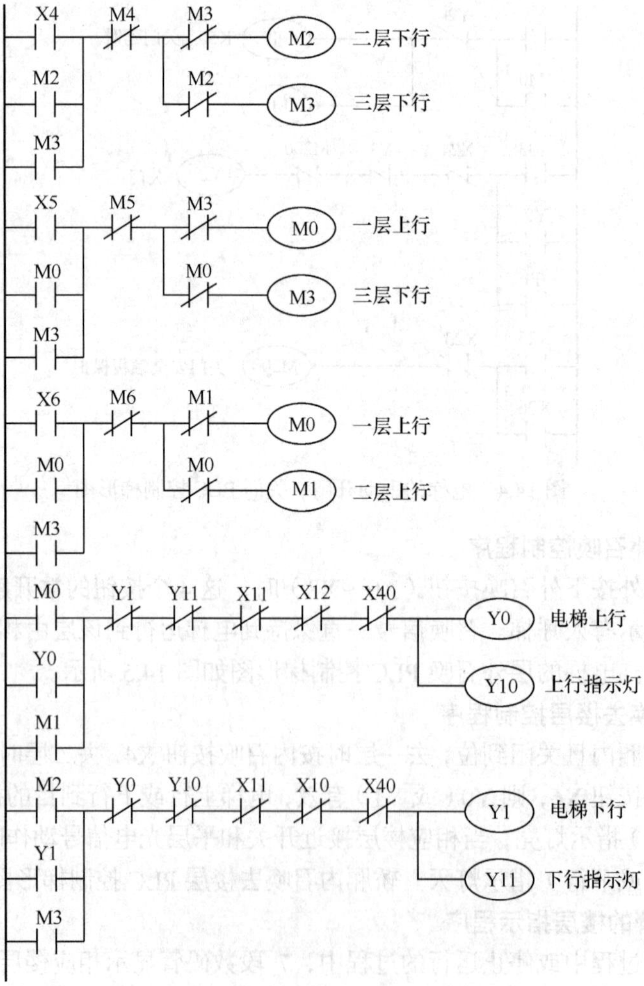

图 14.6　轿厢内召唤去楼层 PLC 控制梯形图

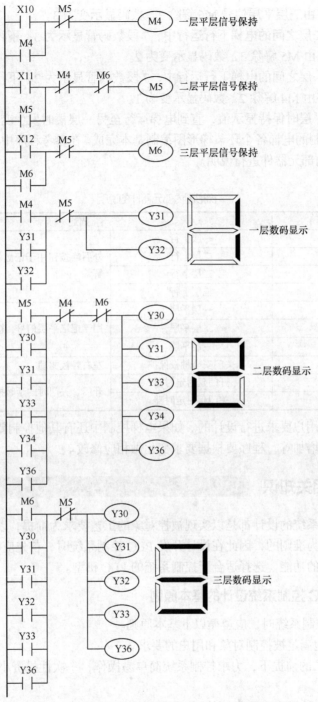

图 14.7 7 段数码管显示的楼层指示 PLC 控制梯形图

显示的规则如下所示。

① 在一层和二层之间的电梯上行运行中，7 段数码管显示为 1；上行至二层光电信号开关 X11 动作时，将由二层平层信号 M5 解除 1，数码显示变为 2。

② 在二层和三层之间的电梯上行运行中，7 段数码管显示为 2；上行至三层光电信号开

关 X12 动作时，将由三层平层信号 M6 解除 2，数码显示变为 3。

③ 在三层和二层之间的电梯下行运行中，7 段数码管显示为 3；下行至二层平层信号开关 X11 动作时，将由 M5 解除 3，数码显示变为 2。

④ 在二层和一层之间的电梯下行运行中，7 段数码管显示为 2；下行至一层平层信号开关 X10 动作时，将由 M4 解除 2，数码显示变为 1。

⑤ 数码管在平层时保持显示值，直到电梯运行至另一层楼时发生变化。

至此，PLC 控制的电梯各个环节梯形图编制基本完成。在参考程序中有一些内部元器件，以表 14-2 对这些内部元器件进行说明。

表 14-2　　　　　　　　　　　　　　梯形图内部元器件的说明

元器件	描述	
M0	一层上行	外召唤按钮用于记忆外召唤电梯信号，平层解除
M1	二层上行	
M2	二层下行	
M3	三层下行	
M4	一层平层	用于记忆平层信号，被其他平层信号解除
M5	二层平层	
M6	三层平层	
M200	关门安全触板保护	左右触板驱动
T0	开门延时定时器	开门、关门时的延时控制
T1	关门延时定时器	

程序都是根据用户要求进行设计的。如果电梯控制中还有其他控制要求，如故障报警、消防、检修及楼层增加等，程序要根据要求变化做相应修改。

14.2　相关知识

任何一个控制系统的设计都是以实现被控对象的工艺要求为前提，以提高生产效率、产品质量和生产安全为准则的，因此在设计开发 PLC 控制系统时，首先应明确 PLC 系统要完成的任务和应具备的功能，选择适合于控制系统的 PLC 机型。

14.2.1　PLC 控制系统设计的基本原则

在设计 PLC 控制系统时，应遵循以下基本原则。

① 最大限度地满足被控制对象和用户的要求。

② 在满足要求的前提下，力求控制系统简单易操作，一次性投资小，使用中节省能源。

③ 保证控制系统安全、可靠，使用、维修方便。

④ 考虑到今后的发展和工艺改进，在配置硬件设备时应留有一定的裕量。

14.2.2　PLC 控制系统设计的内容

PLC 控制系统的应用开发包含两个主要内容：硬件配置和软件设计。大

14.5　PLC 控制系统设计的基本原则

14.6　PLC 控制系统设计的内容

致概括为以下几个方面。

（1）控制功能的调查。对被控制对象的工艺过程、工作特点、功能和特性进行认真分析，并通过有关工程技术人员的共同协作，明确 PLC 控制任务和设计要求，绘制出翔实的工作循环图或控制状态流程图。以任务书的形式制订出控制系统设计的技术条件，为整个系统设计提供依据。

（2）控制系统的设计。根据被控制对象对控制系统的要求，明确 PLC 要完成的任务及应具备的功能。提出 PLC 控制系统的基本规模及布局。

（3）PLC 的选型与硬件配置。在系统配置的基础上提出 PLC 的机型及具体配置。包括 PLC 的型号、单元模块、I/O 类型和点数及相关附属设备。在机型选择时应考虑软件对 PLC 功能和指令的要求，并且兼顾经济性。

（4）绘制 PLC 的 I/O 硬件接线图。选择主令元器件和检测器件、电力拖动形式、电动机、电磁阀及调节阀等执行机构，分配 PLC 的 I/O 点数，绘制出其 I/O 硬件接线图。

（5）设计控制系统梯形图并调试。

（6）设计控制系统操作台、电气控制柜及安装接线图等。

（7）编写设计说明图和使用说明书。

14.7　PLC 控制系统设计的步骤

14.2.3　PLC 控制系统设计的步骤

PLC 控制系统设计步骤如图 14.8 所示。

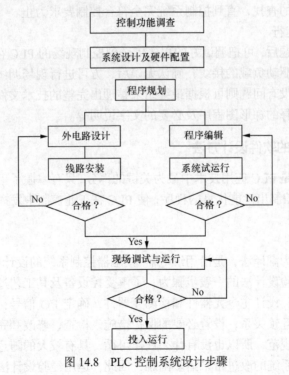

图 14.8　PLC 控制系统设计步骤

1. 控制功能调查

在深入了解、分析被控对象的工艺条件及控制要求的基础上，确定 PLC 控制的基本方式、要完成的动作、自动工作循环的组成、自动控制的动作顺序、必须保护环节、联锁条件及故障指示等。

2. 系统设计及硬件配置

深入了解被控对象的功能后，就要确定 PLC 的机型和硬件配置，并对控制系统进行 I/O 端子分配，画出 I/O 端子接线图。对较为复杂的控制系统，应根据生产工艺要求设计控制流程图，画出工作循环图表或详细的功能图，进而设计梯形图程序，最后将编制好的程序写入 PLC 的程序存储器。

3. 程序规划

确定程序的总体结构及各功能模块程序块之间的接口方法，进一步明确控制系统的工作方式是自动、半自动还是手动，是单机运行还是多机联网运行，是否需要故障报警功能、联网通信功能、电源及其他紧急情况的处理功能等。作为程序编制的工具，PLC 端口安排及机内元器件的选用安排表也应列出来，以供程序设计时选用。

4. 程序编辑

在确定程序结构的前提下，可以用梯形图或是指令表完成程序的编制。具体选择哪种方法编程，应根据需要，将经验法、状态法、逻辑法等多种方法综合使用。

5. 系统模拟运行

设计好的程序不一定完善，应进行程序检查与调试。系统模拟运行时，现场输入信号可用开关按钮模拟，输出量状态可通过 PLC 输出端子的发光二极管显示进行判断，一般不接实际负载。模拟运行过程中如果发现问题要及时修改，对指令较多的程序可采用设置断点的方法，来加快程序故障的查找，直到控制系统完全符合控制要求为止。

6. 现场调试与运行

程序调试没有问题后，可把调试好的程序传送到控制现场的 PLC 存储器中。连接好 PLC 的输入、输出信号及驱动负载的接线，确认无误后，方可进行现场调试。现场调试中如果发现问题要及时解决，没有问题则可根据最终结果整理出完整的技术文件，包括电气安装接线图、功能表图、带注释的梯形图程序及必要的文字说明等。

14.2.4　PLC 的软件设计方法

用户程序的设计是 PLC 应用技术中最为关键的部分，只有掌握了正确的程序设计方法，才能编制出性能优良的程序，使 PLC 在工业控制中发挥更大的作用。

14.8　PLC 软件设计的经验设计法

1. 经验设计法

经验设计法也称为翻译法，是沿用继电器–接触器控制系统的设计方法进行 PLC 梯形图设计的一种方法。经验设计法的一般步骤为：了解受控设备及其工艺过程，分析控制系统的要求，选择控制方案；设计主令元器件和检测元器件，确定 I/O 信号；设计基本控制程序；在程序中加入自锁、互锁关系；设置必要的保护措施，检查、修改和完善程序。

经验设计法没有规范，所以也没有什么规律可循，具有较大的随意性，这对于经验不足的技术人员进行控制系统的改进带来诸多困难，因此，运用经验设计法时只能进行简单的梯形图设计。对于较为复杂的控制系统，经验设计法要求设计者对控制系统的大量实例和典型环节了如指掌，具有丰富的实践经验。

2. 状态流程图设计法

状态流程图设计法是根据能够完整描述控制系统的控制过程的状态流程图进行设计的一种方法。也是分析和设计电气控制系统顺序控制程序的一个重要工具。状态流程图是一种通用的技术语言，易被初学者接受，设计的程序规范直观、易阅读，也便于修改和调试，用状态流程图设计程序时采用步进指令、移位寄存器指令可以使程序更加简便。此种方法的具体操作我们在项目十一中已经做过详细介绍，在此不再赘述。

14.9 PLC 控制系统的状态流程图设计法

3. 逻辑设计法

逻辑设计法大致步骤如下。

① 通过工艺过程分析，结合控制要求，绘制工作循环图和检测元器件分布图，取得电气执行元器件功能表。

② 绘制控制系统状态转换表。状态转换表中包括输出信号状态、输入信号状态、状态的中间记忆、状态转移条件及状态转移方向等。

14.10 PLC 控制系统的逻辑设计法

③ 根据状态转换表进行控制系统的逻辑设计。包括写中间记忆元器件的逻辑表达式和执行元器件的表达式。

④ 将逻辑函数转化为梯形图或指令表。

⑤ 程序的完善和补充，包括手动工作方式的设计、手动与自动工作方式的切换、自动循环及保护措施等。

逻辑设计法是以控制系统中各种物理量的逻辑关系为前提进行设计的方法，它既有严密可循的规律性和可行的设计步骤，又有简便、直观和十分规范的特点。但是逻辑设计法主要适用于单一顺序控制的程序设计，如果控制系统复杂，一般不用此种方法。

14.3 技能训练：洗车流程的 PLC 程序设计

14.3.1 训练要求

1. 洗车流程的控制方式。

洗车有手动洗车和自动洗车两种方式，采用选择开关来进行选择。当选择手动洗车方式时，按照下述工序操作。

① 扳向手动洗车方式后，电动机 M1 启动，执行泡沫清洗。

② 按下 SB1 按钮，电动机 M2 启动，执行清水冲洗。

③ 按下 SB2 按钮，电动机 M3 启动，执行风干。

④ 按下 SB3 按钮，洗车结束。

若方式开关打向自动洗车方式时，系统执行自动洗车流程。

泡沫清洗设定 10s 时间；清水冲洗设定 20s 时间；风干设定 5s 时间，风干完毕回到待洗状态。

2. 洗车流程中的手动洗车和自动方式洗车二者只能选择其一，属于顺序控制中的选择序列。

3. 应用顺序控制的选择序列编程方法，设计洗车流程的梯形图程序。

14.3.2　设备与器材

1. PLC 应用技术综合实训装置 1 台。
2. 计算机一台及与 PLC 相连的电缆 1 根。

14.3.3　实训步骤

1. 每位学生一台计算机。设计之前应理解洗车流程的控制要求。
2. 按控制要求进行 I/O 端子分配，画出 I/O 连线图。
3. 依据各状态的功能及 I/O 端子分配，画出状态转移图。
4. 根据状态转移图编制梯形图程序，写出洗车流程的 PLC 程序指令表。
5. 把程序写入 PLC，对程序进行仿真，检测程序是否正确。
6. 分析问题和总结经验。

14.3.4　实训评分

1. **单独考核（成绩占 90%）**
按实训内容考核，考查相关技能是否掌握。
2. **综合素质考核（成绩占 10%）**
按实训过程考核，考查安全、卫生、文明操作。

14.4　练习题

1. 设计 3 分频、6 分频功能的梯形图程序。

2. 按下按钮 X0 后 Y0 变为 ON 并自保持，T0 定时 7s 后，用 C0 对 X1 输入的脉冲计数，计满 4 个脉冲后，Y0 变为 OFF，同时 C0 和 T0 被复位，在 PLC 刚开始执行用户程序时，C0 也被复位，设计出梯形图。

3. 某抢答比赛，儿童两人参赛且其中任一人按下按钮可抢得答题机会。教授两人参加比赛且两人同时按抢答按钮才能抢得答题机会。主持人宣布开始后方可按抢答按钮。主持人台设有复位按钮，抢得答题机会及违例由不同的台灯指示。有人抢得答题机会时有幸运彩球转动，违例时有警报声。设计抢答器的 PLC 梯形图程序。

4. 用接在 X0 输入端的光电开关检测传送带上通过的产品，有产品通过时 X0 为 ON，如果在 10s 内没有产品通过，则 Y0 发出报警信号，用 X1 输入端外接的开关解除报警信号，画出梯形图，并将它转换为指令表程序。

附录

附录A　FX 系列 PLC 的特殊辅助继电器一览表

附表 A–1

编号·名称	动作·功能	适用机型							
		FX3U	FX3UC	对应特殊软元件	FX1S	FX1N	FX2N	FX1NC	FX2NC
PC 状态									
[M] 8000 RUN 监控 a 触点	RUN 输入 M8061出错发生 M8000 M800 M8002 M8003　扫描时间	○	○	—	○	○	○	○	○
[M] 8001 RUN 监控 b 触点		○	○	—	○	○	○	○	○
[M] 8002 初始脉冲 a 触点		○	○	—	○	○	○	○	○
[M] 8003 初始脉冲 b 触点		○	○	—	○	○	○	○	○
[M] 8004 出错发生	● FX3U，FX3UC M8060，M8061，M8064，M8065，M8066，M8067 中任意一个为 ON 时接通 ● FX1S，FX1N，FX2N，FX1NC，FX2NC M8060，M8061，M8063，M8064，M8065，M8066，M8067 中任意一个为 ON 时接通	○	○	D8004	○	○	○	○	○
[M] 8005 电池电压过低	当电池处于电压异常低时接通	○	○	D8005	—	—	○	—	○
[M] 8006 电池电压过低锁存	检测出电池电压异常低时置位	○	○	D8006	—	—	○	—	○
[M] 8007 检测出瞬间停止	检测出瞬间停止时，1 个扫描为 ON 即使 M8007 接通，如果电源电压降低的时间在 D8008 的时间以内时，可编程控制器的运行继续	○	○	D8007 D8008	—	—	○	—	○
[M] 8008 检测出停电中	检测出瞬间停电时置位，如果电源电压降低的时间超出 D8008 的时间，则 M8008 复位，可编程控制器的运行 STOP（M8000=OFF）	○	○	D8008	—	—	○	—	○
[M] 8009 DC24V 掉电	扩展单元或扩展电源单元[①]的任意一个的 DC24V 掉电时接通	○	○	D8009	—	—	○	—	○

注：① 只有 FX1N/FX2N/FX3U 可编程控制器可以使用扩展单元；只有 FX3UC 可编程控制器可以使用扩展电源单元。

附表 A-2

编号·名称	动作·功能	适用机型							
		FX₃U	FX₃UC	对应特殊软元件	FX₁S	FX₁N	FX₂N	FX₁NC	FX₂NC
时钟									
[M] 8010	不可以使用	—	—		—	—	—	—	—
[M] 8011 10ms 时钟	10ms 周期的 ON/OFF(ON:5ms, OFF:5ms)	○	○		○	○	○	○	○
[M] 8012 100ms 时钟	100ms 周期的 ON/OFF(ON:50ms, OFF:50ms)	○	○		○	○	○	○	○
[M] 8013 1s 时钟	1s 周期的 ON/OFF(ON:500ms, OFF:500ms)	○	○		○	○	○	○	○
[M] 8014 1min 时钟	1min 周期的 ON/OFF(ON:30s, OFF:30s)	○	○		○	○	○	○	○
M 8015	停止计时及预置 实时时钟用	○	○		○	○	○	○	○
M 8016	时间读出后的显示被停止 实时时钟用	○	○		○	○	○	○	○
M 8017	±30s 补偿修正 实时时钟用	○	○		○	○	○	○	○
[M] 8017	检测出安装（一直为 ON） 实时时钟用	○	○		—	○（一直为 ON）			
M 8019	实时时钟（RTC）出错 实时时钟用	○	○		○	○	○	○	○
标志位									
[M] 8020 零位	加减法远算结果为 0 时接通	○	○		—	○	○	○	○
[M] 8021 借位	减法运算结果超过最大的负值时接通	○	○		—	○	○	○	○
M 8022 进位	加法运算结果发生进位时，或者移位结果发生溢出时接通	○	○		—	○	○	○	○
[M]8023	不可以使用	—	—		—	—	—	—	—
M 8024①	指定 BMOV 方向 (FNC 15)	○	○		—	○	○	○	○
M 8025②	HSC 模式 (FNC 53~55)	○	○				○		○
M 8026②	RAMP 模式 (FNC 67)	○	○				○		○
M 8027②	PR 模式 (FNC 77)	○	○				○		○
M 8028	100ms/10ms 的定时器切换	—	—		○	○	—	○	—
	FROM/TO(FNC 78, 79)指令执行过程中允许中断	○	○		—	—	○	—	○
[M] 8029 指令执行结束	DSW(FNC 72)等的动作结束时接通	○	○		○	○	○	○	○

注：① 根据可编程控制器如下所示。

　　-FX₁N, FX₂N, FX₂NC 可编程控制器中，不被清除。

　　-FX₃U·FX₃UC 可编程控制器中，从 RUN→STOP 时被清除。

　② 根据可编程控制器如下所示。

　　-FX₂N, FX₂NC 可编程控制器中，不被清除。

　　-FX₃U·FX₃UC 可编程控制器中，从 RUN→STOP 时被清除。

附表 A-3

编号·名称	动作·功能	适用机型							
		FX₃U	FX₃UC	对应特殊软元件	FX₁S	FX₁N	FX₂N	FX₁NC	FX₂NC

编号·名称	动作·功能	FX₃U	FX₃UC	对应特殊软元件	FX₁S	FX₁N	FX₂N	FX₁NC	FX₂NC
PC 模式									
M 8030[①] 电池 LED 灭灯指示	驱动 M8030 后，即使电池电压低，可编程控制器面板上的 LED 也不亮灯	○	○	—			○	—	○
M 8031[①] 非保持内存 全部清除	驱动该特殊 M 后，Y/M/S/T/C 的 ON/OFF 映像区，以及 T/C/D/特殊 D[③]/R[②]的当前值被清除。	○	○	—	○	○	○	○	○
M 8032[①] 保持内存 全部清除	但是程序内存中的文件寄存器（D）、存储器盒中的扩展文件寄存器（ER）[②]不被清除	○	○	—	○	○	○	○	○
M 8033 内存保持 停止	从 RUN 到 STOP 时，映象存储区和数据存储区的内容按照原样保持	○	○	—	○	○	○	○	○
M 8034[①] 禁止所有输出	可编程控制器的外部输出触点全部断开	○	○	—	○	○	○	○	○
M 8035 强制 RUN 模式		○	○	—	○	○	○	○	○
M 8036 强制 RUN 指令		○	○	—	○	○	○	○	○
M 8037 强制 STOP 指令		○	○	—	○	○	○	○	○
[M] 8038 参数的设定	通信参数设定的标志位 （设定简易 PC 之间的链接用）	○	○	D8176～D8180	○	○	○[④]	○	○
M 8039 恒定扫描 模式	M8039 接通后，一直等待到 D8039 中指定的扫描时间到可编程控制器执行这样的循环扫描	○	○	D8039	○	○	○	○	○

注：① 在执行 END 指令时处理。

② R，ER 仅适用于 FX₃U · FX₃UC 可编程控制器。

③ FX₁N · FX₁N · FX₂N · FX₁NC · FX₂NC 可编程控制器中，特殊 D 不被清除。

④ 在 Ver.2.00 以上版本中对应。

附表 A-4

编号·名称	动作·功能	适用机型							
		FX₃U	FX₃UC	对应特殊软元件	FX₁S	FX₁N	FX₂N	FX₁NC	FX₂NC
步进梯形图·信号报警器									
M 8040 禁止转移	驱动 M8040 时,禁止状态之间的转移	○	○	—	○	○	○	○	○
[M]8041① 转移开始	自动运行时,可以从初始状态开始转移	○	○	—	○	○	○	○	○
[M] 8042 启动脉冲	对应启动输入的脉冲输出	○	○	—	○	○	○	○	○
M 8043① 原点回归结束	请在原点回归模式的结束状态中置位	○	○	—	○	○	○	○	○
M 8044① 原点条件	请在检测出机械原点时驱动	○	○	—	○	○	○	○	○
M 8045 禁止所有输出复位	切换模式时,不执行所有输出的复位	○	○	—	○	○	○	○	○
[M]8046② STL 状态动作	当M8047接通时,S0~S899,S1000~S4095③中任意一个为 ON 则接通	○	○	M8047	—	—	○	—	○
M 8047② STL 监控有效	驱动了这个特 M 后,D8040~D8047 有效	○	○	D8040~D8047	—	—	○	—	○
[M] 8048② 信号报警器动作	当M8049接通时,S900~S999 中任意一个为 ON 则接通	○	○	—	—	—	○	—	○
M 8049① 信号报警器有效	驱动了这个特 M 时,D8049 的动作有效	○	○	D8049 M8048	—	—	○	—	○
禁止中断									
M 8050 (输入中断) I00□禁止①	• 禁止输入中断或定时器中断的特 M 接通时 即使发生输入中断和定时器中断,由于禁止了相应中断的接收,所以不处理中断程序。 例如,M8050 接通时,由于禁止了中断 I00□ 的接收,所以即使是在允许中断的程序范围内,也不处理中断程序。 • 禁止输入中断或定时器中断的特 M 断开时 (a)发生输入中断或定时器中断时,接收中断。 (b)如果是用 EI(FNC 04)指令允许中断时,会即刻执行中断程序。 但是,如果用 DI(FNC 05)指令禁止中断时,一直到用 EI(FNC 04)指令允许中断为止,等待中断程序的执行	○	○	—	○	○	○	○	○
M 8051 (输入中断) I10□禁止①		○	○	—	○	○	○	○	○
M 8052 (输入中断) I20□禁止①		○	○	—	○	○	○	○	○
M 8053 (输入中断) I30□禁止①		○	○	—	○	○	○	○	○
M 8054 (输入中断) I40□禁止①		○	○	—	○	○	○	○	○
M 8055 (输入中断) I50□禁止①		○	○	—	○	○	○	○	○
M 8056 (定时器中断) I6□禁止①		○	○	—	—	—	○	—	○
M 8057 (定时器中断) I7□禁止①		○	○	—	—	—	○	—	○
M 8058 (定时器中断) I8□禁止①		○	○	—	—	—	○	—	○
M 8059 (计数器) 禁止①	使用 I010~I060 的中断禁止	○	○	—	—	—	○	—	○

注：① 从 RUN→STOP 时清除。

② 在执行 END 指令时处理。

③ S1000~S4095 仅适用 FX₃U，FX₃UC。

附表 A-5

编号·名称	动作·功能	FX3U	FX3UC	对应特殊软元件	FX1S	FX1N	FX2N	FX1NC	FX2NC
出错检测									
[M] 8060	I/O 构成出错	○	○	D8060	—	—	○	—	○
[M] 8061	PLC 硬件出错	○	○	D8061	○	○	○	○	○
[M] 8062	PLC/PP 通信出错	—	—	D8062	—	—	○	—	○
[M] 8063① ②	串行通信出错[通道 1]	○	○	D8063	○	○	○	○	○
[M] 8064	参数出错	○	○	D8064	○	○	○	○	○
[M] 8065	语法出错	○	○	D8065 D8069 D8314 D8315	○	○	○	○	○
[M] 8066	梯形图出错	○	○	D8066 D8069 D8314 D8315	○	○	○	○	○
[M] 8067③	运算出错	○	○	D8067 D8069 D8314 D8315	○	○	○	○	○
[M] 8068	运算出错锁存	○	○	D8068 D8312 D8313	○	○	○	○	○
[M] 8069④	I/O 总线检测	○	○		—	—	○	—	○
并联链接									
M 8070③	并联链接　请在主站时驱动	○	○	—	○	○	○	○	○
M 8071③	并联链接　请在子站时驱动	○	○	—	○	○	○	○	○
[M] 8072	并联链接　运行过程中接通	○	○		○	○	○	○	○
[M] 8073	并联链接　当 M8070/M8071 设定不良时接通	○	○		○	○	○	○	○
采样跟踪									
[M] 8074	不可以使用	—	—		—	—	—	—	—
[M] 8075	采样跟踪准备开始指令	○	○		—	—	○	—	○
[M] 8076	采样跟踪执行开始指令	○	○	D8075~ D8098	—	—	○	—	○
[M] 8077	采样跟踪　执行中监控	○	○		—	—	○	—	○
[M] 8078	采样跟踪　执行结束监控	○	○		—	—	○	—	○
[M] 8079	采样跟踪系统区域	○	○		—	—	○	—	○
[M] 8080		—			—	—	—	—	—
[M] 8081		—			—	—	—	—	—
[M] 8082		—			—	—	—	—	—
[M] 8083		—			—	—	—	—	—
[M] 8084	不可以使用	—			—	—	—	—	—
[M] 8085		—			—	—	—	—	—
[M] 8086		—			—	—	—	—	—
[M] 8087		—			—	—	—	—	—
[M] 8088		—			—	—	—	—	—
[M] 8089		—			—	—	—	—	—

注：① 根据可编程控制器如下所示。

　　 -FX1S，FX1N，FX2N，FX1NC，FX2NC 可编程控制器中，从 STOP→RUN 时被清除。

　　 -FX3U·FX3UC 可编程控制器中，不被清除。

　② FX3U·FX3UC 可编程控制器的串行通信出错 2[通道 2]为 M8438。

　③ 从 STOP→RUN 时清除。

　④ 驱动了 M8069 后，执行 I/O 总线检测。

附表 A–6

编号·名称	动作·功能	适用机型							
		FX$_{3U}$	FX$_{3UC}$	对应特殊软元件	FX$_{1S}$	FX$_{1N}$	FX$_{2N}$	FX$_{1NC}$	FX$_{2NC}$
标志位									
[M] 8090	BKCMP(FNC 194-199)指令　块比较信号	○	○[①]	—	—	—	—	—	—
M 8091	COMRD(FNC 182)，BINDA(FNC 261)指令 输出字符数切换信号	○	○[①]	—	—	—	—	—	—
[M] 8092	不可以使用	—			—	—	—	—	—
[M] 8093		—			—	—	—	—	—
[M] 8094		—			—	—	—	—	—
[M] 8095		—			—	—	—	—	—
[M] 8096		—			—	—	—	—	—
[M] 8097		—			—	—	—	—	—
[M] 8098		—			—	—	—	—	—
高速环形计数器									
M 8099[②]	高速环形计数器（0.1ms 单位，16 位）动作	○	○	D8099	—	—	○	—	○
[M] 8100	不可以使用	—	—		—	—	—	—	—
内存信息									
[M] 8101	不可以使用	—			—	—	—	—	—
[M] 8102		—			—	—	—	—	—
[M] 8103		—			—	—	—	—	—
[M] 8104	安装有功能扩展存储器时接通	—	—	D8104 D8105	—	—	○[③]	—	○[③]
[M] 8105	在闪存写入中时接通	○	○		—	—	—	—	—
[M] 8106	不可以使用	—	—		—	—	—	—	—
[M] 8107	软元件注释登录的确认	○	○	D8107	—	—	—	—	—
[M] 8108	不可以使用	—	—		—	—	—	—	—
输出刷新出错									
[M] 8109	输出刷新出错	○	○	D8109	—	—	○	—	○
[M] 8110	不可以使用	—	—		—	—	—	—	—
[M] 8111		—	—		—	—	—	—	—
功能扩展板[FX$_{1S}$·FX$_{1N}$专用]									
M 8112	FX$_{1N}$-4EX-BD：BX0 的输入	—	—	—	○	○	—	—	—
	FX$_{1N}$-2AD-BD：通道 1 的输入模式切换	—	—	D8112	○	○	—	—	—
	FX$_{1N}$-1DA-BD：输出模式的切换	—	—	D8114	○	○	—	—	—
M 8113	FX$_{1N}$-4EX-BD：BX1 的输入	—	—	—	○	○	—	—	—
	FX$_{1N}$-2AD-BD：通道 2 的输入模式切换	—	—	D8113	○	○	—	—	—
M 8114	FX$_{1N}$-4EX-BD：BX2 的输入	—	—		—	○	—	—	—
M 8115	FX$_{1N}$-4EX-BD：BX3 的输入	—	—		—	○	—	—	—
M 8116	FX$_{1N}$-2EYT-BD：BY0 的输出	—	—		—	○	—	—	—
M 8117	FX$_{1N}$-2EYT-BD：BY1 的输出	—	—		—	○	—	—	—
[M] 8118	不可以使用	—	—		—	—	—	—	—
[M] 8119		—	—		—	—	—	—	—

注：① 在 Ver.2.20 以上版本中对应。

② 在 FX$_{2N}$，FX$_{2NC}$ 中，M8099 驱动后的 END 指令执行之后，0.1ms 的高速环形计数器 D8099 动作。

　在 FX$_{3U}$，FX$_{3UC}$ 中，M8099 驱动后，0.1ms 的高速环形计数器 D8099 动作。

③ 在 Ver 3.00 以上版本中对应。

附表 A–7

编号·名称	动作·功能	造用机型							
		FX₃U	FX₃UC	对应特殊软元件	FX₁S	FX₁N	FX₂N	FX₁NC	FX₂NC
RS(FNC 80)·计算机链接[通道 1]									
[M] 8120	不可以使用	—	—	—	—	—	—	—	—
[M] 8121[①]	RS(FNC 80)指令 发送待机标志位	○	○		○	○	○	○	○
M 8122[①]	RS(FNC 80)指令 发送请求	○	○	D8122	○	○	○	○	○
M 8123[①]	RS(FNC 80)指令 接收结束标志位	○	○	D8123	○	○	○	○	○
[M] 8124	RS(FNC 80)指令 检测出进位的标志位	○	○		○	○	○	○	○
[M] 8125	不可以使用	—	—		—	—	—	—	—
[M] 8126	计算机链接[通道 1] 全局 ON	○	○		○	○	○	○	○
[M] 8127	计算机链接[通道 1] 下位通信请求（ON Demand）发送中	○	○		○	○	○	○	○
M 8128	计算机链接[通道 1] 下位通信请求（ON Demand）出错标志位	○	○	D8127 D8128 D8129	○	○	○	○	○
M 8129	计算机链接[通道 1] 下位通信请求（ON Demand）字/字节的切换 RS(FNC 80)指令 判断超时的标志位	○	○		○	○	○	○	○
高速计数器比较·高速表格·定位[定位为 FX₁S,FX₁N,FX₁NC 用]									
M 8130	HSZ(FNC 55)指令 表格比较模式	○	○	D8130	—	—	○	—	○
[M] 8131	同上的执行结束标志位	○	○		—	—	○	—	○
M 8132	HSZ(FNC 55), PLSY(FNC 57)指令 速度模型模式	○	○	D8131~ D8134	—	—	○	—	○
[M] 8133	同上的执行结束标志位	○	○		—	—	○	—	○
[M] 8134		—	—		—	—	—	—	—
[M] 8135	不可以使用	—	—		—	—	—	—	—
[M] 8136		—	—		—	—	—	—	—
[M] 8137		—	—		—	—	—	—	—
[M] 8138	HSCT(FNC 280)指令 指令执行结束标志	○	○	D8138	—	—	—	—	—
[M] 8139	HSCS(FNC 53), HSCR(FNC 54), HSZ(FNC 55), HSCT(FNC 280)指令 高速计数器比较指令执行中	○	○	D8139	—	—	—	—	—
M 8140	ZRN(FNC 156)指令 CLR 信号输出功能有效	—	—	—	○	○	—	○	—
[M] 8141		—	—		—	—	—	—	—
[M] 8142	不可以使用	—	—		—	—	—	—	—
[M] 8143		—	—		—	—	—	—	—
[M] 8144		—	—		—	—	—	—	—
M 8145	[Y000] 停止脉冲输出的指令	—	—		○	○	—	○	—
M 8146	[Y001] 停止脉冲输出的指令	—	—		○	○	—	○	—
[M] 8147	[Y000] 脉冲输出中的监控（BUSY/READY）	—	—		○	○	—	○	—
[M] 8148	[Y001] 脉冲输出中的监控（BUSY/READY）	—	—		○	○	—	○	—
[M] 8149	不可以使用	—	—		—	—	—	—	—

注：① 从 RUN→STOP 时，或是 RS 指令 OFF 时清除。

附表 A-8

编号·名称	动作·功能	适用机型							
		FX_{3U}	FX_{3UC}	对应特殊软元件	FX_{1S}	FX_{1N}	FX_{2N}	FX_{1NC}	FX_{2NC}
变频器通信功能									
[M] 8150	不可以使用	—	—		—	—	—	—	—
[M] 8151[①]	变频器通信中[通道 1]	○	○	D8151	—	—	—	—	—
[M] 8152[①]	变频器通信出错[通道 1]	○	○	D8152	—	—	—	—	—
[M] 8153[①]	变频器通信出错的锁定[通道 1]	○	○	D8153	—	—	—	—	—
[M] 8154[①]	IVBWR(FNC 274)指令出错[通道 1]	○	○	D8154	—	—	—	—	—
[M] 8154	在每个 EXTR(FNC 180)指令中被定义	—	—		—	—	○[②]	—	○[②]
[M] 8155	通过 EXTR(FNC 180)指令使用通信端口时			D8155			○[②]		○[②]
[M] 8156[①]	变频器通信中[通道 2]	○	○	D8156	—	—	—	—	—
[M] 8156	EXTR(FNC 180)指令中，发生通信出错或是参数出错	—	—	D8156			○[②]		○[②]
[M] 8157[①]	变频器通信出错[通道 2]			D8157					
	在 EXTR(FNC 180)指令中发生过的通信错误被锁定	—	—	D8157			○[②]		○[②]
[M] 8158[①]	变频器通信出错的锁存	○	○	D8158	—	—	—	—	—
[M] 8159[①]	IVBWR(FNC 274)指令错误[通道 2]			D8159					
扩展功能									
M 8160[③]	XCH(FNC 17)的 SWAP 功能	○	○	—	—	—	○	—	○
M 8161[③][④]	8 位处理模式	○	○	—	○	○	○	○	○
M 8162	高速并联链接模式	○	○	—	—	○	○	○	○
[M] 8163	不可以使用	—	—		—	—	—	—	—
M 8164[③]	FROM(FNC 278),TO(FNC 279)指令　传送点数可改变模式	—	—	D8164	—	—	○[⑤]	—	—
M 8165[③]	SORT2(FNC 149)指令　降序排列	○	○[⑥]		—	—	—	—	—
[M] 8166	不可以使用								
M 8167[③]	HKY(FNC 71)处理 HEX 数据的功能	○	○	—	—	—	○	—	○
M 8168[③]	SMOV(FNC 13)处理 HEX 数据的功能	○	○	—	—	—	○	—	○
[M] 8169	不可以使用								

注：① 从 STOP→RUN 时清除。

② 在 Ver.3.00 以上版本中对应。

③ 从 RUN→STOP 时清除

④ 适用于 ASC(FNC 76)，RS(FNC 80)，ASCI(FNC 82)，HEX(FNC 83)，CCD(FNC 84)，CRC(FNC 188)指令[⑦]。

⑤ 在 Ver.2.00 以上版本中对应。

⑥ 在 Ver.2.20 以上版本中对应。

⑦ CRC(FNC 188)指令仅适用于 FX_{3U}·FX_{3UC} 可编程控制器。

附表 A-9

编号·名称	动作·功能	适用机型							
		FX₃U	FX₃UC	对应特殊软元件	FX₁S	FX₁N	FX₂N	FX₁NC	FX₂NC
脉冲捕捉									
M 8170①	输入 X000 脉冲捕捉	○	○	—	○	○	○	○	○
M 8171①	输入 X001 脉冲捕捉	○	○	—	○	○	○	○	○
M 8172①	输入 X002 脉冲捕捉	○	○	—	○	○	○	○	○
M 8173①	输入 X003 脉冲捕捉	○	○	—	○	○	○	○	○
M 8174①	输入 X004 脉冲捕捉	○	○	—	○	○	○	○	○
M 8175①	输入 X005 脉冲捕捉	○	○	—	○	○	○	○	○
M 8176①	输入 X006 脉冲捕捉	○	○	—	○	—	—	—	—
M 8177①	输入 X007 脉冲捕捉	○	○	—	○	—	—	—	—
通信端口的通道设定									
M 8178	并联链接　通道切换(OFF:通道1, ON:通道2)	○	○	—	—	—	—	—	—
M 8179	简易 PC 间链接　通道切换②	○	○	—	—	—	—	—	—
简易 PC 间链接									
[M] 8180	不可以使用	—	—		—	—	—	—	—
[M] 8181		—	—		—	—	—	—	—
[M] 8182		—	—		—	—	—	—	—
[M] 8183③	数据传送顺控出错（主站）	○	○	D8201～D8218	(M504)	○	○④	○	○
[M] 8184③	数据传送顺控出错（1 号站）	○	○		(M505)	○	○④	○	○
[M] 8185③	数据传送顺控出错（2 号站）	○	○		(M506)	○	○④	○	○
[M] 8186③	数据传送顺控出错（3 号站）	○	○		(M507)	○	○④	○	○
[M] 8187③	数据传送顺控出错（4 号站）	○	○		(M508)	○	○④	○	○
[M] 8188③	数据传送顺控出错（5 号站）	○	○		(M509)	○	○④	○	○
[M] 8189③	数据传送顺控出错（6 号站）	○	○		(M510)	○	○④	○	○
[M] 8190③	数据传送顺控出错（7 号站）	○	○		(M511)	○	○④	○	○
[M] 8191③	数据传送顺控的执行中	○	○		(M503)	○	○④	○	○
[M] 8192	不可以使用	—	—		—	—	—	—	—
[M] 8193		—	—		—	—	—	—	—
[M] 8194		—	—		—	—	—	—	—
[M] 8195		—	—		—	—	—	—	—
[M] 8196		—	—		—	—	—	—	—
[M] 8197		—	—		—	—	—	—	—
高速计数器倍增的指定									
M 8198⑤⑥	C251，C252，C254 用 1 倍/4 倍的切换	○	○	—	—	—	—	—	—
M 8199⑤⑥	C253，C255，C253(OP)用 1 倍/4 倍的切换	○	○	—	—	—	—	—	—

注：① 从 STOP→RUN 时清除

　　FX₂N，FX₂NC，FX₃U，FX₃UC 可编程控制器，需要 EI(FNC 04)指令。

　　FX₁S，FX₁N，FN₁NC 可编程控制器，不需要 EI(FNC 04)指令。

② 通过判断是否需要在设定用程序中编程，来指定要使用的通道。

③ FX₁S 可编程控制器使用（）内的编号。

④ 在 Ver.2.00 以上版本中对应。

⑤ OFF：1 倍；ON：4 倍

⑥ 从 RUN→STOP 时清除。

附表 A-10

编号·名称		动作·功能	适用机型							
			FX_{3U}	FX_{3UC}	对应特殊软元件	FX_{1S}	FX_{1N}	FX_{2N}	FX_{1NC}	FX_{2NC}
计数器增/减计数的计数方向										
M 8200	C200		○	○	—	—	○	○	○	○
M 8201	C201		○	○	—	—	○	○	○	○
M 8202	C202		○	○	—	—	○	○	○	○
M 8203	C203		○	○	—	—	○	○	○	○
M 8204	C204		○	○	—	—	○	○	○	○
M 8205	C205		○	○	—	—	○	○	○	○
M 8206	C206		○	○	—	—	○	○	○	○
M 8207	C207		○	○	—	—	○	○	○	○
M 8208	C208		○	○	—	—	○	○	○	○
M 8209	C209		○	○	—	—	○	○	○	○
M 8210	C210		○	○	—	—	○	○	○	○
M 8211	C211		○	○	—	—	○	○	○	○
M 8212	C212		○	○	—	—	○	○	○	○
M 8213	C213		○	○	—	—	○	○	○	○
M 8214	C214		○	○	—	—	○	○	○	○
M 8215	C215	M8□□□动作后，与其对应的 C□□□变为递减模式。 ● ON：减计数动作 ● OFF：增计数动作	○	○	—	—	○	○	○	○
M 8216	C216		○	○	—	—	○	○	○	○
M 8217	C217		○	○	—	—	○	○	○	○
M 8218	C218		○	○	—	—	○	○	○	○
M 8219	C219		○	○	—	—	○	○	○	○
M 8220	C220		○	○	—	—	○	○	○	○
M 8221	C221		○	○	—	—	○	○	○	○
M 8222	C222		○	○	—	—	○	○	○	○
M 8223	C223		○	○	—	—	○	○	○	○
M 8224	C224		○	○	—	—	○	○	○	○
M 8225	C225		○	○	—	—	○	○	○	○
M 8226	C226		○	○	—	—	○	○	○	○
M 8227	C227		○	○	—	—	○	○	○	○
M 8228	C228		○	○	—	—	○	○	○	○
M 8229	C229		○	○	—	—	○	○	○	○
M 8230	C230		○	○	—	—	○	○	○	○
M 8231	C231		○	○	—	—	○	○	○	○
M 8232	C232		○	○	—	—	○	○	○	○
M 8233	C233		○	○	—	—	○	○	○	○
M 8234	C234		○	○	—	—	○	○	○	○

编号·名称		动作·功能	适用机型							
			FX₃U	FX₃UC	对应特殊软元件	FX₁S	FX₁N	FX₂N	FX₁NC	FX₂NC
高速计数器递增/递减计数器的监控										
[M] 8246	C246	单相双输入计数器,双相双输入计数器的 C□□□为递减模式时,与其对应的 M□□□□为ON。 • ON:减计数动作 • OFF:增计数动作	○	○	—	○	○	○	○	○
[M] 8247	C247		○	○	—	○	○	○	○	○
[M] 8248	C248		○	○	—	○	○	○	○	○
[M] 8249	C249		○	○	—	○	○	○	○	○
[M] 8250	C250		○	○	—	○	○	○	○	○
[M] 8251	C251		○	○	—	○	○	○	○	○
[M] 8252	C252		○	○	—	○	○	○	○	○
[M] 8253	C253		○	○	—	○	○	○	○	○
[M] 8254	C254		○	○	—	○	○	○	○	○
[M] 8255	C255		○	○	—	○	○	○	○	○
[M] 8256~[M] 8259		不可以使用	—	—	—	—	—	—	—	—
模拟量特殊适配器										
M 8260~M 8269		第 1 台的特殊适配器[1]	○	○[2]	—	—	—	—	—	—
M 8270~M 8279		第 2 台的特殊适配器[1]	○	○[2]	—	—	—	—	—	—
M 8280~M 8289		第 3 台的特殊适配器[1]	○	○[2]	—	—	—	—	—	—
M 8290~M 8299		第 4 台的特萍适配器[1]	○	○[2]	—	—	—	—	—	—
标志位										
[M] 8300~[M] 8303		不可以使用	—	—	—	—	—	—	—	—
[M] 8304 零位		乘除运算结果为 0 时,置 ON	○[3]	○[3]	—	—	—	—	—	—
[M] 8305		不可以使用	—	—	—	—	—	—	—	—
[M] 8306 进位		除法运算结果溢出时,置 ON	○[3]	○[3]	—	—	—	—	—	—
[M] 8307~[M]8315		不可以使用	—	—	—	—	—	—	—	—
I/O 未安装指定出错·标志位										
[M] 8316[4]		I/O 非安装指定出错	○	○	D8316 D8317	—	—	—	—	—
[M] 8317		不可以使用	—	—	—	—	—	—	—	—
[M] 8318		BFM 的初始化失败 从 STOP→RUN 时,对于用 BFM 初始化功能指定的特殊扩展模块/单元,发生针对其的 FROM/TO 错误时接通,发生出错的单元号被保存在 D8318 中,BFM 号被保存在 D8319 中	○	○[4]	D8318 D8319	—	—	—	—	—
[M] 8319~[M] 8327		不可以使用	—	—	—	—	—	—	—	—
[M] 8328		指令不执行	○	○[4]	—	—	—	—	—	—
[M] 8329		指令执行异常结束	○	○	—	—	—	—	—	—

注:① 从基本单元侧开始计算 FX₃U-4AD-ADP、FX₃U-4DA-ADP、FX₃U-4AD-TC-ADP、FX₃U-4AD-PT-ADP 的连接台数。

② Ver.1.20 以上的产品对应。

③ Ver.2.30 以上的产品对应。

④ 在 LD,AND,OR,OUT 指令等的软元件编号中直接指定,以及通过变址间接指定时,在输入输出的软元件编号未安装的情况下为 ON。

附表 A–11

编号·名称	动作·功能	适用机型							
		FX$_{3U}$	FX$_{3UC}$	对应特殊软元件	FX$_{1S}$	FX$_{1N}$	FX$_{2N}$	FX$_{1NC}$	FX$_{2NC}$
定时时钟·定位[FX$_{3U}$·FX$_{3UC}$]									
[M] 8330	DUTY(FNC 186)指令　定时时钟的输出 1	○	○[1]	D8330	—	—	—	—	—
[M] 8331	DUTY(FNC 186)指令　定时时钟的输出 2	○	○[1]	D8331	—	—	—	—	—
[M] 8332	DUTY(FNC 186)指令　定时时钟的输出 3	○	○[1]	D8332	—	—	—	—	—
[M] 8333	DUTY(FNC 186)指令　定时时钟的输出 4	○	○[1]	D8333	—	—	—	—	—
[M] 8334	DUTY(FNC 186)指令　定时时钟的输出 5	○	○[1]	D8334	—	—	—	—	—
[M] 8335	不可以使用	—	—		—	—	—	—	—
M 8336[2]	DVIT(FNC 151)指令　中断输入指定功能有效	○	○[3]	D8336	—	—	—	—	—
[M] 8337	不可以使用	—	—		—	—	—	—	—
M 8338	PLSV(FNC 157)指令　加减速动作	○	○[1]		—	—	—	—	—
[M] 8339	不可以使用	—	—		—	—	—	—	—
[M] 8340	[Y000]脉冲输出中监控(ON:BUSY/OFF:READY)	○	○		—	—	—	—	—
M 8341[2]	[Y000]清除信号输出功能有效	○	○		—	—	—	—	—
M 8342[2]	[Y000]指定原点回归方向	○	○		—	—	—	—	—
M 8343	[Y000]正转限位	○	○		—	—	—	—	—
M 8344	[Y000]反转限位	○	○		—	—	—	—	—
M 8345[2]	[Y000]近点 DOG 信号逻辑反转	○	○		—	—	—	—	—
M 8346[2]	[Y000]零点信号逻辑反转	○	○		—	—	—	—	—
M 8347[2]	[Y000]中断信号逻辑反转	○	○		—	—	—	—	—
[M] 8348	[Y000]定位指令驱动中	○	○		—	—	—	—	—
M 8349[2]	[Y000]脉冲输出停止指令	○	○		—	—	—	—	—
[M] 8350	[Y001]脉冲输出中监控(ON:BUSY/OFF:READY)	○	○		—	—	—	—	—
M 8351[2]	[Y001]清除信号输出功能有效	○	○		—	—	—	—	—
M 8352[2]	[Y001]指定原点回归方向	○	○		—	—	—	—	—
M 8353	[Y001]正转限位	○	○		—	—	—	—	—
M 8354	[Y001]反转限位	○	○		—	—	—	—	—
M 8355[2]	[Y001]近点 DOG 信号逻辑反转	○	○		—	—	—	—	—
M 8356[2]	[Y001]零点信号逻辑反转	○	○		—	—	—	—	—
M 8357[2]	[Y001]中断信号逻辑反转	○	○		—	—	—	—	—
[M]8358	[Y001]定位指令驱动中	○	○		—	—	—	—	—
M 8359[2]	[Y001]脉冲输出停止指令	○	○		—	—	—	—	—
[M] 8360	[Y002]脉冲输出中监控(ON:BUSY/OFF:READY)	○	○		—	—	—	—	—
M 8361[2]	[Y002]清除信号输出功能有效	○	○		—	—	—	—	—
M 8362[2]	[Y002]指定原点回归方向	○	○		—	—	—	—	—
M 8363	[Y002]正转限位	○	○		—	—	—	—	—
M 8364	[Y002]反转限位	○	○		—	—	—	—	—
M 8365[2]	[Y002]近点 DOG 信号逻辑反转	○	○		—	—	—	—	—
M 8366[2]	[Y002]零点信号逻辑反转	○	○		—	—	—	—	—
M 8367[2]	[Y002]中断信号逻辑反转	○	○		—	—	—	—	—
[M] 8368	[Y002]定位指令驱动中	○	○		—	—	—	—	—
M 8369[2]	[Y002]脉冲输出停止指令	○	○		—	—	—	—	—

注：① Ver.2.20 以上版本对应。

　　② 从 RUN→STOP 时清除。

　　③ Ver.1.30 以上版本对应。

附表 A–12

编号·名称	动作·功能	适用机型							
		FX₃U	FX₃UC	对应特殊软元件	FX₁S	FX₁N	FX₂N	FX₁NC	FX₂NC
定位（FX₃U 可编程控制器）									
[M] 8370	[Y003]脉冲输出中监控(ON:BUSY/OFF:READY)	○②	—	—	—	—	—	—	—
M 8371①	[Y003]脉冲输出中监控(ON:BUSY/OFF:READY)	○②	—	—	—	—	—	—	—
M 8372①	[Y003]指定原点回归方向	○②	—	—	—	—	—	—	—
M 8373	[Y003]正转限位	○②	—	—	—	—	—	—	—
M 8374	[Y003]反转限位	○②	—	—	—	—	—	—	—
M 8375①	[Y003]近点 DOG 信号逻辑反转	○②	—	—	—	—	—	—	—
M 8376①	[Y003]零点信号逻辑反转	○②	—	—	—	—	—	—	—
M 8377①	[Y003]零点信号逻辑反转	○②	—	—	—	—	—	—	—
[M]8378	[Y003]定位指令驱动中	○②	—	—	—	—	—	—	—
M 8379①	[Y003]脉冲输出停止指令	○②	—	—	—	—	—	—	—
高速计数器功能									
[M] 8380③	C235，C241，C244，C246，C247，C249，C251，C252，C254 的动作状态	○	○	—	—	—	—	—	—
[M] 8381③	C236 的动作状态	○	○	—	—	—	—	—	—
[M] 8382③	C237，C242，C245 的动作状态	○	○	—	—	—	—	—	—
[M] 8383③	C238，C248，C248(OP)，C250，C253，C255 的动作状态	○	○	—	—	—	—	—	—
[M] 8384③	C239，C243 的动作状态	○	○	—	—	—	—	—	—
[M] 8385③	C240 的动作状态	○	○	—	—	—	—	—	—
[M] 8386③	C244(OP)的动作状态	○	○	—	—	—	—	—	—
[M] 8387③	C245(OP)的动作状态	○	○	—	—	—	—	—	—
[M] 8388	高速计数器的功能变更用触点	○	○	—	—	—	—	—	—
M 8389	外部复位输入的逻辑切换	○	○	—	—	—	—	—	—
M 8390	C244 用功能切换软元件	○	○	—	—	—	—	—	—
M 8391	C245 用功能切换软元件	○	○	—	—	—	—	—	—
M 8392	C248，C253 用功能切换软元件	○	○	—	—	—	—	—	—
中断程序									
[M] 8393	设定延迟时间用的触点	○	○	D8393	—	—	—	—	—
[M] 8394	HCMOV(FNC 189)中断程序用驱动触点	○	○	—	—	—	—	—	—
[M] 8395									
[M] 8396	不可以使用	—	—	—	—	—	—	—	—
[M] 8397									
环形计数器									
M 8398	1ms 的环形计数（32 位）动作④	○	○	D8398，D8399	—	—	—	—	—
[M]8399	不可以使用	—	—	—	—	—	—	—	—

注：① 从 RUN→STOP 时清除。

② 当 FX₃U 可编程控制器中只连接了 2 台 FX₃U-2HSY-ADP 时，可以使用。

③ 从 STOP→RUN 时清除

④ M8398 驱动后的 END 指令执行之后，1ms 的环形计数[D8399，8398]动作。

附表 A-13

编号·名称	动作·功能	适用机型							
		FX₃U	FX₃UC	对应特殊软元件	FX₁S	FX₁N	FX₂N	FX₁NC	FX₂NC
RS2(FNC 87) [通道 1]									
[M] 8400	不可以使用	—	—	—	—	—	—	—	—
[M] 8401①	RS2(FNC 87)[通道 1] 发送待机标志位	○	○	—	—	—	—	—	—
M 8402①	RS2(FNC 87)[通道 1] 发送请求	○	○	D8402	—	—	—	—	—
M 8403①	RS2(FNC 87)[通道 1] 发送结束标志位	○	○	D8403	—	—	—	—	—
[M] 8404	RS2(FNC 87)[通道 1] 检测出进位的标志位	○	○	—	—	—	—	—	—
[M] 8405	RS2(FNC87)[通道 1] 数据设定准备就绪（DSR）标志位	○①	○①	—	—	—	—	—	—
[M] 8406		—	—	—	—	—	—	—	—
[M] 8407	不可以使用	—	—	—	—	—	—	—	—
[M] 8408		—	—	—	—	—	—	—	—
M 8409	RS2(FNC 87)[通道 1] 判断超时的标志位	○	○	—	—	—	—	—	—
RS2(FNC 87)[通道 2]									
[M]8410～[M] 8420	不可以使用	—	—	—	—	—	—	—	—
[M] 8421	RS2(FNC 87)[通道 2] 发送待机标志位	○	○	—	—	—	—	—	—
M 8422	RS2(FNC 87)[通道 2] 发送请求	○	○	D8422	—	—	—	—	—
M 8423	RS2(FNC 87)[通道 2] 发送结束标志位	○	○	D8423	—	—	—	—	—
[M] 8424	RS2(FNC 87)[通道 2] 检测出进位的标志位	○	○		—	—	—	—	—
[M] 8425	RS2(FNC 87)[通道 2] 数据设定准备就绪（DSR）标志位	○①	○①		—	—	—	—	—
[M] 8426	计算机链接[通道 2] 全局 ON	○	○		—	—	—	—	—
[M] 8427	计算机链按[通道 2] 下位通信请求（On Demand）发送中	○	○	D8427 D8428 D8429	—	—	—	—	—
M 8428	计算机链接[通道 2] 下位通信请求（On Demand）出错标志位	○	○		—	—	—	—	—
M 8429	计算机链接[通道 2] 下位通信请求（On Demand）字/字节的切换 RS2(FNC 87)[通道 2] 判断超时的标志位	○	○		—	—	—	—	—
检测出错									
[M] 8430～[M] 8437	不可以使用	—	—	—	—	—	—	—	—
M 8438	串行通信出错 2[通道 2]	○	○	D8438	—	—	—	—	—
[M] 8439～[M] 8448	不可以使用	—	—	—	—	—	—	—	—
[M] 8449	特殊模块出错标志位	○	○②	D8449	—	—	—	—	—
[M] 8450～[M] 8459	不可以使用	—	—	—	—	—	—	—	—

续表

编号·名称	动作·功能	适用机型							
		FX_{3U}	FX_{3UC}	对应特殊软元件	FX_{1S}	FX_{1N}	FX_{2N}	FX_{1NC}	FX_{2NC}
定位[FX_{3U}·FX_{3UC}]									
M 8460	DVIT(FNC 151)指令[Y000]用户中断输入指令	○	○②	D8336	—	—	—	—	—
M 8461	DVIT(FNC 151)指令[Y001]用户中断输入指令	○	○②	D8336	—	—	—	—	—
M 8462	DVIT(FNC 151)指令[Y002]用户中所输入指令	○	○②	D8336	—	—	—	—	—
M 8463	DVIT(FNC 151)指令[Y003]用户中断输入指令	○③	—	D8336	—	—	—	—	—
M 8464	DSZR(FNC 150)指令，ZRN(FNC 156)指令[Y000]清除信号软元件指定功能有效	○	○②	D8464	—	—	—	—	—
M 8465	DSZR(FNC 150)指令，ZRN(FNC 156)指令[Y001]清除信号软元件指定功能有效	○	○②	D8465	—	—	—	—	—
M 8466	DSZR(FNC 150)指令，ZRN(FNC 156)指令[Y002]清除信号软元件指定功能有效	○	○②	D8466	—	—	—	—	—
M 8467	DSZR(FNC 150)指令，ZRN(FNC 156)指令[Y003]清除信号软元件指定功能有效	○③	—	D8467	—	—	—	—	—
[M] 8468~[M] 8511	不可以使用	—	—	—	—	—	—	—	—

注：① Ver.2.30 以上的产品对应。

② Ver.2.20 以上版本对应。

③ 当 FX_{3U} 可编程控制器中仅连接 2 台 FX_{3U}-2HSY-ADP 时可以使用。

附录 B　FX₃ᵤ 系列 PLC 应用指令一览表

附表 B-1　　　　　　　　　　　　　　　　　　应用指令的种类

序号	名称	序号	名称
1	数据传送指令	10	字符串处理指令
2	数据转换指令	11	程序流程控制指令
3	比较指令	12	I/O 刷新指令
4	四则运算指令	13	时钟控制指令
5	逻辑运算指令	14	脉冲输出·定位指令
6	特殊函数指令	15	串行通信指令
7	旋转指令	16	特殊功能模块/单元控制指令
8	移位指令	17	文件寄存器/扩展文件寄存器的控制指令
9	数据处理指令	18	其他的方便指令

附表 B-2　　　数据传送指令

指令	FNC No.	功能
MOV	FNC 12	传送
SMOV	FNC 13	位移动
CML	FNC 14	反转传送
BMOV	FNC 15	成批传送
FMOV	FNC 16	多点传送
PRUN	FNC 81	八进制位传送
XCH	FNC 17	交换
SWAP	FNC 147	上下字节的交换
EMOV	FNC 112	二进制浮点数据传送
HCMOV	FNC 189	高速计数器传送

附表 B-3　　　数据转换指令

指令	FNC No.	功能
BCD	FNC 18	BCD 转换
BIN	FNC 19	BIN 转换
GRY	FNC 170	格雷码转换
GBIN	FNC 171	格雷码逆转换
FLT	FNC 49	BIN 整数→二进制浮点数的转换
INT	FNC 129	二进制浮点数→BIN 整数的转换
EBCD	FNC 118	二进制浮点数→十进制浮点数的转换
EBIN	FNC 119	十进制浮点数→二进制浮点数的转换
RAD	FNC 136	二进制浮点数角度→弧度的转换
DEG	FNC 137	二进制浮点数弧度→角度的转换

附表 B-4　　　　　　　　　　比较指令

指令	FNC No.	功能	指令	FNC No.	功能
LD=	FNC 224	触点比较 LD $(S_1)=(S_2)$	OR<=	FNC 245	触点比较 OR $(S_1)\leqslant(S_2)$
LD>	FNC 225	触点比较 LD $(S_1)>(S_2)$	OR>=	FNC 246	触点比较 OR $(S_1)\geqslant(S_2)$
LD<	FNC 226	触点比较 LD $(S_1)<(S_2)$	CMP	FNC 10	比较
LD<>	FNC 228	触点比较 LD $(S_1)\neq(S_2)$	ZCP	FNC 11	区间出较
LD<=	FNC 229	触点比较 LD $(S_1)\leqslant(S_2)$	ECMP	FNC 110	二进制浮点数比较
LD>=	FNC 230	触点比较 LD $(S_1)\geqslant(S_2)$	EZCP	FNC 111	二进制浮点数区间比较
AND=	FNC 232	触点比较 AND $(S_1)=(S_2)$	HSCS	FNC 53	比较置位（高速计数器用）
AND>	FNC 233	触点比较 AND $(S_1)>(S_2)$	HSCR	FNC 54	比转复位（高速计数器用）
AND<	FNC 234	触点比较 AND $(S_1)<(S_2)$	HSZ	FNC 55	区间比较（高速计数器用）
AND<>	FNC 236	触点比较 AND $(S_1)\neq(S_2)$	HSCT	FNC 280	高速计数器的表格比较
AND<=	FNC 237	触点比较 AND $(S_1)\leqslant(S_2)$	BKCMP=	FNC 194	数据块比较 $(S_1)=(S_2)$
AND>=	FNC 238	触点比较 AND $(S_1)\geqslant(S_2)$	BKCMP>	FNC 195	数据块比较 $(S_1)>(S_2)$
OR=	FNC 240	触点比较 OR $(S_1)=(S_2)$	BKCMP<	FNC 196	数据块比较 $(S_1)<(S_2)$
OR>	FNC 241	触点比较 OR $(S_1)>(S_2)$	BKCMP<>	FNC 197	数据块比较 $(S_1)\neq(S_2)$
OR<	FNC 242	触点比较 OR $(S_1)<(S_2)$	BKCMP<=	FNC 198	数据块比较 $(S_1)\leqslant(S_2)$
OR<>	FNC 244	触点比较 OR $(S_1)\neq(S_2)$	BKCMP>=	FNC 199	数据块比较 $(S_1)\geqslant(S_2)$

附表 B-5　　　四则运算指令

指令	FNC No.	功能
ADD	FNC 20	BIN 加法运算
SUB	FNC 21	BIN 减法运算
MUL	FNC 22	BIN 乘法运算
DIV	FNC 23	BIN 除法运算
EADD	FNC 120	二进制浮点数加法运算
ESUB	FNC 121	二进制浮点数减法运算
EMUL	FNC 122	二进制浮点数乘法运算
EDIV	FNC 123	二进制浮点数除法运算
BK+	FNC 192	数据块加法运算
BK-	FNC 193	数据块减法运算
INC	FNC 24	BIN 加 1
DEC	FNC 25	BIN 减 1

附表 B-6　　　逻辑运算指令

指令	FNC No.	功能
WAND	FNC 26	逻辑与
WOR	FNC 27	逻辑或
WXOR	FNC 28	逻辑异或

附表 B-7　　　特殊函数指令

指令	FNC No.	功能
SQR	FNC 48	BIN 开方运算
ESQR	FNC 127	二进制浮点数开方运算
EXP	FNC 124	二进制浮点数指数运算
LOGE	FNC 125	二进制浮点数自然对数运算
LOG10	FNC 126	二进制浮点数常用对数运算
SIN	FNC 130	二进制浮点数 SIN 运算
COS	FNC 131	二进制浮点数 COS 运算
TAN	FNC 132	二进制浮点数 TAN 运算
ASIN	FNC 133	二进制浮点数引 SIN-1 运算
ACOS	FNC 134	二进制浮点数 COS-1 运算
ATAN	FNC 135	二进制浮点数 TAN-1 运算
RND	FNC 184	产生随机数

附表 B-8　　　　旋转指令

指令	FNC No.	功能
ROR	FNC 30	右转
ROL	FNC 31	左转
RCR	FNC 32	带进位右转
RCL	FNC 33	带进位左转

附表 B-9　　　　移位指令

指令	FNC No.	功能
SFTR	FNC 34	位右移
SFTL	FNC 35	位左移
SFR	FNC 213	16 位数据的 n 位右移（带进位）
SFL	FNC 214	16 位数据的 n 位左移（带进位）
WSFR	FNC 36	字右移
WSFL	FNC 37	字左移
SFWR	FNC 38	移位写入[先入先出/先入后出控制用]
SFRD	FNC 39	移位读出[先入先出控制用]
POP	FNC 212	读取后入的数据[先入后出控制用]

附表 B-10　　　　数据处理指令

指令	FNC No.	功能
ZRST	FNC 40	成批复位
DECO	FNC 41	译码
ENCO	FNC 42	编码
MEAN	FNC 45	平均值
WSUM	FNC 140	计算出数据合计值
SUM	FNC 43	ON 位数
BON	FNC 44	判断 ON 位
NEG	FNC 29	补码
ENEG	FNC 128	二进制浮点数符号翻转
WTOB	FNC 141	字节单位的数据分离
BTOW	FNC 142	字节单位的数据结合
UNI	FNC 143	16 位数据的 4 位结合
DIS	FNC 144	16 位数据的 4 位分离
CCD	FNC 84	校验码
CRC	FNC 188	CRC 运算
LIMIT	FNC 256	上下限限位控制
BAND	FNC 257	死区控制
ZONE	FNC 258	区域控制
SCL	FNC 259	定坐标（各点的坐标数据）
3CL2	FNC 269	定坐标 2（x/y 坐标数据）
SORT	FNC 69	数据排列
SORT2	FNC 149	数据排列 2
SER	FNC 61	数据检索
FDEL	FNC 210	数据表的数据删除
FINS	FNC 211	数据表的数据插入

附表 B-11　　　　字符串处理指令

指令	FNC No.	功能
ESTR	FNC 116	二进制浮点数→字符串的转换
EVAL	FNC 117	字符串→二进制浮点数的转换
STR	FNC 200	BIN→字符串的转换
VAL	FNC 201	字符串→BIN 的转换
DABIN	FNC 260	十进制 ASCII→BIN 的转换
BINDA	FNC 261	BIN→十进制 ASCII 的转换
ASCI	FNC 82	HEX→ASCII 的转换
HEX	FNC 83	ASCII→HEX 的转换
$MOV	FNC 209	字符串的传送
$+	FNC 202	字符串的结合
LEN	FNC 203	检测出字符串长度
RIGH	FNC 204	从字符串的右侧开始取出
LEFT	FNC 205	从字符串的左侧开始取出
MIDR	FNC 206	字符串中的任意取出
MIDW	FNC 207	字符串中的任意替换
INSTR	FNC 208	字符串的检索
COMRD	FNC 182	读出软元件的注释数据

附表 B–12　　程序流程控制指令

指令	FNC No.	功能
CJ	FNC 00	条件跳跃
CALL	FNC 01	子程序调用
SRET	FNC 02	子程序返回
IRET	FNC 03	中断返回
El	FNC 04	允许中断
DI	FNC 05	禁止中断
FEND	FNC 06	主程序结束
FOR	FNC 08	循环范围的开始
NEXT	FNC 09	循环范围的结束

附表 B–13　　I/O 刷新指令

指令	FNC No.	功能
REF	FNC 50	输入输出刷新
REFF	FNC 51	输入刷新（带滤波器设定）

附表 B–14　　时钟控制指令

指令	FNC No.	功能
TCMP	FNC 160	时钟数据的比较
TZCP	FNC 161	时钟数据的区间比较
TADD	FNC 162	时钟数据的加法运算
TSUB	FNC 163	时钟数据的减法运算
TRD	FNC 166	读出时钟数据
TWR	FNC 167	写入时钟数据
HTOS	FNC 164	时、分、秒数据的秒转换
STOH	FNC 165	秒数据的「时、分、秒」转换

附表 B–15　　脉冲输出·定位指令

指令	FNC No.	功能
ABS	FNC 155	读出 ABS 当前值
DSZR	FNC 150	带 DOG 搜索的原点回归
ZRN	FNC 156	原点回归
TBL	FNC 152	表格设定定位
DVIT	FNC 151	中断定位
DRVI	FNC 158	相对定位
DRVA	FNC 159	绝对定位
PLSV	FNC 157	可变速脉冲输出
PLSY	FNC 57	脉冲输出
PLSR	FNC 59	带加减速的脉冲输出

附表 B–16　　串行通信指令

指令	FNC No.	功能
RS	FNC 80	串行数据的传送
RS2	FNC 87	串行数据的传送 2
IVCK	FNC 270	变频器的运行监控
IVDR	FNC 271	交频器的运行控制
IVRD	FNC 272	读出变频器的参数
IVWR	FNC 273	写入变频器的参数
1VBWR	FNC 274	成批写入变频器的参数

附表 B–17　　特殊功能模块/单元控制指令

指令	FNC No.	功能
FROM	FNC 78	BFM 的读出
TO	FNC 79	BFM 的写入
RD3A	FNC 176	模拟量模块的读出
WR3A	FNC 177	模拟量模块的写入
RBFM	FNC 278	BFM 分割读出
WBFM	FNC 279	BFM 分割写入

附表 B–18　　文件寄存器/扩展文件寄存器的控制指令

指令	FNC No.	功能
LOADR	FNC 290	扩展文件寄存器的读出
SAVER	FNC 291	扩展文件寄存器的成批写入
RWER	FNC 294	扩展文件寄存器的删除·写入
INITR	FNC 292	文件寄存器的初始化
INITER	FNC 295	扩展文件寄存器的初始化
LOGR	FNC 293	文件寄存器的登录

附表 B-19　　　　　　　　　　　　其他的方便指令

指令	FNC No.	功能	指令	FNC No.	功能
WDT	FNC 07	看门狗定时器	INCD	FNC 63	凸轮顺控相对方式
ALT	FNC 66	交替输出	ROTC	FNC 68	旋转工作台控制
ANS	FNC 46	信号报警器置位	1ST	FNC 60	初始化状态
ANR	FNC 47	信号报警器复位	MTR	FNC 52	矩阵输入
HOUR	FNC 169	计时表	TKY	FNC 70	数字键输入
RAMP	FNC 67	斜坡信号	HKY	FNC 71	16 键输入
SPD	FNC 56	脉冲密度	DSW	FNC 72	数字开关
PWM	FNC 58	脉宽调制	SEGD	FNC 73	7SEG 译码
DUTY	FNC 186	发出定时脉冲	SEGL	FNC 74	7SEG 时分显示
PID	FNC 88	PID 运算	ARWS	FNC 75	箭头开关
ZPUSH	FNC 102	变址寄存器的成批避让保存	ASC	FNC 76	ASCII 数据输入
ZPOP	FNC 103	变址寄存器的恢复	PR	FNC 77	ASCII 码打印
TTMR	FNC 64	示教定时器	$+	FNC 202	字符串的结合
STMR	FNC 65	特殊定时器	$MOV	FNC 209	字符串的传送
ABSD	FNC 62	凸轮顺控绝对方式			

附表 B-20　　　　　　　　　　　　应用指令汇总

指令	FNC No.	功能	指令	FNC No.	功能
		A			B
ABS	FNC 155	读出 ABS 当前值	BAND	FNC 257	死区控制
ABSD	FNC 62	凸轮控制绝对方式	BCD	FNC 18	BCD 转换
ACOS	FNC 134	二进制浮点数 COS-1 运算	BIN	FNC 19	BIN 转换
ADD	FNC 20	BIN 加法运算	BINDA	FNC 261	BIN→十进制 ASCII 的转换
ALT	FNC 66	交替输出	BK-	FNC 193	数据块的减法运算
AND<	FNC 234	触点比较 AND $(S1)<(S2)$	BK+	FNC 192	数据块的加法运算
AND<>	FNC 236	触点比较 AND $(S1)\neq(S2)$	BKCMP<	FNC 196	数据块比较 $(S1)<(S2)$
AND=	FNC 232	触点比较 AND $(S1)=(S2)$	BKCMP<=	FNC 198	数据块比较 $(S1)\leq(S2)$
AND>	FNC 233	触点比较 AND $(S1)>(S2)$	BKCMP<>	FNC 197	数据块比较 $(S1)\neq(S2)$
AND<=	FNC 237	触点比较 AND $(S1)\leq(S2)$	BKCMP=	FNC 194	数据块比较 $(S1)=(S2)$
AND>=	FNC 238	触点比较 AND $(S1)\geq(S2)$	BKCMP>	FNC 195	数据块比较 $(S1)>(S2)$
ANR	FNC 47	信号报警器复位	BKCMP>=	FNC 199	数据块比较 $(S1)\geq(S2)$
ANS	FNC 46	信号报警器置位	BMOV	FFC 15	成批传送
ARWS	FNC 75	箭头开关	BON	FNC 44	判断 ON 位
ASC	FNC 76	ASCII 数据的输入	BTOW	FNC 142	字节单位的数据结合
ASCI	FNC 82	HEX→ASCII 的转换			C
ASIN	FNC 133	二进制浮点数 SIN-1 运算	CALL	FNC 01	子程序调用
ATAN	FNC 135	二进制浮点数 TAN-1 运算	CCD	FNC 84	校验码

续表

指令	FNC No.	功能	指令	FNC No.	功能
			ENCO	FNC 42	编码
		C	ENEG	FNC 128	二进制浮点数符号翻转
CJ	FNC 00	条件跳跃	ESQR	FNC 127	二进制浮点数开方运算
CML	FNC 14	反转传送	ESTR	FNC 116	二进制浮点数→字符串的转换
CMP	FNC 10	比较			
COMRD	FNC 182	读出软元件的注释数据	ESUB	FNC 121	二进制浮点数减法运算
COS	FNC 131	二进制浮点数 COS 运算	EVAL	FNC 117	字符串→二进制浮点数的转换
CRC	FNC 188	CRC 运算	EXP	FNC 124	二进制浮点数指数运算
		D	EZCP	FNC 111	二进制浮点数区间比较
DABIN	FNC 260	十进制 ASCII→BIN 的 转换			F
DEC	FNC 25	BIN 减 1	FDEL	FNC 210	数据表的数据删除
DECO	FNC 41	译码	FEND	FNC 06	主程序结束
DEG	FNC 137	二进制浮点数弧度→角度的转换	FINS	FNC 211	数据表的数据插入
DI	FNC 05	禁止中断	FLT	FNC 49	BIN 整数→二进制浮点数的转换
DIS	FNC 144	16 位数据的 4 位分离	FMOV	FNC 16	多点传送
DIV	FNC 23	BIN 除法运算	FOR	FNC 08	循环范围的开始
DRVA	FNC 159	绝对定位	FROM	FNC 78	BFM 的读出
DRVI	FNC 158	相对定位			G
DSW	FNC 72	数字开关	GBIN	FNC 171	格雷码的逆转换
DSZR	FNC 150	带 DOG 搜索的原点回归	GRY	FNC 170	格雷码的转换
DUTY	FNC 186	发生定时脉冲			H
DVIT	FNC 151	中断定位	HCMOV	FNC 189	高速计数器的传送
		E	HEX	FNC 83	ASCII→HEX 的转换
EADD	FNC 120	二进制浮点数加法运算	HKY	FNC 71	16 键输入
EBCD	FNC 118	二进制浮点数→十进制浮点数的转换	HOUR	FNC 169	计时表
EBIN	FNC 119	十进制浮点数→二进制浮点数的转换	HSCR	FNC 54	比较复位（高速计数器用）
ECMP	FNC 110	二进制浮点数比较	HSCS	FNC 53	比较置位（高速计数器用）
EDIV	FNC 123	二进制浮点数除法运算	HSCT	FNC 280	高速计数器的表格比较
EI	FNC 04	允许中断	HSZ	FNC 55	区间比较（高速计数器用）
EMOV	FNC 112	二进制浮点数据传送	HTOS	FNC 164	时、分、秒数据的秒转换
EMUL	FNC 122	二进制浮点数乘法运算			

指令	FNC No.	功能	指令	FNC No.	功能
		I	MOV	FNC 12	传送
INC	FNC 24	BIN 加 1	MTR	FNC 52	矩阵输入
INCD	FNC 63	凸轮控制相对方式	MUL	FNC 22	BIN 乘法运算
INITER	FNC 295	扩展文件寄存器的初始化			N
INITR	FNC 292	文件寄存器的初始化	NEG	FNC 29	补码
INSTR	FNC 208	字符串的检索	NEXT	FNC 09	循环范围的结束
INT	FNC 129	二进制浮点数→BIN 整数的转换			O
IRET	FNC 03	中断返回	OR<	FNC 242	触点比较 OR $S1$<$S2$
1ST	FNC 60	初始化状态	OR<>	FNC 244	触点比较 OR $S1$≠$S2$
IVBWR	FNC 274	成批写入变频器的参数	OR=	FNC 240	触点比较 OR $S1$=$S2$
IVCK	FNC 270	变频器的运行监控	OR>	FNC 241	触点比较 OR $S1$>$S2$
IVDR	FNC 271	变频器的运行控制	OR<=	FNC 245	触点比较 OR $S1$≤$S2$
IVRD	FNC 272	读出变频器的参数	OR>=	FNC 246	触点比较 OR $S1$≥$S2$
IVWR	FNC 273	写入变频器的参数			P
		L	PID	FNC 88	PID 运算
LD<	FNC 226	触点比较 LD $S1$<$S2$	PLSR	FNC 59	带加减速的脉冲输出
LD<>	FNC 228	触点比较 LD $S1$≠$S2$	PLSV	FNC 157	可变速脉冲输出
LD-	FNC 224	触点比较 LD $S1$=$S2$	PLSY	FNC 57	脉冲输出
LD>	FNC 225	触点比较 LD $S1$>$S2$	POP	FNC 212	读取后入数据[先入后出控制用]
LC<=	FNC 229	触点比较 LD $S1$≤$S2$	PR	FNC 77	ASCII 码打印
LD>=	FNC 230	触点比较 LD $S1$≥$S2$	PRUN	FNC 81	八进制位传送脉宽调制
LEFT	FNC 205	从字符串的左侧开始取出	PWM	FNC 58	脉宽调制
LEN	FNC 203	检测出字符串的长度			R
LIMIT	FNC 256	上下限限位控制	RAD	FNC 136	二进制浮点数角度→弧度的转换
LOADR	FNC 290	扩展文件寄存器的读出	RAMP	FNC 67	斜坡信号
LOG10	FMC 126	二进制浮点数常用对数运算	RBFM	FNC 278	BFM 分割读出
LOGE	FNC 125	二进制浮点数自然对数运算	RCL	FNC 33	带进位左转
LOGR	FNC 293	文件寄存器的登录	RCR	FNC 32	带进位右转
		M	RD3A	FNC 176	模拟量模块的读出
MEAN	FNC 45	平均值	REF	FNC 50	输入输出刷新
MIDR	FMC 206	字符串中的任意取出	REFF	FNC 51	输入刷新（带滤波器设定）
MIDW	FNC 207	字符串中的任意替换	RIGHT	FNC 204	从字符串的右侧开始取出

指令	FNC No.	功能	指令	FNC No.	功能
		R	STR	FNC 200	BIN→字符串的转换
RND	FNC 184	产生随机数	SUB	FNC 21	BIN 减法运算
ROL	FNC 31	左转	SUM	FNC 43	ON 位数
ROR	FNC 30	右转	SWAP	FNC 147	上下字节的交换
ROTC	FNC 68	旋转工作台控制			T
RS	FNC 80	串行数据的传送	TADD	FNC 162	时钟数据的加法运算
RS2	FNC 87	串行数据的传送 2	TAN	FNC 131	二进制浮点数 TAN 运算
RWER	FNC 294	扩展文件寄存器的删除·写入	TBL	FNC 152	表格设定定位
		S	TCMP	FNC 160	时钟数据的比较
SAVER	FNC 291	扩展文件寄存器的成批写入	TKY	FNC 70	数字键输入
SCL	FNC 259	定坐标（各点的坐标数据）	TO	FNC 79	RFM 的写入
SCL2	FNC 269	定坐标 2（x/y 坐标数据）	TRD	FNC 166	读出时钟数据
SEGD	FNC 73	7SEG 译码	TSUB	FNC 163	时钟数据的减法运算
SEGL	FNC 74	7SEG 时分显示	TTMR	FNC 64	示教定时器
SER	FNC 61	数据检索	TWR	FNC 167	写入时钟数据
SFL	FNC 214	16 位数据的 n 位左移（带进位）	TZCP	FNC 161	时钟数据的区间比较
					U
SFR	FNC 213	16 位数据的 n 位右移（带进位）	UNI	FNC 143	16 位数据的 4 位结合
SFRD	FNC 39	移位读出[先入先出控制用]			V
SFTL	FNC 35	位左移	VAL	FNC 201	字符串→BIN 的转换
SFTR	FNC 34	位右移			W
SFWR	FNC 38	移位写入[先入先出/先入后出控制用]	WAND	FNC 26	逻辑与
SIN	FNC 130	二进制浮点数 SIN 运算	WBFM	FNC 279	BFM 分割写入
SMOV	FNC 13	位移动	WDT	FNC 07	看门狗定时器
SORT	FNC 69	数据排列	WOR	FNC 27	逻辑或
SORT2	FNC 149	数据排列 2	WR3A	FNC 177	模拟量模块的写入
SPD	FNC 56	脉冲密度	WSFL	FNC 37	字左移
SQR	FNC 48	BIN 开方运算	WSFR	FNC 36	字右移
SRET	FNC 02	子程序返回	WSUM	FNC 140	计算出数据的合计值
STMR	FNC 65	特殊定时器	WTOB	FNC 141	字节单位的数据分离
STOH	FNC 165	秒数据「时、分、秒」的转换	WXOR	FNC 28	逻辑异或

指令	FNC No.	功能	指令	FNC No.	功能
X			ZPOP	FNC 103	变址寄存器的恢复
XCH	FNC 17	交换	ZPUSH	FNC 102	变址寄存器的成批避让保存
Z			ZRN	FNC 156	原点回归
ZCP	FNC 11	区间比较	ZRST	FNC 40	成批复位
ZONE	FNC 258	区域控制			